Ullstein Sachbuch

DAS BUCH:

Nach der Erkundung des Weltraums ist das Zeitphänomen die nächste Hürde, die der Mensch zu überspringen versuchen wird. Der Autor entwickelt bei seinen Untersuchungen der weniger bekannten phantastischen Aspekte des Mysteriums »Zeit« eine völlig neue, faszinierende Ufo-Theorie, nach der sich Menschen späterer Generationen den uralten Menschheitstraum, durch die Zeit reisen zu können, erfüllt haben. Auf physikalischen Fakten aufbauend und doch für jeden Leser begreiflich liefert Meckelburg die physikalisch plausibelste Erklärung für das Ufo-Phänomen.

DER AUTOR:

Ernst Meckelburg, 1927 in Hanau geboren, ist Ingenieur und befaßt sich seit über 15 Jahren mit grenzwissenschaftlichen Phänomenen. Seine Erkenntnisse im Zusammenhang mit dem Problem Raum-Zeit fanden aufgrund ihrer wissenschaftlichen Fundierung, Originalität und überzeugenden Logik starke Beachtung.

Ernst Meckelburg

Besucher aus der Zukunft

Durch die Mauer der Zeit in die
vierte Dimension

Mit 28 Abbildungen

Ullstein Sachbuch

Ullstein Sachbuch
Ullstein Buch Nr. 34369
im Verlag Ullstein GmbH,
Frankfurt/M – Berlin

Ungekürzte Ausgabe

Umschlaggestaltung:
Rita Nicolay
Alle Rechte vorbehalten
Mit freundlicher Genehmigung
des Scherz Verlags, Bern und München
© 1980 by Scherz Verlag,
Bern und München
Printed in Germany 1987
Druck und Verarbeitung:
Clausen & Bosse, Leck
ISBN 3 548 34369 4

Februar 1987

CIP-Kurztitelaufnahme
der Deutschen Bibliothek

Meckelburg, Ernst:
Besucher aus der Zukunft: durch d.
Mauer d. Zeit in d. vierte Dimension /
Ernst Meckelburg. – Ungekürzte Ausg. –
Frankfurt/M; Berlin: Ullstein, 1987
   (Ullstein-Buch; Nr. 34369: Ullstein-
   Sachbuch)
   ISBN 3-548-34369-4

NE: GT

Vom selben Autor
in der Reihe
der Ullstein Bücher:

Psycholand (34328)

Inhalt

VI *Experimente mit der Zeit*

Dieses Buch ist all denen gewidmet, die mit dem Phänomen »Zeit«
außergewöhnliche Erfahrungen gemacht haben:

den in Raum und Zeit Verschollenen,
den Fliegenden Holländern,
die in fremden Universen und Realitäten ziellos umherirren;
denen, die bei Experimenten in der vierten Dimension das
einbüßten, was wir »Leben« nennen;

den Pionieren der modernen Zeitforschung:
Hermann Minkowski, John William Dunne, Albert Einstein,
Sir Arthur Eddington, Werner Heisenberg, Kurt Gödel,
Nikolai Kozyrew, Richard Ph. Feynman, John A. Wheeler,
Gerald Feinberg und den vielen anderen Wissenschaftlern
und Idealisten unserer Tage, die unermüdlich an der
Enträtselung des Mysteriums Zeit arbeiten;

den unbekannten Ufo-Temponauten,
ohne deren Wagemut der Vorstoß in eine andere,
umfassendere Realität nicht zustande gekommen wäre;

allen meinen Zeit-Genossen,
den gewöhnlichen Sterblichen wie du und ich, die sich von den
Fesseln der Zeit noch nicht zu lösen vermögen . . .
Es sei denn, in Gedanken.

I   Von Dingen zwischen Himmel und Erde

> *»Dieses kleine Ding«, sagte der Zeitreisende, indem er die Ellbogen auf den Tisch stützte und die Handflächen über dem Apparat aneinanderlegte, »ist nur ein Modell. Es ist mein Entwurf für eine Maschine, mit der man durch die Zeit reisen kann. Sie werden bemerken, daß es seltsam schiefwinklig aussieht und diese Welle da sonderbar flimmert, so als sei sie irgendwie unreal.« Er deutete mit dem Finger auf dieses Teil. »Und hier sehen Sie einen kleinen weißen Hebel und dort noch einen . . .«*
>
> H. G. Wells, *Die Zeitmaschine*

Neues Bewußtsein von Raum und Zeit?

Zeitmaschinen, Zeitreisende, Exkursionen in frühere Zeiten, die Erkundung der Vergangenheit sozusagen vor Ort und zum Zeitpunkt längst Geschichte gewordener Vorgänge, beliebige physikalische Manipulation der Zeit . . . Kann und darf es so etwas geben? Wo bleibt da die Kausalität, die logische Abfolge von Ereignissen? Stellt die romanhafte Idee von Zeitreisen à la H. G. Wells nicht unser Weltbild auf den Kopf? Ist der Ablauf der Zeit und die Unwiederbringlichkeit jeder verstrichenen Sekunde nicht ein absolutes Naturgesetz und seine Infragestellung absurd und müßig?

Keineswegs. Denn: »Die bis heute in der Physik übliche Vorstellung vom absoluten Ablauf der Zeit läßt sich nicht länger aufrechterhalten.« Das schrieb Albert Einstein 1905 in seiner Abhandlung über die spezielle Relativitätstheorie, und fünfzehn Jahre später setzte Alfred N. Whitehead, der größte Mathematiker, den die Vereinigten Staaten von Amerika hervorgebracht haben, seinen unorthodoxen Untersuchungen des Phänomens »Zeit« die warnenden Worte voran:

»Es ist unmöglich, über die Zeit oder das Geheimnis der schöpferischen Entwicklung der Natur nachzudenken, ohne dabei an die Grenzen der menschlichen Intelligenz zu stoßen.«[1]*

Das soll kein Freibrief sein für dieses Buch, in dem die »Zeit« aus den Angeln der traditionellen Schulphysik gehoben werden wird. Der Autor wird die heutigen Grenzen der menschlichen Intelligenz schon deshalb respektieren müssen, weil er sie selbst nicht zu überschreiten vermag. Er kann sich nur vornehmen, diese Grenzen ein wenig weiterzustecken und dadurch dem Vorstellungsvermögen Neuland zu gewinnen – genauer gesagt: ein neues Bewußtsein von den Dimensionen Raum und Zeit.

Man kann davon ausgehen, daß nach der Erforschung des Weltraums mit Hilfe bemannter und unbemannter Raumfahrzeuge das Zeitphänomen die nächste Hürde ist, die der wißbegierige Mensch zu überspringen versuchen wird. Ist dies gelungen, so könnten die »Temponauten« der Zukunft in Zeitmaschinen durch die Zeit reisen wie unsere Astronauten heute durch den Kosmos, und sie hätten sich damit einen uralten Menschheitstraum erfüllt. Vielleicht beobachten sie uns schon lange, schon immer, und sind imstande, an jedem gewünschten Datum der Geschichte anzuhalten – vielleicht sogar »auszusteigen«. Und vielleicht haben wir Heutigen, hatten die Menschen früherer Zeiten schon Kunde von ihnen, ohne es zu wissen.

Es spricht vieles dafür, daß die *Ufos,* die *u*nbekannten *f*liegenden *O*bjekte, die unsere Erde umkreisen und bald hier, bald dort für Augenblicke sichtbar werden, nicht von fernen Planeten kommen, sondern von unserem eigenen – und daß sie nicht von fremden Göttern gesteuert werden, sondern von Besuchern aus der Zukunft, von späteren Menschengenerationen, den Erben des Vermächtnisses von Newton und Einstein, H. G. Wells, Wernher von Braun und Gagarin.

---

* Die Ziffern verweisen auf die entsprechenden Nummern im Literaturverzeichnis Seite 289.

Welche Erkenntnisse mögen ihnen den Weg in die Vergangenheit und die Zukunft erschlossen haben? Welcher Antriebsenergien, welcher Steuerungstechniken könnten sie sich bedienen? Vor allem aber: Wie funktioniert die Zeit, in der sie sich bewegen?

Das Thema scheint gleichermaßen brisant wie suspekt. Es zwingt uns, wie Einstein es wollte, in anderen, universelleren physikalischen Kategorien zu denken. Es konfrontiert uns ebenso mit bislang unerprobten Möglichkeiten von Eingriffen in den scheinbar unumstößlichen Ablauf der Zeit, wie mit der Durchlässigkeit des Raum-Zeit-Kontinuums, in dem wir leben. Wir müssen mit dem Vorhandensein eines *Hyperraums* rechnen, eines hypothetischen Gebildes von vier oder mehr als vier Dimensionen jenseits unseres Raum-Zeit-Kontinuums; in diesem Hyperraum haben unsere Begriffe von »Raum« und »Zeit« keine Geltung. Wir müssen die Entwicklung von höherdimensionalen Transportvehikeln und noch unbekannten Zeitversetzungsmechanismen in Betracht ziehen sowie die perfekte Beherrschung von De- und Rematerialisationstechniken vorwegnehmen. Überdies dürften raffinierte Steuerungs- und Überwachungssysteme erforderlich sein, um Zeitreise-Unternehmen unter Inanspruchnahme des zuvor postulierten Hyperraums – das heißt, mit Hilfe eines *Dimensionskipps* – zu ermöglichen, ohne den eigenen Realitätsstatus zu verletzen.

Manchem mag es unvorstellbar erscheinen, daß Menschen aus der Zukunft in die Vergangenheit und natürlich auch in die noch fernere Zukunft reisen, daß Ungeborene – Wesen, die vielleicht erst in 200 oder 500 Jahren das Licht unserer Welt, unseres Raum-Zeit-Kontinuums, erblicken werden – in diesem Augenblick bereits »irgendwo« in der Zeit weilen können. Müßten dann nicht – falls es sich tatsächlich so verhalten sollte – sämtliche biologische und andere Prozesse in unserem Universum bis ins kleinste Detail »vorprogrammiert« sein? Gäbe es da noch eine Evolution, gäbe es überhaupt noch Vergangenheit und Geschichte, wenn alles, was früher geschehen ist, heute geschieht oder morgen erst geschehen wird, von Zeitreisenden in beliebiger Reihenfolge noch einmal und beliebig oft erlebt werden könnte? Diese mit der Zeitreise-Idee zwangsläufig auftretenden grundsätzlichen Fragen lassen sich mit nur wenigen Sätzen kaum befriedigend beantworten. Deshalb soll jedes Kapitel dieses Buches *einen* Aspekt dieses Fragenkomplexes behandeln und zu erklären versuchen.

Um sich mit dem Prinzip eines auf Gleichzeitigkeit aufbauenden Universums vertraut zu machen, muß der Leser mit der Vorstellung brechen, daß die Zeit eine »Einbahnstraße« sei, auf der alles Geschehen nacheinander dahinfließe. Zahlreiche, mit den Mitteln der modernen Physik, aber auch auf paraphysikalischem Wege erworbenen Erkenntnisse lassen darauf schließen, daß die Struktur der Zeit eher mit dem Aufbau einer sich ins Endlose ausdehnenden »Super-Zwiebel« als mit einem Strom verglichen werden kann. Jede Schale dieser imaginären Zwiebel entspräche einer Zeitlinie, auf der sich unser Universum zu einem bestimmten Augenblick gerade befindet (Entwicklungsstand). Ähnlich, wie bei einer echten Zwiebel *sämtliche Schalen zur gleichen Zeit real vorhanden sind,* müßte diese »Zeit-Zwiebel« unendlich viele »Zeitschalen« (oder Zeitlinien), auf denen sich zu ganz bestimmten Augenblicken ganz reale Ereignisse abspielen, aufweisen. Innerhalb dieses endlos-schaligen Zeitgebildes läge der »Werdegang« des gesamten Universums – des Mikro- und des Makrokosmos – bis ins einzelne fest. Von einer höherdimensionalen Warte aus könnte man indessen erkennen, daß von einem »Werdegang« eigentlich nicht die Rede sein kann. Man würde ein in der Zeit »erstarrtes« Weltpanorama sehen und sogleich begreifen, warum Vergangenes, Gegenwärtiges und Zukünftiges (oder Vorfahren, Zeitgenossen und Nachfahren), d. h. unendlich viele andere Realitäten, gleichzeitig existieren.

Die Annahme anderer, gleichzeitig existierender Realitäten neben unserer Realität ist nicht neu; sie gehört zu jedem vollkommen ausgebauten Denkgebäude, ganz gleich, ob es in der Geisteswelt des Abendlandes oder der des Orients, im Altertum oder in der Neuzeit errichtet wurde. Doch erst die naturwissenschaftlichen Einsichten und die technologischen Fortschritte der letzten siebzig Jahre machten die Menschen allmählich fähig, diese nebeneinander bestehenden Realitäten – ihre unterschiedliche Funktionsweise, ihre Gleichzeitigkeit, ihre Grenzen und ihre Zusammenhänge – einigermaßen genau zu erfassen.

Daß es zwischen unserer Zeit-Realität und möglichen anderen durchaus als konkret zu bezeichnende Beziehungen gibt, könnten gewisse Details der Einsteinschen Relativitätstheorie, Anomalien im Bereich der Teilchenphysik, aber auch die von Wissenschaftlern beglaubigten Paraphänomene der Psychokinese, Teleportation und Astralprojektion* ebenso wie die zum Teil gut dokumentierten Erscheinungen von unbekannten fliegenden Objekten (Ufos) erklären. Authentische und zuverlässige, das heißt, von Expertengremien geprüfte Berichte lassen darauf schließen, daß uns diese seltsamen Besucher im wörtlichsten Sinne viel näher stehen als Erich von Dänikens »Götter von anderen Sternen« und daß sie nicht weit durch den Weltraum, sondern weit durch den »Zeitraum« zu uns reisen . . .

Pure Spekulation? Gewiß nicht. Physiker haben festgestellt, daß die Zeit, entgegen bisherigen Vorstellungen, »elastisch und durchlässig« ist, energetische Eigenschaften besitzt und durchaus als Antriebskraft in Frage kommen könnte. Technologen in Ost und West arbeiten vermutlich schon seit Jahren an der Entwicklung unkonventioneller Transportsysteme für Raum-Zeitversetzungen und führen De- und Rematerialisationsexperimente durch. Sie alle sind anderen Realitäten auf der Spur und dabei –

---

* *Psychokinese (PK):* Physikalisch bislang nicht erklärbare Einwirkung der Psyche auf die Materie durch Bewegung oder Veränderung von Objekten.
Teleportation: Das Versetzen von Personen und/oder Objekten an einen anderen Ort ohne Inanspruchnahme von Zeit.
Astralprojektion: (Seelenreise) Aussendung des vom menschlichen Körper losgelösten Astralleibes, einer Art immateriellen, feinstofflichen Hülle, die, nach Ansicht von Esoterikern, Kontakte zwischen der Physis und höheren Seinsbereichen herstellt.

ob gewollt oder ungewollt – auch damit beschäftigt, das Ufo-Rätsel zu lösen.

In diesem Buch sind die bis heute bekannten Indizien zur physikalischen und empirischen Klärung all dieser »Erscheinungen« zusammengetragen, erläutert und ausgewertet.

Die Andere Realität der Erscheinungen

Unter »Erscheinungen« versteht man heute optische bzw. quasi-optische Wahrnehmungen von vorwiegend paranormalen, physikalisch noch nicht erklärbaren Manifestationen, die sich als Teil- oder Vollmaterialisationen, Astralkörperaktivitäten Lebender, automatisch oder gewollt projizierte Szenen aus Vergangenheit und Zukunft, als Sichtungen verstorbener oder höherdimensionaler »Wesen« (Entitäten), als »Gesichte«, aber auch als Illusionen und Halluzinationen mit tiefenpsychologisch kaum erklärbaren Inhalten äußern.

Wegen ihres allen Gesetzen der herkömmlichen Physik scheinbar widersprechenden, sozusagen paraphysikalischen Charakters werden Erscheinungen nicht ihrem realen Sinn nach, sondern ausschließlich phänomenal – d. h. entsprechend ihrer Wahrnehmung – gewertet. So vielseitig, wie sich paranormale Erscheinungen darbieten, so unterschiedlich fällt ihre qualitative Bewertung aus. Daher kommt es immer wieder zu kontroversen Einschätzungen solcher Vorgänge. Von Nicht-Kennern der Para-Szene werden sie meist unbedacht und voreilig dem ihrer Meinung nach pathologisch noch faßbaren Bereich der Sinnestäuschungen zugeordnet. Was aber Illusionen und Halluzinationen ihrem Wesen nach sind, durch was sie letztlich ausgelöst werden, vermögen sie nicht genau zu sagen. Durch sachkritische Untersuchungen verifizierter Erscheinungsfälle aber gelangt man allmählich zu erstaunlichen Einblicken in eine Welt voller Geheimnisse. Eine Alternati-

ve zum Newtonschen »Uhrwerkuniversum«, zur rein physikalisch geprägten Existenz erschließt sich uns: die *Andere Realität*.

Wenn man einmal Illusionen, Halluzinationen oder die in der
Jungschen Archetypenlehre begründeten und von der Psyche ge-
schaffenen, quasi-realen »Objekte« außer acht läßt und postuliert, daß es sich bei psychischen Erscheinungen um Dinge »von
draußen« handelt, so müssen diese, zumindest auf ihrer ange-
stammten – uns aber unbekannten bzw. unzugänglichen –
Existenzebene ebenfalls ganz real (materiell) sein. Die Frage ist
nur, welchen Realitätsstatus wir derartigen Erscheinungen zubilligen, wenn sie sich hin und wieder in unserer Welt manifestieren.

Betrachtet man die vielfältigen Aktivitäten genauer, mit denen
»rätselhafte Entitäten« von der Anderen Realität her in unser nur
scheinbar festgefügtes Raum-Zeit-Gefüge hineinwirken, dann
kommt man leicht zu ebenso vielen Erklärungen. Das Problem ist,
sie möglichst auf eine gemeinsame überzeugende Ursache zurückzuführen.

Die im folgenden geschilderten Fälle von geheimnisvollen, ja
geisterhaften Erscheinungen haben miteinander gemeinsam, daß
sie sich im Alltag, irgendwo auf der Straße, mitten im Verkehr
oder bei der Arbeit, vor den Augen von Menschen ohne einen sogenannten »Hang zum Übersinnlichen« abgespielt haben und
auffällig oft im Zusammenhang mit ganz nüchternen technischen
Einrichtungen oder Vorgängen zu stehen scheinen.

Fay Clark, ein amerikanischer Ingenieur, arbeitete im Jahre
1931 bei der Northern Power Company in La Crosse (Wisconsin).
Eines Abends erhielt die Gesellschaft von einem anderen Elektri-
zitätswerk, der Mississippi Valley Power Company, den Auftrag,
einen Teil von deren Netz mitzuversorgen. Ein weiterer Dampf-
kessel mußte angeheizt werden, um die für Reservezwecke vorge-
sehene vierte Turbine in Gang zu setzen. Gerade hatte man den
Reservekessel voll zugeschaltet, als die Männer bemerkten, wie
sich oberhalb der Turbine eine »Wolke« bildete. Zuerst be-
fürchtete man, daß die Turbine überheizt sei und zu explodieren

drohe. Eine Überprüfung der Manometer ergab jedoch, daß die Maschine völlig normal arbeitete. Als sich die »aus dem Nichts entstandene Wolke« verflüchtigt hatte, gewahrten die verdutzten E-Werker an der gleichen Stelle klar und deutlich das Bild einer Frau. Die mit juwelenbesetzten Ringen und Armreifen geschmückte Phantom-Schönheit ruhte bequem auf einer Couch und schien die sie anstarrenden Männer nicht wahrzunehmen. Ihr »Besuch« im Generatorraum des E-Werkes dauerte ganze zwanzig Sekunden. Dann begann die Erscheinung langsam zu verblassen. Das Fenster zur Anderen Realität hatte sich wieder geschlossen. Ein Tumult brach los, und der Chefingenieur hatte große Mühe, die aufgeregten Männer zu beruhigen. Er berichtete über ähnliche Erscheinungen, die sich, unter vergleichbaren Bedingungen, in England zugetragen haben sollen, und brachte sie mit Anomalien im Generatorsystem in Verbindung. Seiner Ansicht nach bestünde die Möglichkeit, daß bei einer bestimmten Drehzahl Bedingungen geschaffen würden, die ein vorübergehendes Herausdrängen unserer Psyche (und vielleicht auch unserer Physis) aus unserem Raum-Zeit-Gefüge bewirken könnten.

Der amerikanische Journalist Joseph Kerska berichtete in der Zeitschrift *Fate*[2] über eine andere, nicht minder faszinierende Spielart paranormaler Erscheinungen. Der Vorfall ereignete sich in Fresno (Kalifornien) an einem heißen Sommertag des Jahres 1936. Die damals 17 Jahre alte Carmen Chaney und ihre Tante Frankie rannten auf die Straße, um einer alten Frau zu helfen, die krank zu sein schien. Sie wankte auf zittrigen Beinen dahin, als ob sie jeden Augenblick zusammenbrechen würde. Als sich die beiden ihr hilfsbereit näherten, geriet sie offenbar in Panik. Sie versuchte, eiligst davonzuhumpeln. Kerska schreibt: »Beide Beobachterinnen waren von den leuchtenden, großen, im kreidebleichen Gesicht tief zurückliegenden Augen der Frau und von ihrer sich straff über ihren Schädel spannenden Haut beeindruckt. Ihre Größe betrug etwa 1,45 m. Sie war spindeldürr und hatte allem Anschein nach schneeweiße Haare, die unter einem großen, einst-

mals schwarzen Hut wirr heraushingen. Die Person trug ein hoch-
geschlossenes Kleid mit langen Ärmeln und hochgeknöpfte Schuhe aus längst vergangenen Zeiten. Ihr Hut, den sie tief ins Gesicht
gezogen hatte, aber auch ihr Kleid, waren vom Verfall gekenn-
zeichnet. Auffällig war der grünliche Farbton der Kleidungsstük-
ke. Alles in allem machte die Frau einen bedauernswerten Eindruck.«

Weitere Anwohner fanden sich ein, um das seltsame Drama
aus nächster Nähe mitzuerleben. Die Alte bog am Ende der Straße humpelnd in die angrenzende Allee ein, warf ihren Verfolgern
einen letzten, verzweifelten Blick zu – und verschwand, als habe
sie sich in Luft aufgelöst.

Ein ähnlicher Fall trug sich im Juli 1951 in der Nähe von Frank-
furt/Main zu.[3] Dem Autor liegen über diesen Vorfall, der sich am
Rande einer Waldung unmittelbar vor Hanau ebenfalls am hell-
lichten Tage ereignete, drei authentische Augenzeugenberichte
vor. Auch hier materialisierte sich eine alte Frau. Ihr »Steckbrief«
könnte gut auf den des Fresno-Phantoms zutreffen.

Das Groteske an dieser Szene aber war die Art der Fortbewe-
gung. Die Person überquerte, ohne sonderlich auf den Sonntags-
ausflugsverkehr zu achten, hüpfenderweise die Bundesstraße 8,
die von Aschaffenburg in Richtung Frankfurt verläuft (Abbildung 1). Sie hob, nach kurzer Bodenberührung, jeweils bis zu
30 cm vom Boden ab – ein seltsamer Anblick, zumal sich dieses
Auf und Ab im Zeitlupentempo abspielte. Auch diese »Besucherin« entschwand so plötzlich, wie sie erschienen war. Wo mag sie
hergekommen sein, welchen Weg mag sie genommen haben, als
sie – am nahen Waldesrand angekommen – vor den Augen zahlreicher Ausflügler, die, von einer nahe gelegenen Gaststätte aus,
die Szene genau verfolgen konnten, sich mit einem Male übergangslos in Nichts auflöste?

An eine kostenlose, wenn auch reichlich makabre Freilichtauf-
führung mit Szenen aus einer Anderen Realität erinnert ein Vorfall, der sich am 2. August 1976 auf einer wenig befahrenen Straße

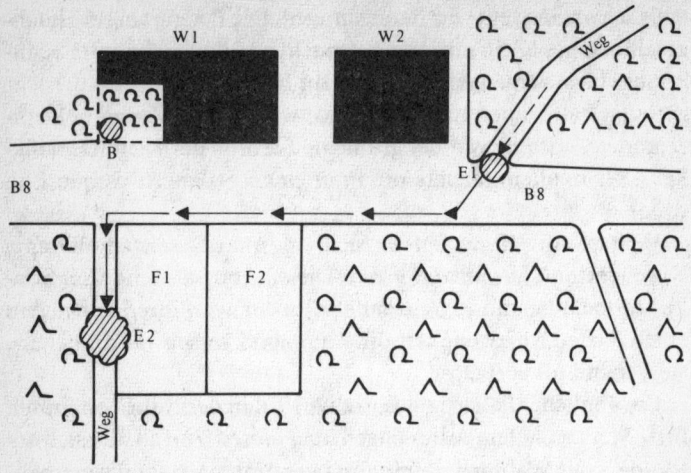

Abb. 1: *Sichtungsszene 1951.*
E 1: Erscheinung wird sichtbar; E 2: Erscheinung verschwindet plötzlich
wieder; W 1 / W 2: Wirtschaften 1 und 2; F 1 / F 2: Felder 1 und 2;
B 8: Bundesstraße 8; B: Beobachter

Tasmaniens (Australien) zugetragen haben soll. Der 26jährige
Michael Wood aus Granton hatte mit seinen Freunden bis tief in
die Nacht hinein Karten gespielt. Gegen 3 Uhr morgens trat er mit
seinem Landrover auf der Straße, die von Launceston nach Ho-
bart führt, den Rückweg an. Als er eine Stunde später bei starkem
Regen und einer Geschwindigkeit von etwa 75 km/h die Gegend
um Ten Mile Hill erreicht hatte, vernahm er mit einem Male Fet-
zen stark verzerrter elektronischer Musik.

Die vor ihm liegende Strecke war plötzlich in gleißende Helligkeit getaucht. Aus dem Dunkel der Nacht schälte sich – nur wenige Meter vor ihm – so etwas wie eine riesige, gelbe Leinwand, auf
der im rechten Sektor das Profil einer Gestalt zu erkennen war.
Wood trat sofort auf die Bremse. Dennoch »durchbrach« sein

Wagen die imaginäre Leinwand. Er fürchtete, jemanden überfahren zu haben und war drauf und dran, dem vermeintlichen Unfallopfer zu Hilfe zu eilen. Doch niemand war zu sehen.[4]

Später teilte er einer australischen Untersuchungsgruppe mit, daß die besagte »Leinwand« sein eingeengtes Blickfeld völlig ausgefüllt habe und er keine Seitenkanten erkennen konnte. Die von ihm wahrgenommene Gestalt soll etwa 3 m groß und dreimal so breit wie eine normale Person gewesen sein. Sie habe eine engsitzende, dunkle und nicht näher definierbare Jacke getragen. Ferner wäre das Oberteil einer ebenfalls enganliegenden gelben Hose zu sehen gewesen. Das Phantom soll übrigens schulterlanges Haar getragen haben.

Sind derartige Erscheinungen auf »Kurzschlüsse« zwischen unserem Universum und einer höheren Dimensionalität, zwischen uns und Parallelwelten zurückzuführen? Haben wir es hier mit automatisch ablaufenden, natürlichen (physikalischen) Vorgängen oder etwa mit absichtlich inszeniertem Geschehen zu tun? Wir entdecken hinter solchen »Erscheinungen« meist keinen Sinn. Aber gibt es vielleicht doch einen – jenseits kausaler Denkschablonen?

Wenn eine bestehende Theorie mit gewissen Tatsachen nicht mehr übereinstimmt, sollte man eigentlich die theoretische Schablone neu überdenken und notfalls Korrekturen vornehmen, auch wenn diese schmerzlich sind. Nicht so die Schulphysik: Harte, unwiderlegbare Fakten werden häufig achtlos beiseite geschoben oder doch zumindest so lange zerredet, bis nichts mehr von ihnen übrigbleibt. Zum größten Leidwesen des wissenschaftlichen Establishments werden beim Auftreten paranormaler Phänomene viele Naturgesetze – wenn auch nur vorübergehend – (scheinbar) außer Kraft gesetzt. Dadurch erwecken solche Erscheinungen oft den Eindruck, als ob sie zum Teil physikalisch real, zum Teil immateriell seien. Offenbar operieren diese Kräfte hart an der Grenze zwischen Geist und Materie, zwischen der Anderen Realität und unserer Welt.

Über den Ursprung und das Zustandekommen von Erscheinungen gibt es, wie schon gesagt, zahlreiche unterschiedliche Auffassungen. Jede dieser Hypothesen hat etwas für sich. Da man zwischen verschiedenen, voneinander abweichenden Erscheinungsformen zu unterscheiden hat, besteht Grund zur Annahme, daß auch deren Auslöser und Funktionsmechanismen entsprechend variieren. Der zuvor zitierte Autor Joseph Kerska glaubt drei Möglichkeiten für das Zustandekommen von Erscheinungen entdeckt zu haben:

1. Der Wahrnehmende sieht jemanden aus einem anderen Brennpunkt »im ewigen Jetzt der Zeit«.
2. Er befindet sich in einer leichten Trance und »erträumt« buchstäblich ein Fremdwesen [Phantom], genau wie während eines normalen Traumes.
3. Er [sein Doppelgänger] hält sich tatsächlich an einem anderen Ort auf und projiziert während des Schlafes [unbewußt] oder auch im Verlaufe sogenannter OBE-Experimente* [bewußt] seinen Astralkörper nach draußen.[2]

Weitere mögliche Funktionsprinzipien läßt Kerska außer acht. Der australische Physiologe Sir John Eccles (Nobelpreis 1963) hat aufgrund komplizierter, neurophysiologischer Untersuchungen erst kürzlich eine neue, wissenschaftlich gut fundierte und von der Fachwelt als sensationell empfundene Hypothese über die Zusammenhänge zwischen Psyche und Physis aufgestellt, die Kerskas Vermutungen gar nicht so abwegig erscheinen lassen. Sie besagt – allgemeinverständlich ausgedrückt –, daß das Be-

---

* Abkürzung für »Out-of-the-Body-Experience«; bedeutet soviel wie außerkörperliche oder exsomatische Erfahrung. Der Erlebnisträger glaubt seinen Körper verlassen zu haben und sich selbst von außen zu sehen (vor allem während schlafwandlerischer Zustände und unmittelbar vor dem klinischen Tod).

wußtsein, als ein »Organ des Geistes«, vom menschlichen Gehirn, ja, vom Körper schlechthin, völlig unabhängig existiere und mit diesem lediglich in einem wechselseitigen, gebenden und empfangenden Verhältnis stünde. Eccles behauptet, daß die Einheit der bewußten Erfahrung durch das Bewußtsein selbst und nicht etwa durch neuronale (die Nervenzellen betreffende) Mechanismen der Verbindungsfelder einer Gehirnhälfte ausgelöst würde.[5] Das menschliche Bewußtsein – das Unbewußte vielleicht in noch viel stärkerem Maße – als eine vom Körper unabhängige Einheit? Könnte es nicht so sein, daß dieses vollkommen autonome, offenbar dimensional höher strukturierte oder gar dimensionslose Etwas, das wir »Bewußtsein« nennen, gelegentlich seine Bindung an die Physis aufgibt, Dimensionssprünge vollführt und in Bereiche vorprescht, die außerhalb unseres Raum-Zeit-Kontinuums oder doch wenigstens außerhalb unserer Gegenwart liegen?

Gewiß. Dennoch müssen wir annehmen, daß uns aufgrund einer angeborenen schlechten Konditionierung für die Wahrnehmung höherdimensionalen Geschehens nahezu das gesamte Szenarium der Anderen Realität verborgen bleibt, einschließlich der Prozesse, die aus diesen Bereichen in unsere Seinsebene hineinwirken, und daß sich nur medial Veranlagte aufgrund ihrer besonderen Fähigkeiten auf eine höhere Dimensionalität einstellen können, sei es psychisch oder vollkörperlich.

Agieren diese delikaten psychischen »Gebilde« möglicherweise in derselben »anderen« Raum-Zeit-Realität wie jene noch ungeklärten Erscheinungen an unserem Himmel, die wir seit etwas mehr als dreißig Jahren »Ufos« nennen? Derartige Flugobjekte und die in Verbindung mit ihnen gesichteten »Wesen« könnten tatsächlich einen ähnlichen Identitätsstatus wie paranormale Erscheinungen besitzen. Auch sie könnten im wahrsten Sinne des Wortes »real« sein – Hardware unserer eigenen Psyche, »Luftschlösser« mit Eigenleben. Wohlgemerkt, sie könnten es sein ... müssen es aber nicht.

Immerhin gibt es, was die äußeren Merkmale beider Erscheinungsformen und bestimmte Verhaltensparameter anbelangt, zahlreiche Übereinstimmungen, und der Schluß liegt nahe, daß sie gleichen Ursprungs sind oder zumindest identische Aktivierungsräume in Anspruch nehmen. Wer sich genügend Objektivität bewahrt hat, wird indessen vorschnell konstruierten Prima-vista-Zusammenhängen kritisch gegenüberstehen. Eine differenziertere Betrachtungsweise erscheint auf jeden Fall angebracht.

Die einzelnen Erscheinungsbilder dieser Phänomene sind denn doch zu verschiedenartig, als daß aus nur wenigen, typisch erscheinenden Fallschilderungen allgemeinverbindliche Rückschlüsse gezogen werden dürften. Es bedarf schon der gründlichen Analyse einer Vielzahl verifizierter Sichtungen, aber auch der Anhörung von Experten aus unterschiedlichen Forschungsbereichen, um für den Gesamtkomplex eine hieb- und stichfeste Hypothese zu erarbeiten.

Auf der Suche nach dem wahren Verursacher all dieser Phänomene werden wir immer wieder Überraschungen erleben. Auch könnte es sich im Zuge unserer Ermittlungen herausstellen, daß *eine* Hypothese allein nicht ausreicht, um komplexes Geschehen wie dieses verständlich zu machen. Vielleicht erfahren wir mehr über die Hintergründe dieser Erscheinungen, wenn wir uns zunächst einem ganz alltäglichen Phänomen, nämlich dem Verhalten der Psyche während des Schlafes und ihrer Rolle beim Zustandekommen von häufig nur paranormal erklärbaren Traumerlebnissen zuwenden.

Psycho-Trip – Zeitreisen des Unbewußten

Als Junge schlief ich während der Kriegszeit auf einer Couch im elterlichen Wohnzimmer mit Blick auf eine große Wanduhr, deren Schlagwerk nicht zu überhören war.

Eines Morgens – es muß an einem Sonntag gewesen sein – wurde ich wach, gerade als die Uhr die achte Stunde zu schlagen begann. Der Raum war nicht abgedunkelt, und ich konnte den Stand der Uhrzeiger deutlich erkennen. Kein Zweifel, es war acht Uhr. Dann muß ich sofort wieder eingeschlafen sein. Es schien, als habe mich schon der zweite oder dritte Glockenschlag wieder in die Welt der Träume zurückversetzt. Meine Traumerlebnisse waren so weitgespannt und derart inhaltsreich, daß ihr Ablauf, auf unsere Realität übertragen, Tage, ja Wochen in Anspruch genommen hätte.

Als ich jedoch von neuem erwachte, schlug die Uhr immer noch, ihre Zeiger zeigten nach wie vor die achte Stunde an. Ich zählte mit. Es müssen noch etwa drei oder vier Schläge gewesen sein. Somit hatte ich all die Ereignisse zwischen zwei oder drei Glockenschlägen, d. h. in nur 4 bis 6 Sekunden, geträumt. Ich war fasziniert. Dieses Erlebnis ließ schon damals die Erkenntnis in mir reifen, daß alles Traumgeschehen völlig losgelöst von der Zeit stattfinden müsse. Gespräche mit Freunden und Verwandten, die ähnliches erlebt hatten, sowie die Ergebnisse der modernen Traumforschung bestätigten mir später diese Vermutung. Einerseits vermag man innerhalb weniger Sekunden den Inhalt eines abendfüllenden Fernsehfilmes zu träumen, andererseits kann sich eine kurze Handlung auch ebensogut über einen übertrieben langen Zeitraum erstrecken, von sogenannten »Fortsetzungsträumen« ganz zu schweigen.

Die »Einflußnahme« der Psyche auf die Zeit, ihre zeitliche Unabhängigkeit von den Vorgängen in unserem raum-zeitlichen Universum, ist aus gewissen Traumerlebnissen – Vorgängen, die uns vielleicht aufgrund ihrer Abenteuerlichkeit nach dem Erwachen noch deutlich in Erinnerung sind – klar erkennbar. Manche Eskapaden der Psyche im zeitneutralen Zustand des Schlafes vermitteln den Eindruck, als ob unsere Bewegungen in der Zeit immer langsamer oder gar erstarren würden. Wir glauben zu schweben, uns im Zeitlupentempo fortzubewegen – von den Fesseln der Zeit befreit zu sein.

Träumen bedeutet demnach das Loskoppeln der Psyche vom zeitgebundenen, stofflichen Leib, das Dahingleiten in einer Welt, in der die Kausalität – das Ursache-Wirkungs-Prinzip – aufgehoben zu sein scheint. In ihr gibt es grundsätzlich nichts, was unmöglich wäre. Der Phantasie, dem freien Spiel der Psyche, sind im Traumzustand allem Anschein nach keine Grenzen gesetzt.

Im wachen Zustand erscheint die Zeit fest und unnachgiebig. Wir sehen in ihr eine unüberwindliche Barriere, einen Ordnungs- und Stabilisierungsfaktor. Ihr »Jetzt« trennt das »Vorher« vom »Nachher«, verhindert willkürliche Vor- und Rückwärtsbewegungen und sorgt dafür, daß die Kausalität in unserer Welt im großen und ganzen gewahrt bleibt. Aufgrund der engen Verflochtenheit von Raum und Zeit, die in der Vierdimensionalität unseres Universums wurzelt, besteht wenig Hoffnung, daß wir unsere einseitige, jetztbezogene Vorstellung vom Wesen der Zeit schon in nächster Zukunft korrigieren werden. Diese Feststellung gilt allerdings nicht für veränderte Bewußtseinszustände, wie man sie im Schlaf, in Trance, unter dem Einfluß von Narkotika oder bei psychischen Störungen erlebt. Unter diesen Bedingungen kommt es immer wieder zu einer subjektiven Beschleunigung oder Verlangsamung von Erlebnisabläufen, zu Fehleinschätzungen, zur scheinbaren Überwindung der Zeitbarriere.

In der Sowjetunion untersuchten A. A. Leonow und V. I. Lebedew die Bedeutung der Zeit im Leben von psychisch Gestörten. Eine Patientin berichtete über eigene Erfahrungen mit der Zeitdilatation: »Alles schien tot zu sein. Die ganze Welt stand still. Die Menschen bewegen sich ganz langsam. Die Zeit steht still. Ich weiß, daß sich der Stundenzeiger eurer Uhren bewegt. Aber es hat nur den Anschein, als ob er sich bewegen würde. Für mich kommt ihr aus einer anderen Zeit.«[6]

Vielleicht lassen sich bestimmte geistige Erkrankungen auf eine vom bislang Gewohnten plötzlich abweichende Betrachtung zeitlicher Abläufe, auf ein völlig anderes Verhältnis zur Zeit, zurückführen. Während das eine Ich die gleiche »normale« Einstellung zur Zeit wie wir besäße, würde die Spaltungspersönlichkeit (das zweite Ich) Bewegungen in der Zeit anders – langsamer oder schneller ablaufend – empfinden. Diese vom Bewußtsein eines Patienten unterschiedlich erfaßten Zeitabläufe müssen – auch wenn sie unserer Meinung nach nur subjektiver Art sind – mit dem angeblich »normalen«, »gesunden« Zeitempfinden kollidieren und in der Folge zwangsläufig zur Zerrüttung der hiervon betroffenen Persönlichkeit führen. Die menschliche Psyche ist dem Streß der fortgesetzten kontroversen Einschätzung zeitlicher Abläufe offenbar nicht gewachsen.

Anders verhält es sich beim Träumen, wenn unser (Tages-)Bewußtsein gewissermaßen »auf Sparflamme« geschaltet und das Unbewußte voll aktiviert ist. In diesem Zustand der freien Entfaltung unserer Psyche unterbleibt die Konfrontation mit der zeitlichen Realität, die wir während unseres Wachseins empfinden. Hier kommt es – legt man unsere heutige Auffassung von Zeit und Kausalität zugrunde – subjektiv gesehen ununterbrochen und problemlos zur Verletzung anerkannter Gesetzmäßigkeiten. Subjektiv deshalb, weil wir diesen Automatismen nur im Traum, in der vermeintlichen physikalischen Nicht-Realität begegnen. Für den Träumenden gibt es keine räumlichen und zeitlichen Beschränkungen. Er entsendet seinen »geistigen Körper« ohne zeitliche Verzögerung an jede beliebige Stelle unseres Universums, versetzt sich also auf psychischem Wege mühelos in vergangene oder zukünftige Epochen.

Daß wir dann aufgrund der raumzeitlichen Ungebundenheit unserer Psyche auch parallel zu unserem Universum existierende Welten besuchen können, daß wir in diesem Zustand Erlebnisse haben, die sich in einer für uns in Wirklichkeit nie real werdenden Zukunft oder in einer nicht real gewordenen Vergangenheit abspielen, erscheint gar nicht so abwegig. Manche Träume wirken aufgrund ihrer Intensität und Plastizität wesentlich realer als unsere alltägliche Realität. Schon deshalb sollten wir die Möglichkeiten unserer Psyche nicht unterschätzen und krasse Unterscheidungen zwischen »real« und »nicht real« (virtuell) möglichst vermeiden.

Während ihrer nächtlichen Exkursionen vollbringt unsere Psyche oft erstaunliche Zusatzleistungen paranormaler Art. Sie erfaßt auf ihrem Weg durch die Zeit im voraus so manches Geschehen, das sich dann später tatsächlich ereignet. Die Formen, in denen sich psychische Fernwahrnehmungen (Hellsehen und Präkognition) dem Träumenden darbieten – ob symbolisch versteckt oder dem späteren Geschehen in allen Einzelheiten entsprechend – sollte kein Wertmaßstab sein. Was zählt, ist allein die Tatsache, daß durch die Existenz der Präkognition, des Vorauswissens, die Zeitunabhängigkeit unserer Psyche, ihr akausales Verhalten, bewiesen wird. Und nicht nur das allein. Wenn wir heute schon von Ereignissen Kenntnis erhalten, die erst viel später eintreten werden, dann müssen auch die Zeitpunkte, zu denen diese Ereignisse stattfinden »werden«, bereits irgendwo und irgendwie real sein. Daraus ließe sich folgern, *daß alle vergangenen und zukünftigen Ereignisse in der Zeit nebeneinander existieren, daß alles gleichzeitig geschieht*. Alles wäre demnach schon vorprogrammiert, wie auf Magnetbändern, die unsere Computer mit Leben erfüllen.

Nur für uns entstünde in jedem Augenblick eine neue Welt, eine neue Realität. Der vierdimensionale »Film« über das Werden und Vergehen unseres Universums, in dem uns lediglich eine höchst bescheidene Statistenrolle zugewiesen ist, wurde offenbar in einem Studio außerhalb unseres Raum-Zeit-Kontinuums gedreht. Es handelt sich bei dem, was wir sehen, erleben und tun, lediglich um kleine Ausschnitte aus einer gigantischen Tonfilmschau, die auch durch unser aller Ableben, ja, selbst durch die Vernichtung ganzer Galaxien, keine Unterbrechung erfährt.

Viele Träume, die wir aufgrund ihres verworrenen, »unmöglichen« Inhalts als baren Unsinn abtun, dürften auf einer anderen Zeitlinie, in einer zwar vorskizzierten, aber für uns nicht real werdenden Welt, durchaus der Realität entsprechen. Es mag sein, daß diese Ereignisse nur deshalb nicht »wirklich« eintreten, weil sie von irgendwelchen stärkeren äußeren Einflüssen – einer Art Abdrift durch schicksalsbestimmende Faktoren – überlagert und wir in der Folge in eine andere Lebensrolle hineingedrängt werden. Die feinen Sensoren der Psyche aber können infolge ihrer zeitfreien, höherdimensionalen Beschaffenheit möglicherweise bis in »pseudoreale« Bereiche vordringen und für uns unbegreifliches, akausales, künftiges Geschehen erfassen.

Präkognitive Träume – Wahr- oder Wachträume – d. h. echte Abirrungen in andere Realitäts- und Seinsbereiche, sind freilich keinesfalls die Regel, eher die Ausnahme. Dennoch hält die Parapsychologie den präkognitiven Traum aufgrund einer Vielzahl gut dokumentierter Fälle schon seit langem für wissenschaftlich gesichert.

Im Februar des Jahres 1973 brannte das Pariser Lyzeum »Edouard Pailleron« bis auf die Grundmauern nieder. Dabei fanden vier Lehrer und neunzehn Schülerinnen den Tod in den Flammen. Hätten die Verantwortlichen dieser Lehranstalt der fünfzehnjährigen Schülerin Brigitte Mason Glauben geschenkt, so wäre das Unglück vielleicht abgewendet worden. Brigitte hatte den Großbrand nämlich drei Monate zuvor prophezeit. Die kleine Französin hatte in der Nacht vom 10. zum 11. Dezember 1972 einen unheimlichen Traum. Sie sah, wie die Schule in hellen Flammen stand, wie die Eltern ihrer verunglückten Kameradinnen weinend an 23 Särgen Totenwache hielten. Diesen schrecklichen Traum hatte Brigitte innerhalb von zwei Wochen zehnmal! Stets konnte sie 23 Särge sehen, ja, sogar die Sirenen der Feuerwehr hören. Am 28. Dezember beschloß sie, die Direktorin des Lyzeums zu warnen. Vergeblich – diese schenkte ihren Träumen keinen Glauben. Weitere Versuche, Lehrer und Schülerinnen zu warnen, scheiterten ebenfalls. Was niemand zu glauben wagte, geschah am Mittag des 6. Februar 1973. Das Feuer brach urplötzlich ohne erkennbare Ursache aus und drang in Windeseile zum Obergeschoß vor, wo vierzig Schülerinnen und sieben Lehrer musizierten. Etwa die Hälfte der Eingeschlossenen konnte – mit schweren

Brandverletzungen – gerettet werden. Am Abend standen 23 Särge vor der völlig abgebrannten Schule.[7]

Entsprechend beziehungsreich erscheinen auch die Träume
des englischen Bahnbeamten Victor Cleave, der eines Abends
beim Nachtessen einschlief und erst *vier Jahre später* wieder erwachte. Weilte seine Psyche während dieser Zeit tatsächlich in einer Art »realem Traumland«, in einer Anderen Realität? Befand
sie sich auf einem Trip durch die Gefilde einer Parallelwelt oder
eines höherdimensionalen Universums? Könnte es möglich sein,
daß Cleaves Psyche Vorgänge beobachtete, die sich (von uns aus
gesehen) in ferner Zukunft oder in einer für ihn – zumindest in unserer Welt – nie aktuell werdenden Realität abspielten?

Cleave will auf seinen Psycho-Exkursionen fremdartig anmutende Blumen, Bäume und Bauwerke gesehen haben. Alles schien
real, aber in gewisser Hinsicht doch irgendwie immateriell zu sein.
Für die humanoid wirkenden Wesen jener Welt gab es weder materielle Hindernisse noch den Begriff »Zeit«, so wie wir ihn kennen. Sie konnten sich nicht nur ungehindert durch Objekte (Wände, Häuser) hindurchbewegen, sondern besaßen auch die Gabe
der Materieumformung.

Cleave gelang es übrigens nie, seine in der Traumwelt gesam-
melten Eindrücke zu Papier zu bringen. Er scheiterte ganz einfach
daran, daß sich keine unserer Reproduktionsmethoden zur Wiedergabe von den im Traum geschauten, höherdimensionalen Gebilden und ihren Farben eignen.[8]

Es hieße die Realität verleugnen, wollte man alle diese wirk-
lichkeitsverschobenen Traumimpressionen als Phantasmen, als
Automatismen einer durch äußere Reize gestreßten Psyche abtun.
Sind es doch gerade diese bizarren, plastischen Traumerlebnisse,
die uns immer wieder die Vielfalt möglicher Realitäten und Seinszustände deutlich vor Augen führen.

Ein weiteres interessantes Phänomen, das schon viele Menschen an sich selbst beobachten konnten – wir wollen es als Zu-
sich-kommen bezeichnen –, spricht ebenfalls für die Autonomie

und Beweglichkeit unserer Psyche: Wird jemand mitten im Traum plötzlich unsanft aus dem Schlaf gerissen, so kann sein »Rücksturz« in unsere dreidimensionale Wirklichkeit mit einem Schock verbunden sein. Die verunsicherte Psyche weiß zunächst nicht, für welche der beiden Realitäten sie sich entscheiden soll. Sie pendelt zwischen den Dimensionen und läßt in diesem Zustand Vertrautes – das Zimmer, die in ihm vorhandenen Gegenstände und Personen – fremd und unwirklich erscheinen. Der Blickwinkel, unter dem der eben Geweckte seine Beobachtungen anstellt, stimmt mit der optischen Wirklichkeit im Wachzustand nur wenig überein. Die Dinge erscheinen seltsam verzerrt. Der anomale Standort unserer Psyche zwischen den Realitäten löst eine uns selbst wie auch zufälligen Zeugen auffallende Verwirrung aus. Es dauert mitunter eine ganze Weile, bis wir in unsere räumliche Wirklichkeit zurückgefunden haben, bis die Psyche von ihrem Trip durch das Universum der höheren Dimensionen in den Körper zurückgekehrt und die Welt für uns wieder in Ordnung ist.

Unsere Psyche hat auf ihren Exkursionen durch Raum und Zeit fast ausschließlich den Status eines Beobachters inne. Sie kann, da sie aus mehr als nur vier Dimensionen besteht, weder mit dem Auge wahrgenommen, noch mit technischen Hilfsmitteln direkt sichtbar gemacht werden.

Der Mensch besitzt jedoch neben seinem materiellen Körper, der Physis, und der hier erörterten Psyche, noch eine dritte hypothetische Komponente, ein *bioplasmatisches Feld* (den sogenannten »Ätherleib«), das allem Anschein nach psychische und physische Vorgänge koordiniert. Die »Ausläufer« dieses Feldes – von W. F. Bonin als »ein gestalthafter biologischer Plasmakörper« bzw. »ein der Physis korrespondierendes Energiefeld« bezeichnet – werden bei Konfrontation des *Bioplasmas* mit einem elektrischen Hochspannungsfeld als Korona-Effekte (Strahlenkranz) wahrgenommen.

Dem sowjetischen Elektronik-Ingenieur Semjon Davidowitsch Kirlian und seiner Ehefrau, Walentina Krisanowa, war im Jahre 1939 erstmals die indirekte Sichtbarmachung dieses bioplasmatischen Feldes nach der von ihnen entwickelten Hochfrequenz-Methode (Kirlian-Fotografie)* gelungen. Dieses offenbar hybride Bioplasma – es kann sowohl in einer höherdimensionalen, für uns unsichtbaren, als auch in einer »kondensierten«, stofflichen, für uns indirekt sichtbaren Erscheinungsform auftreten –, das allem Anschein nach nicht nur sämtliche organische Objekte umhüllt und durchdringt, sondern auch überall in der Natur ungebunden vorzukommen scheint, ist für die nachfolgende Betrachtung des Phänomens der nicht-halluzinativ empfangenen Erscheinungen von größter Wichtigkeit, da es Materialisationsvorgänge jedweder Art, letztlich also auch das Ufo-Phänomen, erklären könnte.

Die Auffassung, daß diesem biologischen Plasmafeld eine Mittlerrolle zwischen Wirkungen elektromagnetischer Zwischenreaktionen und den einzelnen Elementen des biologischen Organismus zukommt, vertreten übrigens auch sowjetische Wissenschaftler des Instituts für Biophysik in Alma-Ata (Kasachstan).

Es ist anzunehmen, daß die Psyche, als ein dem Bioplasma übergeordnetes geistiges Prinzip, den Vorgang des Ausformens materieller oder quasi-materieller Objekte aus der bioplasmatischen »Knetmasse« steuert, daß sie somit den Materialitätsgrad, die Form und Dauer einer Erscheinung bestimmt.

Schon zu Anfang dieses Jahrhunderts konnte der bekannte Arzt und Parapsychologe Albert Freiherr von Schrenck-Notzing mit Unterstützung seines berühmten Mediums Eva C. (Pseudonym für Marthe Béraud) im Verlauf zahlloser, gut abgesicherter,

---

* Das Funktionsprinzip der Hochfrequenzfotografie ist verhältnismäßig einfach. Es beruht im Prinzip auf der Umwandlung von nichtelektrischen Eigenschaften des fotografierten Gegenstandes in elektrische, indem man ihn in ein Hochspannungsfeld bringt, das die kontrollierte Übertragung der vom Objekt ausgehenden elektrischen Ladungen auf einen Film, Leuchtschirm oder TV-Monitor erlaubt.

protokollierter und fotografierter Materialisationsversuche die Entstehung solcher bioplasmatischer Gebilde in natura verfolgen. Eva C. nutzte ihre medialen Gaben, um auf psychischem Wege aus dem Bioplasma – früher Ektoplasma genannt – ihres eigenen Körpers oder dem der Anwesenden real wirkende Körperteile oder bizarre Phantasiegestalten entstehen zu lassen. Bei diesen Versuchen zeigte sich auch mit aller Deutlichkeit die hybride Beschaffenheit und Anpassungsfähigkeit des Bioplasmas: in unmittelbarer »Nähe« zum physischen Leib grobstofflich-materiell, etwas weiter von ihm entfernt (ungebunden) mehr feinstofflicher, psychischer Natur.

Vielleicht gelingt es bisweilen unserer im Traum durch Raum und Zeit vagabundierenden Psyche, in anderen, parallelen Welten oder zu anderen Zeiten vorhandenes freies Bioplasma zu aktivieren, um unser Ebenbild dort mehr oder weniger gut wahrnehmbar in Erscheinung treten zu lassen. Erfolgt die Aktivierung in der Vergangenheit, so wären wir für die Menschen der damaligen Zeit »Besucher aus der Zukunft«.

Ist es nicht so, daß auch wir gelegentlich, ohne erkennbare Ursache, materielle oder quasi-materielle Manifestationen der Psyche anderer – Phantasmen, Erscheinungen, psychisch-bioplasmatische Aktivitäten fremder Entitäten – wahrnehmen? Es müssen nicht unbedingt und ausschließlich halluzinative Äußerungen unserer eigenen Psyche sein. Bei »Erscheinungen« – welchen Stofflichkeitsgrad man ihnen auch zubilligen mag – könnte es sich ebensogut um psychische Manifestationen von Persönlichkeitskernen Verstorbener, von Wesen aus Parallelwelten oder einer höheren Dimensionalität, aber auch um Menschen aus unserer eigenen Zukunft handeln.

Möglicherweise erfüllen wir, d. h. unsere Psyche, im Schlaf und Traum zu anderen Zeiten (in der Zukunft oder Vergangenheit) schicksalhafte, gestalterische Aufgaben. In diesem Zustand könnte die Psyche, unter Zuhilfenahme des allgegenwärtigen Bioplasmas, in einer zukünftigen oder vergangenen Welt ein Double un-

serer Persönlichkeit entwerfen, das, einmal mit Leben erfüllt, unabhängig von uns, in einer anderen Realität irgendwelche vorpro-
grammierten Funktionen erfüllt . . . ein *Zeitvariant* wäre geboren.
Dabei brauchten wir uns der eigenen Doppelgängerexistenz auf
einer anderen Zeitlinie gar nicht einmal voll bewußt zu sein. Aufgrund der zeitneutralen Beschaffenheit höherdimensionaler
Reiserouten (Hyperraum) könnte z. B. ein Jahrzehnte dauernder
Aufenthalt unseres Doubles in der Zukunft oder Vergangenheit
im Traum auf nur wenige Sekunden zusammenschrumpfen, was
einmal mehr die elastische Struktur der Zeit veranschaulichen
würde.

Tiefenpsychologen wollen wissen, daß es sich bei den hier erwähnten Psycho-Doubles ausschließlich um Halluzinationen,
um Trugbilder handelt. Da so viele Menschen immer wieder über-
einstimmende »Halluzinationen« erleben, bleibt allerdings zu
fragen, ob diese »Trugbilder« nicht etwa doch eine ganz reale
Grundlage haben. Man kennt bereits eine Anzahl gut dokumentierter Fälle, die beweisen, daß sich die Aktivitäten der hier erwähnten Doppelgänger nicht auf passive Statistenrollen während
anderer Zeitperioden zu beschränken brauchen.

Dr. Max Kemmerich berichtet in seinem Buch *Gespenster und
Spuk* über einen solchen Fall, der sich vor mehr als fünfzig Jahren
in Berlin zugetragen haben soll.

Der Ingenieur Dr. Karl Sch. war mit dem Entwurf einer Bau-
zeichnung für ein neues Theater betraut worden. Die Konstruk-
tion des Dachstuhls bereitete ihm große Schwierigkeiten, die er
trotz angestrengten Nachdenkens nicht meistern konnte. Der Lösung des Problems ferner denn je, beschloß er, sich durch einen
Stadtbummel etwas zu zerstreuen.

Nach einigen Erledigungen kehrte er, zwei Stunden später, ent-
spannt in seine Wohnung zurück. Beim Betreten seines Arbeits-
zimmers sah er einen Mann, der, über sein Reißbrett gebeugt, eifrig zu zeichnen schien. Dr. Sch. war zunächst über die Nachlässig-
keit der Wirtin, einen »Fremden« in seine Wohnung zu lassen,

erbost, zumal die hier herumliegenden Konstruktionspläne noch des patentrechtlichen Schutzes bedurften.

Nachdem er dem »Eindringling« eine Zeitlang aus nächster Nähe abwartend zugeschaut hatte, erkannte er zu seinem größten Erstaunen in der Person des »Fremden« sich selbst. Das Phantom trug die gleiche Kleidung wie er, u. a. einen Mantel, dessen eine Tasche eingerissen war.

Nach etwa zehn Minuten emsigen Schaffens sank die Erscheinung allmählich in sich zusammen . . . Füße und Unterschenkel lösten sich auf, bis die Gestalt schließlich ganz verschwunden war. Jetzt erst näherte sich Dr. Sch. dem Zeichenbrett. Überrascht mußte er feststellen, daß sein Doppelgänger die schwierige Konstruktionsaufgabe gelöst hatte. Die Lösung bestand in einer perfekt gezeichneten Kuppel, an die der Ingenieur zuvor selbst nicht gedacht hatte.[9]

In einem anderen Fall sah sich der Eigentümer einer privaten Rundfunkstation in Ely (Minnesota), Charles W. Ingersoll, als »Statist« in einem bereits 1948 entstandenen, kommerziellen Filmstreifen über den Grand Canyon. Seltsamerweise hatte er dem Canyon erstmals im Jahre 1955 einen Besuch abgestattet.

Er hatte die Fahrt zum Grand Canyon zusammen mit seinen Eltern zwar schon für 1948 geplant, mußte den Besuch aber aus geschäftlichen Gründen bis zum Jahre 1955 verschieben. Dann war es endlich so weit. Am Ziel seiner Reise angekommen, begab sich Ingersoll sofort zum Canyon, um dort mit seinem Fotoapparat der Marke »Bosley« rasch ein paar Erinnerungsbilder zu schießen. Er bedauerte es damals außerordentlich, keine Filmkamera zu besitzen. Zurück in Minnesota, erstand er bei einem dort ansässigen Fotohändler zusammen mit einer Schmalfilmkamera einen kommerziellen Filmstreifen über den Grand Canyon, der, wie ein Aufkleber »Copyright by Castle Films 1948« zu erkennen gab, bereits 1948 gedreht worden war.

Als Ingersoll diesen Film noch am gleichen Abend seinen Eltern vorführte, erlebte er eine Überraschung: Er entdeckte mit einem Mal sich selbst. Im Film näherte er sich, wie dies tatsächlich – allerdings erst 1955 – der Fall war, dem Rande des Canyons, um von dort aus mit seiner »Bosley«-Kamera die sich ihm bietenden Motive aufzunehmen. Sah er etwa seinen »Geist«, oder lag eine Verwechslung mit einer anderen Person vor? Um sicher zu gehen, zeigte er diesen Streifen ein paar Freunden, denen er über seinen mysteriösen Auftritt nichts erzählt hatte. Die Reaktion ließ nicht lange auf sich warten: »Das bist ja du! Wurde diese Szene von deinem Vater gedreht?« Ingersoll wurde von seinen Freunden eindeutig identifiziert.

Dieser Film, vor allem der Teil, auf dem Ingersoll deutlich zu sehen war, wurde später von Experten genau unter die Lupe genommen. Sie fanden nichts, was auf irgendwelche Manipulationen schließen ließ. Das Filmmaterial war von einheitlicher Beschaffenheit und wies auch keine Klebestellen auf.[10]

Hatte das Kamerateam, das den Film im Jahre 1948 drehte, rein zufällig eine vollmaterialisierte psychische Projektion von Charles Ingersoll, also einen »Besucher aus der Zukunft« aufgenommen, sein Double, das vielleicht infolge seines sehnlichen Wunsches, schon früher zum Grand Canyon zu reisen, auf psychisch-bioplasmatischem Wege entstanden war? Hatte sich bei der Bewegung des Charles Ingersoll durch das Zeitfeld aus der endlosen Folge aneinandergereihter Lebensmomente eine »Augenblicks-Persönlichkeit« von ihm aus der Zukunft herausgelöst, und war diese als autonome Zweitausgabe bereits 1948 zum Grand Canyon gefahren? Wo aber mag dann sein Doppelgänger später geblieben sein? Ist seine streunende Zweitpersönlichkeit in die Reihe seiner früheren Erscheinungsbilder zurückgetreten oder vereinigte sie sich wieder mit seinem Ich aus dem Jahre 1955?

Wir haben bereits verschiedene Versetzungsmöglichkeiten der Psyche kennengelernt. Mit vollkörperlichen Versetzungen (sog. Teleportationen) an einen anderen Ort oder in eine andere Zeit

sowie mit weiteren Bewegungen und Aufenthaltswahrscheinlich-
keiten der Psyche werden wir uns noch befassen müssen. Sie alle
sind der besseren Übersicht wegen in nebenstehender Grafik (Abbildung 2) zusammengefaßt dargestellt.

Zustand A bedeutet, daß die Psyche im Schlaf (oder in Trance),
von störenden Einflüssen des Alltags befreit, eine ruhende Beob-
achtungs-/Horch-Position im Hyperraum bezogen hat.

Im Zustand B reist die Psyche an einen anderen Ort (Ort I → II)
oder in eine andere Zeit (Zeitpunkt I → II). Sie vollbringt bei dieser Gelegenheit hellseherische oder präkognitive Leistungen.

Vollkörperliche Versetzungen werden durch Zustand C charakterisiert. Hier unterscheiden wir zwischen vier unterschiedlichen
Versetzungsmöglichkeiten: a) Teleportation an einen anderen
Ort; b) Teleportation in der Zeit (Zeitreise); c) Verbleib in einer
anderen Zeitepoche (Zeitreise ohne Rückkehr) und d) Auftauchen in einem Paralleluniversum, in einer höherdimensionalen
Welt oder auf einer anderen Schicksalslinie (mit oder ohne Rück-
kehrmöglichkeit).

Zustand D veranschaulicht das Schicksal von Zeitvarianten,
die, unabhängig von ihrer Komplementärpersönlichkeit in der einen Zeitepoche, *gleichzeitig* vollkörperlich in einer anderen zeitlichen Realität existieren. Diese Feststellung birgt keinen Widerspruch, wenn man davon ausgeht, daß es – von einer höherdimensionalen Warte aus – keine Gegenwart, Vergangenheit oder Zukunft, sondern nur Gleichzeitigkeit gibt. Beide Personen (1 und 2)
teilen sich in eine Psyche.

Mit Zustand E werden schließlich Vorgänge beim Ableben eines Menschen angedeutet. Der sichtbare materielle Leib stirbt. Er
zerfällt in seine chemisch-biologischen Bestandteile. Die Psyche
bezieht hingegen auf Dauer oder auch nur vorübergehend Position in einer höheren Dimensionalität. Möglicherweise beseelt sie
zu einer anderen Zeitepoche erneut den Körper eines materiellen
Wesens (Reinkarnation).

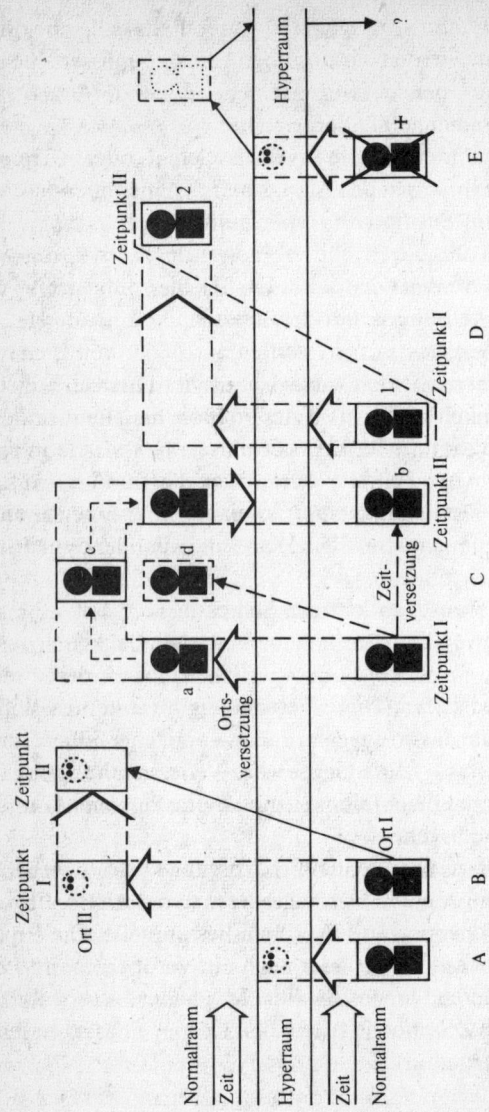

Abb. 2: *Psychische und physische Versetzungen.
Der psychische Zustand wird durch* ⦿ *(Psychokörper), der körperliche durch* 👤 *angedeutet.*

Dimorgana

Das Wahrnehmen von Szenen aus vergangenen oder zukünftigen Zeiten braucht nicht ausschließlich auf psychischen oder gar auf vollkörperlichen Versetzungen zu beruhen. Gewisse physikalische Anomalien – Störstellen im irdischen Magnetfeld, gravitativ bedingte Raum-Zeit-Verwerfungen oder andere, bislang unentdeckt gebliebene Faktoren (evtl. paranormaler Art) – könnten bei uns auch Projektionen aus höherdimensionalen, mit unserer Welt verschachtelten Universen sowie »Bilder« aus anderen Realitäten (Zeitperioden) hervorrufen, Manifestationen von Personen und Sachen, die trotz ihrer geradezu greifbaren Erscheinungsformen in Wirklichkeit gar nicht *da* zu sein brauchen. Beobachter eines solchen Objekts würden etwas wahrnehmen, das tatsächlich existiert – nur eben zu einer anderen Zeit. Sie würden sich einer Projektion aus der Vergangenheit oder Zukunft, einer dimensionalen Fata Morgana – einer *Dimorgana* – gegenübersehen, für deren plötzliches Erscheinen sie keine Erklärung fänden.

An einem schönen Juninachmittag des Jahres 1973 war Martha Tanguay aus Livonia (Michigan) in den Garten gegangen, um trockene Wäsche von der Leine zu nehmen. Mit einem Mal nahm sie aus den Augenwinkeln heraus eine Gestalt wahr, die sich ihr von hinten zu nähern schien. Frau Tanguay glaubte ihre Tochter hinter sich zu wissen, die ihr auf diese Weise schon so manchen Schrecken eingejagt hatte. Diesmal wollte sie ihr zuvorkommen. Sie drehte sich blitzschnell um und . . . Was sie zu sehen bekam, ließ sie vor Schreck erstarren. Vor ihr stand, offenbar ebenfalls zu Tode erschrocken, ein flachsblonder, etwa 18 Jahre alter Bursche, der einen breitkrempigen Filzhut, eine schwarze Weste, ein kragenloses, langärmeliges weißes Hemd, braune Kniehosen, weiße Wollsocken und schwarze Schuhe trug. Er glich einem Farmerjungen aus der Welt Mark Twains, einer zum Leben erweckten Bilderbuchfigur aus der amerikanischen Pionierzeit. Noch während sich beide verständnislos anstarrten, begann die Gestalt des

Jungen allmählich zu verblassen. Frau Tanguay will an seinem erstaunten Gesichtsausdruck erkannt haben, daß auch sie sich für ihn allmählich verflüchtigte.[11]

Seltener als das plötzliche Erscheinen von nicht zu unserer Realität gehörenden Personen ist die Übertragung psychischer Hologramme vergangener bzw. zukünftiger Landschaftsszenen, das Einspiegeln ganzer Dörfer und Städte nebst lebendem und totem Inventar.

1. Fall: Edith Olivier, die an einem regnerischen Oktoberabend des Jahres 1916 in der Nähe des englischen Städtchens Avebury spazierenging, muß rein zufällig mitten in eine solche dreidimensionale Projektion aus vergangenen Tagen – eine »dimensionale Fata Morgana« größeren Ausmaßes – hineingeraten sein. Wie anders will man es sich erklären, daß sie ganz plötzlich, völlig übergangslos, zwischen gewaltigen grauen Megalithen einherschritt, die zu beiden Seiten ihren Weg säumten? In der Ferne konnte sie das bunte Treiben eines Dorfjahrmarkts, wie man ihn früher feierte, beobachten.

Miss Olivier, die damals in Avebury zu Besuch weilte, konnte nicht wissen, daß die von ihr wahrgenommenen Megalithen schon Ende des 18. Jahrhunderts verschwunden waren und daß der letzte Jahrmarkt in dieser Gegend 1853 stattgefunden hatte.[12]

2. Fall: Im August 1941 befand sich Leonard Hall mit einigen Freunden auf einer ausgedehnten Angeltour durch die Ozark-Berge. Da es schon spät war, beschloß man, die Nacht im Freien, am Ufer des Upper Current River, zu verbringen. Kurz vor Sonnenaufgang vernahm Hall mit einem Mal fremde Stimmen. Er öffnete die Augen und stellte erstaunt fest, daß sie während der Nacht Gesellschaft erhalten hatten. Im Schein eines etwa dreißig Meter von ihrem Zelt entfachten Lagerfeuers konnte Hall die dort kampierenden Männer gut erkennen. Entlang der am Ufer gelegenen Lichtung brannten noch zahlreiche weitere Lagerfeuer, was auf die Anwesenheit einer größeren Anzahl von Personen schließen ließ.

Der von ihm wahrgenommene Trupp bestand vorwiegend aus Indianern, die lediglich mit einem Lendenschurz bekleidet waren. Sie bedienten sich eines ihm unbekannten Dialekts. Hall, der aus dem Stimmengewirr ein paar Brocken Spanisch herausgehört haben will, wurde den Verdacht nicht los, durch Zufall Zeuge einer Lagerszene aus der Zeit der Konquistadoren – Spanier, die im 16. Jahrhundert Mittel- und Südamerika erobert hatten – geworden zu sein. Die Erscheinung dauerte nur kurze Zeit; dann verblaßte sie allmählich.

Hall unterließ es, seine Freunde zu wecken, da zu befürchten war, daß man ihn – sollten die anderen nichts sehen – aufgrund seiner Schilderung für verrückt halten würde.

Seine Neugierde war nun einmal geweckt. Heimlich forschte er nach handfesten geschichtlichen Anhaltspunkten für sein merkwürdiges nächtliches Erlebnis. Schließlich fand er sie. Aus den ihm zur Verfügung gestellten alten Dokumenten konnte er ersehen, daß sich im August 1541 eine Splittergruppe der Konquistadoren unter der Führung von de Soto und Coronado tatsächlich in der Nähe des Upper Current River aufgehalten hatte.

Wie kam es zu dieser eigenartigen »Begegnung« zwischen zwei Realitäten? Hatte Hall dies alles nur geträumt oder hatte er, während die anderen fest schliefen, eine dreidimensionale Projektion aus einer vergangenen, etwa vierhundert Jahre zurückliegenden Epoche – eine Dimorgana – erlebt? Diese plastisch wirkende Szene aus der Zeit der Eroberung Amerikas durch die Spanier auf bloße Halluzinationen zurückzuführen, erscheint widersinnig, zumal Hall erst viel später von der Anwesenheit der Konquistadoren in dieser Gegend erfuhr.

Sollte man aus alledem ableiten, daß es sich bei gewissen Erscheinungsformen Verstorbener ebenfalls um rein zufällig zustande kommende Projektionen aus der Vergangenheit oder aus dem gegenwärtigen Seinsbereich dieser Personen handelt? Die Persönlichkeitskerne der in unserer Realität als »materielle Phantome« (oder auch als »Gesichte«) erscheinenden Verstorbenen führen – zumindest in unserer Welt, der sie ja, zeitlich gesehen, nicht mehr angehören – offenbar ein Schattendasein. Sie manifestieren sich entweder stationär (ortsgebunden, bewegungslos) oder durch Verrichten monoton ablaufender Handlungen aus ihrem früheren Leben.

Frau Sch. aus dem kleinen Ort Schönecken in der Eifel, die schon seit ihrer Kindheit über gewisse paranormale Fähigkeiten verfügt, will Anfang 1969 vor dem Fenster ihrer parterre zum Hof gelegenen Küche die Gestalt ihrer viele Jahre zuvor verstorbenen Tante erkannt haben. Der Vorfall ereignete sich bei hellichtem Tage in Anwesenheit einer gut beleumundeten Zeugin, Frau G., die gerade zu Besuch weilte.

Während sich die beiden Frauen angeregt unterhielten, beobachteten sie – ohne zunächst der Sache besonderes Gewicht beizumessen – eine seltsam gekleidete alte Dame, die, am Küchenfenster entlang, dem rückwärtigen Teil des von einem zwei Meter hohen Zaun umschlossenen Hofes zustrebte. Frau Sch. war unbesorgt. Fremde mußten, um den Hof zu verlassen, ohnehin wieder an ihrem Küchenfenster vorbei.

Als die fremde Person dennoch nicht zurückkam, beschloß Frau Sch., draußen nachzusehen. Im Hof befand sich jedoch kein Mensch. Es war, als habe sich die Fremde in Luft aufgelöst. Den zwei Meter hohen Zaun konnte sie unmöglich überwunden haben. Etwa fünf Minuten später geschah etwas, das die beiden Frauen zutiefst beeindruckte. Sie waren Zeuge eines Geschehens, das sie bis dahin für absolut unmöglich gehalten hatten. Aus der gleichen Richtung wie zuvor kommend, erschien die würdige alte Dame erneut vor dem Fenster. Diesmal achteten beide Frauen auf Details: das silbergraue Haar, ihr Profil, das Bettjäckchen, das sie über ihrem langen Kleid trug. Jetzt gab es keinen Zweifel mehr. Frau Sch.s Tante war gekommen, um, für alle sichtbar, ihrem ehemaligen Zuhause eine »Stippvisite« abzustatten. Sie war *erschienen* . . . eine dreidimensionale Projektion aus einer anderen, höherdimensionalen Welt, real und doch nicht materiell. Sie hatte sich hierher begeben als »Zeitreisende«, als Besucherin aus den endlosen Weiten des Kosmos der Dimensionen. In diesem Zusammenhang gewinnt Frau Sch.s Bemerkung an Gewicht, ihre Tante sei nicht etwa am Fenster *vorbeigegangen*; sie sei vielmehr *vorbeigezogen* oder auch *-geschwebt*. Durch die neben dem Fenster gelegene Glastür will sie die unteren Extremitäten der Erscheinung – ihre Beine und Füße – nur undeutlich, neblig-verschwommen wahrgenommen haben. Eine höchst interessante Feststellung, die den eigentlichen Charakter dieser Sichtung erahnen läßt.

Möglicherweise wurde auch hier der durch anormale physikalische Verhältnisse punktuell geschwächte »Vorhang« zwischen uns und der Anderen Realität aufgrund eines von Frau Sch. erzeugten »affektiven Feldes«* durchlöchert und dadurch kurzzeitig der Blick nach »drüben« freigegeben. Medial veranlagte Personen, wie Frau Sch., versetzen sich häufig unbewußt in einen höheren Schwingungszustand, was den raschen Aufbau eines höherdimensionalen »affektiven Feldes« und damit das Zustandekommen von Dimorganas wesentlich erleichtert.

Psychische Projektionen aus anderen Zeitepochen, aber auch Psycho-Gebilde, die vom kreativen Unbewußten gewisser Materialisationsmedien geschaffen werden, können sich auf unterschiedliche Weise manifestieren:

1. »halluzinativ« als »Gesicht«, nur in unserer Vorstellung;
2. bildhaft-filmartig, direkt sichtbar;
3. milchig-durchsichtig; offenbar noch in statu nascendi (»halbmateriell«) und
4. scheinbar vollmaterialisiert als Phantom (zeitverschobene Projektion; Erscheinung Verstorbener, Ufos usw.).

Die Erfahrung lehrt, daß allen hier erwähnten »Aggregatzu-

---

* Hans Bender prägte die Konzeption vom »affektiven Feld«. Hierunter versteht man ein hypothetisches Feld, in dem vorzugsweise paranormale Phänomene (auch sogenannte Wunder) stattfinden.

ständen« psychischer Projektionen ein ihrer spezifischen Situation angemessener Realitätsstatus zukommt. Daß dieser nicht unbedingt mit unseren ohnehin sehr einseitigen Realitätsvorstellungen übereinstimmen muß, braucht nicht besonders hervorgehoben zu werden.

Die Entwicklung von Geräten zur künstlichen Erzeugung von Projektionen aus anderen Zeitepochen bzw. zur Sichtbarmachung entsprechender Szenen (evtl. auch aus anderen Dimensionalitäten oder Seinsbereichen) – unabhängig von irgendwelchen zufälligen physikalischen Anomalien oder von medialen Fähigkeiten – dürfte für aufgeschlossene Wissenschaftler eine außerordentlich reizvolle Aufgabe sein.

Vielleicht wird es in nicht allzu ferner Zukunft solche »Zeit-Televisionsgeräte« geben, deren Antennen den Hyperraum nach Informationsechos absuchen. Die so aufgefangenen Impulse ließen sich möglicherweise unter Verwendung psycho-elektronischer Verstärkungselemente in plastisch wirkende Bilder vergangener oder gar zukünftiger Ereignisse umwandeln: ein ideales Hilfsmittel für Geschichtsforscher und Archäologen, die Entwicklungen vor Ort in statu nascendi beobachten möchten.

Arthur Clarke vermutet, daß alle Ereignisse, die je stattfanden, aber auch solche, die in der Zukunft stattfinden werden, irgendwo im Universum, auf einer für uns künstlich noch nicht »anzapfbaren« Ebene Spuren hinterlassen bzw. hinterlassen haben. Damit vertritt er etwa die gleiche, im indischen Denken verwurzelte Philosophie wie Rudolf Steiner, derzufolge alle Begebenheiten der Vergangenheit in der *Akasha-Chronik* – einer Art Weltgedächtnis – eingeschrieben sind.

Isaac Asimov beschreibt in seinem Science-fiction-Roman *Tote Vergangenheit* einen Mann, der einen »Neutrinorecorder« erfunden und die mit ihm aufgezeichneten Neutrinostrommuster zu deuten gelernt hat. Er ging davon aus, daß Neutrinoströme von Materiepartikeln beeinflußt, d. h. abgelenkt werden. Indem er die so erzeugten Schwankungen in Bilder materieller Objekte – die eben diese Ablenkung verursacht haben – umzuwandeln verstand, schuf er eine Möglichkeit, vergangenes Geschehen zu beobachten, Dimorganas artifiziell zu erzeugen.

Zwei Reporter der amerikanischen Zeitschrift *National Enquirer,* Henry Gris und William Dick, machen uns in ihrem Buch *PSI als Staatsgeheimnis* (1979) mit dem sowjetischen Wissenschaftler Dr. Genadij Sergejew bekannt, der sich tatsächlich intensiv mit der Entwicklung eines »Zeit-Televisionsgerätes« befaßt. Sergejew ist der Auffassung, daß jeder Mensch in seiner unmittelbaren Umgebung energetische Spuren seiner Anwesenheit und Tätigkeiten hinterläßt, die die magnetischen Eigenschaften aller dort befindlichen Objekte beeinflussen – Spuren, die aufgrund ihrer nichtstofflichen Beschaffenheit niemals vernichtet werden. Diese Energie- und Informationsabdrücke – Erinnerungen an vergangenes Geschehen – will er mittels eines Flüssigkristalle enthaltenden Geräts, das aus einer Abtastvorrichtung (Scanner) und einem Meßgerät besteht, aufzeichnen und nach Umwandlung in elektrische Impulse dechiffrieren, um so z. B. den gesamten Lebensablauf eines schon lange Verstorbenen zurückverfolgen zu können. Voraussetzung ist jedoch, den Schlüssel zur Interpretation dieser auf Magnetband aufgezeichneten elektrischen Signale zu finden.[13]

In der tibetischen Mythologie finden sich zahlreiche Hinweise auf geheimnisvolle technische Vorrichtungen zur Wahrnehmung zukünftiger und vergangener Ereignisse. So sollen osttibetische Adepten schon vor Tausenden von Jahren sogenannte »Magische Spiegel« besessen haben, mit denen sich dreidimensional erscheinende Szenen aus unterschiedlichen Zeitepochen auffangen und somit auch schicksalhafte Entwicklungen voraussagen ließen.

In den *Mahatma Letters* wird der Aufbau und die Funktionsweise solcher »Zeitspiegel« – aus Metallen, Grafit und anderen Werkstoffen bestehende Vorrichtungen zur Stimulierung hellseherischer, präkognitiver Fähigkeiten – ausführlich beschrieben:

»Jeder Tempel besitzt einen dunklen Raum, dessen Nordwand aus einer Platte von Metallen unterschiedlicher Zusammensetzung abgedeckt wird. Sie ist vornehmlich aus hochglanzpoliertem Kupfer gefertigt, dessen Oberfläche Objekte ebenso exakt zu reflektieren vermag wie ein Spiegel. Der *chela* [Schüler] läßt sich auf einem separaten Sitz nieder – einem Dreifußhocker, der in einem Flachbodenbehälter aus dickem Glas aufgestellt ist. Der die Anlage bedienende Lama nimmt in einem ähnlichen [zweiten] Behälter die gleiche Position ein. Die beiden [Adept und Lama] bilden zusammen mit der Spiegelwand ein Dreieck. Über dem Scheitel des Schülers hängt, ohne diesen zu berühren, ein Magnet, dessen Nordpol nach oben weist. Nachdem der Lama die Anlage in Betrieb genommen hat, läßt dieser den Schüler allein auf die Spiegelwand schauen. Beim dritten Mal bedarf der Adept keiner Hilfe mehr.«[14]

Es gibt zahllose Berichte über »Geisterschiffe«, über verlassene Wracks, auf denen nachts wüste Gelage abgehalten werden, Geschichten von Seeleuten, denen infolge eines Mißgeschicks oder einer unbedachten Handlung das tragische Los eines »Fliegenden Holländers« zuteil wurde, von dem behauptet wird, daß er bis in alle Ewigkeit ruhelos auf den Weltmeeren umherirre. Auch hier könnte es sich in manchen Fällen um echte »dimensionale Fata Morganas« – Dimorganas – handeln, um das Hineinprojizieren bereits stattgefundener Ereignisse in unsere Realität, um Informationen, die abrufbereit auf einer Ebene jenseits unseres Raum-Zeit-Kontinuums lagern.

Ein bekannter amerikanischer Autor, Vincent Gaddis, der lange Zeit diesen ungelösten Rätseln der Meere nachspürte und dem für eines seiner bekanntesten Werke, *Invisible Horizons,* auch Geheimmaterial der US-Marine zur Verfügung stand, zog aus diesem mysteriösen Geschehen erstaunlich nüchterne Schlüsse, die so gar nichts mit Seemannsgarn und Spökenkiekerei zu tun haben. Hier ist von »Zonen reduzierter Bindung« die Rede, von möglichen »ersten Auswirkungen eines elektromagnetischen und/oder Schwerkraftwirbels, der zunächst Schiffe, Flugzeuge und andere Objekte unsichtbar macht und dann die Bedingungen schafft, die eine Raum-Zeit-Überbrückung ermöglichen«. Gaddis folgert: »Wenn diese Überbrückung nicht zu einem anderen Ort auf der Erdoberfläche führt, dann aber in ein anderes Raum-Zeit-Kontinuum, das neben unserem eigenen gleichzeitig besteht.«[15]

Der britische Physiker und Nobelpreisträger Brian D. Josephson zog 1975 die Existenz paralleler, mit unserer Welt berührungslos verschachtelter Universen in Erwägung. Er meint, wir könnten sie normalerweise nur deshalb nicht wahrnehmen, weil sie durch unser Wachbewußtsein ständig weggefiltert würden. Durch die Anwendung von Bewußtseinsverschiebungstechniken ließen sie sich jedoch schlagartig sichtbar machen.[8]

Erscheinungen, gleich welchen »Aggregatzustandes«, zeigen, daß es jenseits unserer stark eingeschränkten Wirklichkeit weitere Realitätsprinzipien gibt – anders strukturierte, psychische Universen mit anderen, für uns sicher recht skurrilen »Zeit«-Vorstellungen.

Wenn »Erscheinungen«, wie dies besonders für Ufos typisch ist, einmal indefinite, ein anderes Mal exakt umrissene, offenbar »feste« Formen aufweisen, wenn diese Objekte dann von mehreren Personen an verschiedenen Orten zur gleichen Zeit wahrgenommen und deren Sichtungen vielleicht auch noch durch Radarortungen bestätigt werden, stellt sich sofort die Frage nach der Stofflichkeit, nach der physikalischen Realität dieses Phänomens. *Es hat den Anschein, als ob die Hypothese, daß es sich bei Ufos um extraterrestrische Raumfahrzeuge handle, gerade an diesem Kriterium scheitern müsse.*

II Besucher aus der Zukunft

Es erscheint notwendig, daß wir uns jeder Polemik über Ufos enthalten und weltweit mit der sachlichen, sensationsfreien, rein wissenschaftlichen Erforschung dieses merkwürdigen Phänomens befassen. Gegenstand und Ziel dieser Forschung sind so wichtig, daß sie jede Anstrengung rechtfertigen. Daher braucht nicht besonders darauf hingewiesen zu werden, daß eine internationale Zusammenarbeit unumgänglich ist.

Prof. Felix Zigel, *Luftfahrtinstitut Moskau*[16]

Ufos: Materialisierte Erscheinungen

Zahlreiche Wissenschaftler, vor allem in England und in den USA glauben, Ufo-Phänomene rein psychisch oder paranormal erklären zu müssen. 1953 wies der bekannte britische Zukunftsforscher Arthur C. Clarke in seinen Artikeln auf die »paraphysikalische Natur« der Ufos hin. Drei Jahre zuvor hatte Großbritannien seine erste große Ufo-Welle erlebt. Die Royal Air Force stellte geheime Ermittlungen an, die insgesamt fünf Jahre dauerten. Am 24. April 1955 erklärte ein RAF-Sprecher der erstaunten Öffentlichkeit, daß die Untersuchungen abgeschlossen seien, die Ergebnisse derselben aber nicht veröffentlicht würden, da man sonst »äußerst wichtige Staatsgeheimnisse« preisgeben müsse. Diese etwas nebulose Erklärung befriedigte niemand im Lande. Kurz darauf ließ Luftmarschall Lord Dowding, der im Jahre 1940 den Luftkampf über England befehligt hatte, seine eigene Version über die Herkunft von Ufos verlauten. Er glaubte zu wissen, daß jene »rätselhaften Entitäten« unsterblich seien, daß sie sich für uns unsichtbar machen könnten, ja, daß sie sogar in menschlicher Gestalt unter uns weilten. Der paraphysikalische Status dieser Er-

scheinungen war durch diesen Kommentar fraglos »hoffähig«
geworden, die Anhänger der extraterrestrischen Hypothese hatten eine erste schwere Schlappe erlitten.

In der Folge beschäftigten sich viele namhafte Wissenschaftler
und Publizisten mit dem paraphysikalischen Aspekt der Ufo-Forschung, z. B. der amerikanische Astrophysiker Professor Dr. Morris K. Jessup und der bekannte britische Astronom Harold T. Wil-
kins. Der 1955 veröffentlichte *Special Report No. 14* des *Project
Blue Book* – eine Untersuchung der US-Luftwaffe – bestätigte,
wenn auch nur indirekt, die paraphysikalische Hypothese. Dieser
Report gehört zu den interessantesten Beiträgen, die bisher auf
dem Gebiet der Ufo-Forschung publiziert wurden. Er konstatiert
eindeutig die nichtextraterrestrische Herkunft der Ufos, läßt aber
gleichzeitig erkennen, daß die einschlägigen wissenschaftlichen
Untersuchungsmethoden weiter sensibilisiert werden müssen,
um für alle diese »Erscheinungen« eine brauchbare Arbeitshypo-
these erstellen zu können. Der Ruf nach einem Modus operandi
verhallte nicht ungehört – und die Paraphysik entsprach noch am
ehesten den von Wissenschaftlern in aller Welt aufgestellten Kriterien. Zwei Autoritäten auf dem Gebiet der Ufologie, der Biologe
Professor Ivan T. Sanderson und der bei der NASA beschäftigte
französische Astronom und Computerexperte Dr. Jacques Vallée, hatten sich jahrelang mit der extraterrestrischen Hypothese
befaßt, derzufolge Ufos von anderen Planeten stammen. Schließlich entschieden auch sie sich für die paraphysikalische Version.

Wie aber ist diese Hypothese zu verstehen?

Eine der besten Darstellungen verdanken wir dem britischen
Luftmarschall Sir Victor Goddard, der sich in den Jahren 1950 bis
1955 als Kabinettsmitglied selbst in die Untersuchungen einge-
schaltet hatte. Am 3. Mai 1969 äußerte er sich während einer öffentlichen Vorlesung in der Londoner Caxton Hall etwa wie folgt:

»Zwar kann es sein, daß es sich bei verschiedenen Ufo-Entitäten um paraphysikalische Abkömmlinge eines anderen Planeten
als die Erde handelt, doch gibt es keinen logischen Grund anzu-

nehmen, daß dies unbedingt so sein muß. Denn, wenn die Materialität von Ufos paraphysikalischer Art ist, so dürfte es wahrscheinlicher sein anzunehmen, daß wir es mit Geschöpfen einer unmittelbar mit dem Raum unseres Planeten Erde koinzidierenden, unsichtbaren Welt zu tun haben . . . Nimmt man einmal an, daß echte Ufos paraphysikalischer Herkunft sind, die, ähnlich Erscheinungen, Licht zu reflektieren vermögen, und geht man ferner davon aus, daß sie bei sehr schnellem Positionswechsel für uns noch wahrnehmbar sind, so folgt daraus, daß diejenigen, die bei der Transition sichtbar bleiben, bei besagtem raschen Wechsel sich *nicht dematerialisieren.* . . Daher muß ihre Masse außerordentlich diffus beschaffen und ihre Substanz gewissermaßen ätherisch sein . . . Die bereits bestätigte Gültigkeit dieser Behauptung stützt die paraphysikalische These; *es dürfte dann auch wahrscheinlicher sein, daß Ufo-Entitäten von der Erde, nicht so sehr dagegen von anderen Planeten stammen.«*

In welche Richtung zielt diese geradezu ungeheuerliche Feststellung eines sicherlich in alle Geheimnisse der Ufo-Forschung eingeweihten Luftmarschalls? Zog er diesen Schluß aus den minuziösen Rapporten über merkwürdige, gefährliche Begegnungen von alliierten, speziell amerikanischen Militärflugzeugen mit offenbar bemannten, zumindest aber intelligent gesteuerten Ufos? In den Archiven der Luftfahrtministerien mehrerer Länder hatten sich, seit 1942 etwa, umfangreiche Akten mit Augenzeugenberichten über solche Konfrontationen angesammelt.

Während des Zweiten Weltkrieges wurden die Besatzungen von Bomberstaffeln auf ihren Flügen ins feindliche Hinterland häufig von mysteriösen Feuerbällen verfolgt. Diese sogenannten Foo-Fighters schossen plötzlich aus dem Dunkel der Nacht hervor; sie hängten sich wie Kletten an die unbeholfen dahinfliegenden Kampfflugzeuge, verfolgten sie über weite Strecken und überraschten die erstaunten Einsatzkommandos mit allerlei waghalsigen Kapriolen.

McFalls und Baker – amerikanische Bomberpiloten bei der

415. Staffel – berichteten im Dezember 1944 als erste über diese unheimlichen, offenbar intelligent gelenkten Leuchtkugeln: »Am 22. Dezember, gegen 6 Uhr früh, näherten sich uns, in einer Flughöhe von etwa 3000 Metern über Hagenau (Elsaß) zwei hell leuchtende Objekte. Sie schwenkten auf unseren Kurs ein und hängten sich sofort an unser Flugzeugheck. Die grell orangefarbenen Leuchterscheinungen verharrten etwa zwei Minuten lang in der beschriebenen Position. Sie standen unter perfekter Kontrolle. Dann wandten sie sich von uns ab, und das Leuchten schien abrupt nachzulassen.«[17]

Der letzte Abschnitt dieses Berichtes, in dem höchstwahrscheinlich davon die Rede ist, daß zu dieser Zeit das Bordradar versagte, fiel der Zensur zum Opfer. Übrigens wurde die gleiche Maschine zwei Tage später über dem Rheinland erneut von zwei rotglühenden Leuchtkugeln »angegriffen«. Beide sollen sich – nach Angaben der Piloten – »plötzlich in ein Flugzeug verwandelt« haben, das nach Einleitung eines Gleitmanövers von einer Sekunde zur anderen verschwunden sei.

Gerüchte tauchten auf, der stark angeschlagene Feind habe immerhin noch ein neuartiges, ferngesteuertes Radarablenksystem in petto, das in letzter Minute als Geheimwaffe zum Einsatz käme. Ein Wissenschaftsredakteur von Associated Press vertrat in einer von der amerikanischen Abwehr inspirierten Gegendarstellung die These, »stille elektrische Entladungen«, Elmsfeuer genannt, könnten die Leuchterscheinungen hervorgerufen haben. In jedem Physikbuch ist nachzulesen, daß Elmsfeuer bei gewittrigem Wetter, vorwiegend im Hochgebirge und über dem Meer (z. B. an Mastspitzen von Schiffen), äußerst selten dagegen in Ebenen auftreten. Für Hagenau und das Rheinland treffen diese Kriterien gewiß nicht zu.

Die Erklärung eines Nichtbeteiligten forderte natürlich den Widerspruch erfahrener Bomberpiloten heraus, die schon seit Jahren eigene Erfahrungen mit natürlichen Leuchterscheinungen, auch mit dem Elmsfeuer, sammeln konnten. Eine andere

Bomberbesatzung behauptete, für kurze Zeit von bis zu fünfzehn formationslos operierenden Leuchtkugeln verfolgt worden zu sein. Entsprechend den deutlich erkennbaren Geschwindigkeitsveränderungen der Objekte habe das von ihnen ausgesandte Licht mal schneller, mal langsamer pulsiert. Eine dieser Kugeln sei dem Kampfflugzeug so nahe gekommen, daß sie beinahe einen der Tragflügel berührt habe. Die Besatzungsmitglieder berichteten übereinstimmend von intensiven Hitzewallungen, die man beim Näherkommen der Leuchterscheinungen empfunden habe. Trotz eindeutiger optischer Wahrnehmung sprach auch in diesem Fall das Bordradar nicht an. Andererseits kennt man genügend Fälle, in denen unbekannte Flugobjekte zwar von Radargeräten geortet, optisch jedoch nicht ermittelt werden konnten. Auch liegen Tausende von Berichten über sogenannte »weiche Sichtungen« vor, in deren Verlauf diese Objekte vor den Augen zahlreicher Zeugen momentan auftauchten und wieder verschwanden.

Lassen nicht gerade diese Materialisations- und Dematerialisationsvorgänge erkennen, wie schmal der Bereich unserer optischen Wahrnehmungsfähigkeit innerhalb des elektromagnetischen Wellenspektrums ist, von höheren Seinsebenen (Dimensionalitäten) ganz zu schweigen?

Soviel bekannt ist, geschah es erstmals am 5. Oktober 1960, daß das Auftauchen von Ufos in den von den Großmächten beanspruchten Lufthoheitsgebieten »Rotalarm« auslöste. An diesem Tag wurde von den Radarbildschirmen der amerikanischen Frühwarnanlage in Thule (Grönland) eine Formation nicht identifizierbarer Flugobjekte erfaßt. Ihr Kurs war rasch ermittelt. Er schien vom Zentrum der Sowjetunion ausgehend genau Richtung Nordamerika zu verlaufen. Minuten später schrillten beim Strategischen Luftkommando (SAC) in Omaha (Nebraska) die Roten Telefone. In aller Welt hasteten die ständig alarmbereiten Bomberbesatzungen zu ihren mit Atombomben bestückten, startklaren Maschinen. Die Piloten der bereits in der Luft befindlichen B-52 warteten gespannt auf den Einsatzbefehl, Ziele tief im Inneren der Sowjetunion anzugreifen. Die erste Phase von Stunde X schien angelaufen zu sein. Das Hauptquartier des SAC verlangte dringend nach weiteren Informationen. Die aber blieben aus. Die Nervosität wuchs von Minute zu Minute. War Thule vielleicht schon ausgelöscht? Da geschah das Unfaßbare. Die geheimnisvollen Blips auf den Großbildschirmen der Radaranlagen in Thule verschwanden nach raschem Kurswechsel der Fremdobjekte ebenso schnell, wie sie dort kurz zuvor aufgetaucht waren . . . übergangslos.

Lange Zeit hatte man angenommen, die Ufo-Luftakrobaten materialisierten sich nur sporadisch, stets spontan und verhielten sich ohne jegliches erkennbare System. Seit den Vorfällen im Luftraum über dem supergeheimen Rome Air Development Center (RADC), nahe der Griffith Air Base im US-Bundesstaat New York ist man anderer Ansicht. Das Forschungszentrum und der Militärflugplatz wurden schon seit geraumer Zeit immer wieder von »ungebetenen Besuchern« umkreist, die von Mal zu Mal frecher zu werden schienen.

In der Nacht vom 2. zum 3. April 1969 startete Major Ernest R. Howard mit einer Kette Abfangjäger des Typs F-106, um die Verfolgung eines »Bogie« (Bezeichnung für Radarecho eines unbekannten Flugobjekts) aufzunehmen, das Minuten zuvor ganz plötzlich auf den Panoramaschirmen zahlreicher Radargeräte der Luftwaffenbasis aufgetaucht war und sofort Rotalarm ausgelöst hatte. Zwei der superschnellen Deltaflügler wurden von der Bodenleitstation binnen kurzem auf eine Höhe von über 4000 m gelotst. Der dritte Abfangjäger bekam Schwierigkeiten mit seiner Bordelektronik und mußte unverzüglich zum Stützpunkt zurückkehren.

In dieser Nacht war der Himmel wolkenlos, und die Sicht konnte gar nicht besser sein. Lieutenant Haines, Pilot der zweiten Maschine, stand seit ihrem Start ununterbrochen in Funkkontakt mit der Bodenleitstelle. Er informierte Major Howard fortlaufend über die Bewegungen des Objekts. Die beiden F-106 schwenkten

nach kurzer Flugdauer mit feuerbereiten Luft-Luft-Raketen in einem Winkel von annähernd 90 Grad auf das rot-orange glühende
Fremdobjekt ein. Sichtkontakt erfolgte in einer Entfernung von
nur wenigen Kilometern. Der Eindringling besaß eine merkwürdige Bauform, die allen Gesetzen der Aerodynamik zuwiderlief:
Er war rund und glockenförmig, unten offenbar breiter als oben.

Lieutenant Haines brachte seine Maschine in Deckungsposi-
tion, während Major Howard, das Objekt im Visier, Vollgas gab.
Seine F-106 schoß mit einer Geschwindigkeit von rund
2500 km/h wie ein Falke auf das Ziel zu. Gerade wollte Howard
abdrücken, als die Durchsagen der Bodenkontrollstelle nur noch
verstümmelt ankamen. Dann schien die Hölle über ihn hereinzu-
brechen. Aus Howards Kopfhörer drang schrilles Kreischen. Er
mußte seinen Helm abreißen, um nicht durchzudrehen. Gleichzeitig spielten die Bordinstrumente verrückt. Verwirrt meinte Er-
nie Howard später: »Dieses große, glockenförmige Objekt ganz
in meiner Nähe am nächtlichen Himmel . . . dieser ohrenbetäu-
bende Lärm in meiner Empfangsanlage . . . beides muß im Zusammenhang miteinander gestanden haben. Die Zeiger meiner
Instrumente drehten sich wild im Kreis, meine Maschine benahm
sich träge. Ich hatte das Gefühl, als ob innerhalb einer gewissen
Entfernung von dem unbekannten Flugobjekt eine Zone existier-
te, in der unsere Naturgesetze keine Gültigkeit mehr hatten. Zwar
hielt sich meine F-106 noch immer waagerecht, näherte ich mich
weiter ungehindert dem Objekt von »hinten«, die Kontrollen
aber schienen nicht mehr meinen Händen zu gehorchen. Der
nächtliche Himmel um uns herum war voll von seltsamen rot-
orangefarbenen Lichtblitzen. Die F-106 glitt dahin wie auf Glas.

Zeitweise verlor ich Paul Haines aus den Augen. Ich schaute
auf das riesige Objekt vor mir. Ich war ihm jetzt ganz nahe gekommen, dennoch konnte ich keine Details erkennen. Ich spürte die
Gegenwart des Objekts körperlich. Paul sagte später, auch er habe
eine unbekannte Kraft gespürt, die ihn erschrecken ließ. Jegliche
Funkverbindung war abgebrochen. Später erfuhr ich, daß sich

Paul zu keiner Zeit in der eigentlichen Leuchtzone rund um das
Ufo befunden hatte. Nur ich war dort, mutterseelenallein . . . bis
ich schließlich durch kräftiges Beschleunigen entkommen konnte. Als dies geschah, fühlte ich, wie meine Maschine erzitterte.
Dann verschwanden mit einem Mal die rot-orangefarbenen Streifen, die Bordinstrumente funktionierten wieder und die Boden-
kontrollstation wollte aufgeregt wissen, wo ich in den letzten sieben Minuten gesteckt habe. Diese Minuten sind aus meinem Leben wie ausgelöscht. Ich war in einer Zone, in der Raum und Zeit
offenbar anders eingeschätzt werden müssen als in unserer
Welt . . .«

Ob sich das Rome Air Development Center seitdem mit der
Entwicklung von Spezialgeräten zur Ortung von Ufos befaßt?
Manches läßt darauf schließen, doch die maßgeblichen Stellen
schwiegen sich bislang darüber aus. Ein dort stationierter Luft-
waffenoffizier durchbrach allerdings unlängst die Nachrichtensperre und ließ die Öffentlichkeit wissen, daß während der letzten
großen Ufo-Welle vom 29. April 1975 neue Spezial-Radargeräte
zum Orten besagter Objekte eingesetzt wurden.

Dr. Robert B. Edwards aus Washington, Physiker und Mitglied
der Air Force Association, sucht seit Jahren nach Zusammenhän-
gen zwischen den beim RADC durchgeführten Radarexperimen-
ten und dem massierten Auftreten unbekannter Flugobjekte in
diesem Gebiet. Seiner Meinung nach entspricht der Stand unseres
Wissens dem eines Zehnjährigen, der mit einem Elektronikbau-
kasten experimentiert und ein funktionsfähiges Gerät zusammen-
bastelt, von dessen Arbeitsweise er jedoch kaum eine Ahnung hat.
Edwards glaubt, daß auf verschiedenen Gebieten der Hochfre-
quenztechnik noch völlig unzureichend geforscht wird. Wörtlich
meint er:»Wir müssen damit rechnen, daß die vom RADC durchgeführten Radarexperimente auf irgendeine Weise Ufos besonders anlocken. Diese Ufos könnten beispielsweise Hologramme*

* Hier: räumlich wirkendes (Informations-)Gebilde oder materielle Projektion aus einer Welt, die aus mehr als nur drei Dimensionen besteht.

sein, welche aus einer anderen Dimensionalität in unsere Welt
projiziert werden, oder aber Besucher aus dem interstellaren
Raum, die von den enormen, bei einschlägigen Experimenten
freigesetzten Energiemengen angezogen werden. Dies alles sind
aber nur Hypothesen. In Wirklichkeit wissen wir nichts Genaues.«[18]

Auf der Suche nach geeigneten Hypothesen für das unverhoff-
te Auftauchen von Objekten in unserem Universum hat der geniale Theoretiker Burkhard Heim ein sechsdimensionales Weltbild
entworfen, das sowohl Einsteins Relativitätstheorie als auch die
Heisenbergsche Quantenmechanik einbezieht. Er bezeichnet Gebilde höherdimensionaler Art, die aus einem »Hyperraum« in unser physikalisches Universum hineinwirken und hier oft bizarre
Effekte hervorrufen, als »Syntropoden«, materielle oder quasi-
materielle »Schatten« höherdimensionaler Strukturen.[19]

Sollte in diesen für uns normalerweise immateriellen Welten
der Ursprung jeglichen paraphysikalischen Szenariums zu suchen sein, ganz gleich ob Ufo-Aktivität oder paranormale Erscheinung? Vieles, was zum äußeren Erscheinungsbild der Ufos
gehört, könnte darauf schließen lassen, daß es sich hierbei allein
um bildhafte psychische Projektionen – welcher Herkunft auch
immer – handelt. Doch erfüllen nicht alle Sichtungsfälle die Kriterien für solch immaterielle Projektionen. Berichte, in denen von
Kontakten zwischen Menschen und Ufo-Insassen die Rede ist –
und deren gibt es nicht wenige – könnten eher für die extraterrestrische Hypothese sprechen. Aber auch in solchen Fällen sind die
Grenzen der Wahrnehmung fließend, und wir werden mit Manifestationen konfrontiert, die jedem Horror-Science-fiction-Film
Ehre machen würden.

Mitunter werden die Beobachter gar nicht gewahr, daß die von
ihnen gesichteten Entitäten »zum Teil« nichtphysikalischer Natur sind. So verfolgte im Jahre 1965 in den USA eine Gruppe Ju-
gendlicher mehrere Ufonauten über ein Schlammfeld. Die Phan-
tomhatz hatte jedoch keinen Erfolg, da sich die Fremden schließ-

lich in Luft auflösten und keinerlei Fußspuren hinterließen. In anderen Fällen wiederum hatte es den Anschein, als ob die »gesichtslosen Wesen« halb transparent seien, so, als ob sie sich irgendwo zwischen den Dimensionen aufhielten.

Der in Innsbruck lebende Ufo-Forscher Louis Schönherr befaßte sich in einem Zeitschriftenartikel mit dem seltsamen Realitätsstatus jener Erscheinungen und meinte: »Grob gesprochen scheinen die in Verbindung mit Ufos gesichteten Entitäten Schwierigkeiten mit ihren Extremitäten zu haben. Von Zeugen war zu erfahren, daß diese entweder keine Arme besaßen oder sie dicht an ihren Körper preßten. In einem Fall war sich der Zeuge absolut sicher, daß die Entität transparente Beine besaß; er konnte durch sie hindurchschauen und deutlich das Gras erkennen. Andere wiederum behaupteten, daß der untere Teil des Körpers nur undeutlich zu sehen oder von hohem Gras verdeckt gewesen sei. Phänomenologisch könnten alle diese Aussagen der gleichen Erscheinungskategorie angehören. Ob nämlich jemand behauptet, daß die Beine durchsichtig gewesen seien oder daß man durch sie hindurch das Gras habe sehen können oder aber auch, daß die Beine vom Gras verdeckt gewesen wären, läuft auf das gleiche hinaus.«[20]

Daraus könnte man folgern, daß es Seinszustände gibt, die *zwischen* dem unsrigen und denen der Anderen Realität angesiedelt sind. In diesen Grauzonen der Realität gibt es offenbar keine echten Unterscheidungsmöglichkeiten zwischen *materiell* und *immateriell*, sondern nur fließende Übergänge. Das Faktum der gleitenden stofflichen Übergänge braucht indessen niemanden zu erschrecken. Es wäre physikalisch ebensowenig monströs, wie z. B. die Dualität von Welle und Teilchen, d. h. die Tatsache, daß sich Elementarteilchen (Elektronen und Nukleonen) bei bestimmten Experimenten wie Massepunkte, bei anderen aber wie ein Wellenvorgang benehmen.

Wer tiefer in die Phänomenologie der unbekannten Flugobjekte eindringt, wird sich einer Welt gegenübersehen, in der das Unreale höchst real, die Realität hingegen durch fremde Kräfte, die offenbar Materie, Raum und Zeit manipulieren, stark verzerrt erscheint. Über ihre Wirkungsweise herrschen bislang nur vage Vorstellungen.

Jeder, der sich im Laufe der Zeit mit der eigentlichen Natur dieser Phänomene vertraut machen konnte, mußte betroffen erkennen, daß es ihm unmöglich ist, das Ergebnis seiner Untersuchungen allgemeinverständlich darzustellen. Interpretationen für das »Unfaßbare« stoßen immer wieder auf eine Mauer aus Mißtrauen und eisiger Ablehnung. Je tiefer seriöse Wissenschaftler in die faszinierende Welt der »unbekannten Flugobjekte« vorstoßen, je mehr sich die Diskussion um einer der letzten Rätsel unseres Jahrhunderts versachlicht, um so lauter ertönt das Lamento derer, die sich, ausschließlich aufgrund ihrer exponierten Stellung, dazu berufen fühlen, unumstößliche Beweise ex cathedra ins Gegenteil zu verkehren, um so weniger aber auch vermag eine verunsicherte Öffentlichkeit diesen bald ins Banale abgleitenden, bald extrem naturwissenschaftlichen Auseinandersetzungen zu folgen und all die Widersprüche zu verstehen.

Die neuere Geschichte der Naturwissenschaften bietet zahlreiche Beispiele für Irrtümer und Fehlprognosen maßgebender Experten, deren vernichtendes (Vor-)Urteil wie ein Damoklesschwert über den Häuptern all derer schwebte, die sich der gerade vorherrschenden Lehrmeinung widersetzten.

Zu Beginn des 20. Jahrhunderts waren Wissenschaftler aus allen Bereichen nahezu einhellig der Meinung, daß »Fliegen mit Apparaten schwerer als Luft« ausgeschlossen sei. Einer von ihnen, der bekannte amerikanische Astronom Simon Newcomb, meinte seinerzeit voreilig: »Der Beweis, daß keine denkbare Kombination bekannter Substanzen, bekannter Motorentypen und bekannter Kraftquellen zu einer praktisch verwendbaren Maschine zu führen vermag, mit der Menschen auf große Entfernungen durch die Luft fliegen sollen, erscheint dem Verfasser so vollständig, wie es der Beweis für irgendeine physikalische Tatsache der Zukunft nur sein kann.«[21]

Den Brüdern Wright dürfte diese pessimistische Prognose ihres Landsmannes wohl kaum bekannt gewesen sein. Jedenfalls ließen sie sich von ihr nicht beeindrucken. Vielleicht gelang ihnen gerade deswegen im Jahre 1903 der erste bemannte Motorflug, dem eine Entwicklung folgte, deren Ende noch nicht abzusehen ist.

Auch Hermann Oberth und Robert Goddard wurden seinerzeit wegen ihrer verwegenen Raumflugideen verspottet. Auf das Thema »Mondflug« angesprochen, meinte im Jahre 1926 ein amerikanischer Naturwissenschaftler, Professor A. W. Bickerton, und seine anmaßende Haltung ist für viele Zeitgenossen typisch: »Die irrsinnige Idee eines Schusses zum Mond beweist, zu welchen Ungeheuerlichkeiten eine perverse Spezialisierung Wissenschaftler verführen kann, die in ›gedankendichten‹ Isolierzellen arbeiten. Betrachten wir den Vorschlag kritisch: Um der Erdanziehung vollständig zu entfliehen, braucht ein Projektil eine Geschwindigkeit von gut 11 km in der Sekunde. Die thermische Energie eines Gramms bei dieser Geschwindigkeit beträgt 15 180 Kilokalorien . . . Die Energie unseres brisantesten Sprengstoffs, des Nitroglyzerins, beträgt weniger als 1500 kg-Kalorien je Gramm. Infolgedessen hat der Sprengstoff, auch wenn er nichts anderes transportieren müßte als sich selbst, nur ein Zehntel der Energie, die zum Verlassen der Erde nötig wäre . . . Das vorgeschlagene Unternehmen muß daher als grundsätzlich unmöglich gelten.«

Und ein kanadischer Astronom, Professor J. W. Campbell von der Universität von Alberta, begründete noch 1938 die Unmöglichkeit eines Fluges zum Mond mit dem Argument, daß ein Startgewicht von einer Million Tonnen nötig wäre, um auch nur ein halbes Kilo Nutzlast auf die für Hin- und Rückflug erforderliche Flugbahn zu bringen.

Zu ähnlichen Fehleinschätzungen technischer Möglichkeiten seitens des wissenschaftlichen Establishments kam es auch auf

dem Gebiet der Atomphysik. So hielt z. B. der geniale Lord
Rutherford, Begründer der modernen Atomphysik und Nobelpreisträger (1908), die Behauptung einiger seiner Fachkollegen,
man werde in absehbarer Zeit in der Materie gebundene Energie
freisetzen und nutzen können, für reine Sensationshascherei, für
Science-fiction, und zwar, obwohl ihm als erstem der Nachweis
einer möglichen Kernreaktion beim Stickstoff gelungen war!
Schon ein Jahr nach Rutherfords Tod gelang Otto Hahn 1938
erstmals die Spaltung von Urankernen durch Neutronenbeschuß,
wofür ihm 1944 der Nobelpreis zuerkannt wurde. Es war dies der
eigentliche Auftakt zu unserem umstrittenen Atomzeitalter. Hätte
Ende der dreißiger Jahre irgendein weitsichtiger Physiker die Folgen dieser epochalen Entwicklung auch nur im entferntesten angedeutet, der Spott der Kollegenschaft wäre ihm sicher gewesen.

Betrachtet man unsere naturwissenschaftliche und technologische Entwicklung retrospektiv, so wird einem klar, warum es immer wieder zu solchen Fehlprognosen kommen muß. Es scheint,
als wären Irrtümer wie diese aufgrund unserer Mentalität bereits
vorprogrammiert. Furcht vor Unpopularität, Mangel an schöpfe-
rischer Phantasie und fehlendes Kombinationsvermögen sind
nur einige von vielen ignoranzfördernden Faktoren. Arthur
C. Clarke skizzierte in seinem, der Futurologie gewidmeten Buch
Im höchsten Grade phantastisch diese fatale Zukunftsblindheit
der Menschen recht anschaulich:

»Angenommen wir gingen zu einem beliebigen Naturwissenschaftler vom Ende des 19. Jahrhunderts und sagten zu ihm: ›Hier
sind zwei Stücke einer Substanz namens Uran-235. Wenn Sie sie
nicht zusammenbringen, wird nichts passieren. Aber wenn Sie sie
plötzlich aufeinanderschlagen, dann werden Sie dadurch so viel
Energie freisetzen, wie Sie aus der Verbrennung von 10 000 Tonnen Kohle erhalten könnten.‹ So weitblickend und phantasiebe-
gabt unser Mann auch wäre, er würde sagen: ›Was für ein Unsinn! Das ist Magie, aber keine Wissenschaft. So etwas kann in
der realen Welt nicht vorkommen.‹ Um 1890, als die Fundamente

der Physik und Thermodynamik fest und für alle Ewigkeit gelegt
schienen, hätte er uns auch genau erklären können, *warum* es Unsinn sei.

›Energie kann nicht aus einem Nichts geschaffen werden‹, hätte er vielleicht gesagt. ›Sie muß aus chemischen Reaktionen, aus
elektrischen Batterien, aus gespannten Federn, aus komprimier-
tem Gas, rotierenden Schwungrädern oder einer anderen klar de-
finierten Quelle stammen. Alle solche Energiequellen kommen in
diesem Fall nicht in Betracht, und selbst wenn es anders wäre, ist
die Energieabgabe, von der Sie sprechen, doch ganz absurd. Was,
sie soll mehr als eine Million mal so groß sein, wie die aus unserer
energiereichsten chemischen Reaktion?‹‹«[21]

Es fällt nicht schwer, zwischen dieser fiktiven Diskussion und
dem Streit um die Existenz oder Herkunft der Ufos wie auch um
eine mögliche Manipulierbarkeit der Zeit Analogien zu entdek-
ken. Der bekannte sowjetische Astronom und Zeitforscher N. A.
Kozyrew, dessen einschlägige Experimente in aller Welt großes
Aufsehen erregten, äußerte sich vor wenigen Jahren voller Zuver-
sicht: »In Zukunft wird die menschliche Technik die Handha-
bung der Zeit gestatten.« Es dürfte indessen genügend angesehene Naturwissenschaftler geben, die Kozyrews Prognosen und Hypothesen kurzerhand als Phantastereien eines überspannten Gelehrten ablehnen. Dennoch entwickelt sich die Welt nicht nach
den scheinbar unumstößlichen Regeln der ewig Gestrigen. Kau-
salitätswidrigem und »Unfaßbarem« begegnet man heute überall
im Mikro- und Makrokosmos. Die moderne Physik steckt voller
vermeintlicher Wunder, aber es ist bisher stets nur eine Frage der
Zeit gewesen, wann aus der Entdeckung des Wunderbaren die nötigen Konsequenzen gezogen werden: Denn der Mensch *kann* ra-
dikal umdenken. Es dauert nur meistens ein bißchen. Dies aber
würde nichts anderes bedeuten, als daß man eines Tages auch die
eingangs geschilderten paranormalen Erscheinungen und die
Idee von der Manipulierbarkeit der Zeit verstehen und nutzen
wird.

Eine Bestandsaufnahme aller unerklärlichen Vorkommnisse, ihre gründliche Durchleuchtung ist dringend geboten, um die vielgestaltig auftretenden Phänomene differenzierter betrachten zu können.

Es mangelt keinesfalls an wohlgemeinten Versuchen, das verstärkte Auftreten jener seltsamen Himmelsphänomene in neuerer Zeit auch psychoanalytisch zu deuten. Der Schweizer Carl Gustav Jung war einer der ersten, der sich mit der psychologischen Seite des Ufo-Phänomens befaßte und entsprechende Denkmodelle entwickelte. Er erblickte darin ganz allgemein die »Manifestation einer kulturellen Notwendigkeit« und war der Auffassung, daß Ufos immateriell seien, das heißt, er nahm an, daß sie ausschließlich in der Vorstellungswelt des Wahrnehmenden existierten. Damit würden sie zu einer Realität ganz besonderer Art, zu einer »psychischen Realität«.[22]

Die Vorstellungswelt unserer Vorfahren war, den fehlenden technischen Voraussetzungen entsprechend, eine ganz andere als heute. Wie kommt es dann aber, daß jene mysteriösen Objekte, nachweislich auch solche in Form von Tellern und Scheiben, schon durch frühere Jahrhunderte geistern? Sie ebenfalls als »Projektion einer Mehrzahl von psychischen Ganzheitsbildern« (C. G. Jung), als »Reflexionen der kulturellen Notwendigkeiten und als Erwartungen an die Gesellschaft« zu bezeichnen, erscheint, zumindest in der heute vorherrschenden tellerförmigen Konfiguration, weit hergeholt.

Nur wenige wissen, daß eine amerikanische Tageszeitung, die *Denison Daily News of Texas,* in ihrer Ausgabe vom 8. Januar 1875 die Geschichte eines Farmers namens Martin abdruckte, der über seinem Anwesen, so wörtlich, ein »untertassenförmiges Objekt« gesehen haben will. »Fliegende Untertassen« vor mehr als hundert Jahren? Jungs Projektions-Hypothese dürfte zwar für einen Teil des Ufo-Geschehens zutreffen, nicht aber für Situationen, die, wie im Fall des Farmers Martin, jeglicher technischer

Voraussetzungen entbehren. Nehmen aber die nach C. G. Jung nur in unserer Vorstellungswelt existierenden, immateriellen Projektionen plötzlich materielle Formen an, erscheinen diese klar und deutlich auf mehreren Radarschirmen zur gleichen Zeit, führen sie blitzschnell waghalsige Kurskorrekturen durch und bringen sie eine moderne Kampfmaschine im Wert von mehr als 5 Millionen DM zum Absturz, so muß man sich fragen, ob denn Ursache all dieser offenbar gelenkt ablaufenden Vorgänge mit höchst realen Auswirkungen immer nur psychische Projektionen sein können.

Würde man dem japanischen Luftwaffenmajor Shiro Kubota erzählen, er habe in Wirklichkeit einen erbitterten Luftkampf nur mit einer von ihm selbst hervorgerufenen psychischen Projektion ausgefochten, könnte ihm dies lediglich ein mitleidiges Lächeln entlocken. Zu bitter waren seine Erfahrungen, zu schmerzlich war der Verlust seines Kameraden Toshio Nakamura.

Als am 9. Juli 1974 zwei japanische Jagdflugzeuge des Typs Phantom F-4EJ vom Militärflugplatz Hyaku-ri bei Tokio hochgeschickt wurden, um einen »Eindringling« abzufangen, konnte niemand ahnen, daß dies für eine der beiden Maschinen (die andere mußte wegen eines Defekts gleich wieder umkehren) der letzte Start sein sollte. Major Kubota schilderte die schrecklichsten Minuten seines Lebens mit folgenden Worten: »Wir dachten zunächst, man habe uns starten lassen, um einen jener sowjetischen Bomber abzufangen, die öfter unsere nördliche Luftverteidigungslinie abtasten. Erst in der Luft erhielten wir von der Bodenstation (GCI) den Auftrag, eine auffällige, farbige Leuchterscheinung zu observieren, die von zahlreichen Personen wahrgenommen und auch vom Bodenradar geortet worden sei. Mehrere Minuten danach durchstießen wir die Wolkendecke. Wir schwenkten auf eine gleichbleibende Höhe von 9000 m ein. Die Nacht war mondlos und klar. Mit einem Mal erblickten wir die Leuchterscheinung nur wenige Meilen vor uns. Schon im ersten Augenblick war ich mir sicher, daß dieses scheibenförmige rotorangefarbene Objekt nur von intelligenten Wesen gesteuert sein konnte. Es hatte einen Durchmesser von etwa 10 m und besaß seitlich quadratische Felder, bei denen es sich um Fenster oder Triebwerkabgasventile gehandelt haben könnte.

Toshio stieß genau auf das Objekt zu. Als es in den Nahbereich unserer Bordkanonen kam, vollführte es ein leichtes Kippmanöver, so, als ob es auf unsere Annäherung reagierte . . . Gleich darauf wendete der Flugkörper und schoß direkt auf uns zu. Ich stieß einen Schrei aus. Toshio preßte den Steuerknüppel nach links und leitete einen waghalsigen Sturzflug ein. Das rotglühende Ufo verfehlte uns nur um wenige Meter. Dann machte es eine scharfe Kehrtwendung, um erneut auf Kollisionskurs zu gehen. Es war dies ein verblüffender Rollentausch. Zuerst hatten wir geglaubt, die Jäger zu sein; nun waren wir die Gejagten. Das Ufo raste in immer dichteren Abständen an uns vorbei. Es verfehlte uns stets um Haaresbreite. Während ich über Funk die Bodenleitstelle informierte, unternahm Toshio immer wieder verzweifelte Anstrengungen, den Attacken des Eindringlings zu entgehen.«

Dann ging alles sehr schnell. Die F-4EJ schien mitten im Flug zu zerbersten. Toshio Nakamura und Shiro Kubota konnten sich gerade noch mit dem Schleudersitz aus ihrer explodierenden Maschine herauskatapultieren, als diese in Flammen aufging. Nakamuras Fallschirm mußte sich an der bereits brennenden Maschine entzündet haben. Er fing plötzlich Feuer. Der Pilot stürzte wie eine lodernde Fackel zur Erde.

Das Wrack der F-4EJ wurde bald darauf gefunden, vom Angreifer fehlte indes jede Spur. Bis heute aber weiß niemand zu sagen, wie es zu dieser Kollision kommen konnte und wer der Gegner war. Die japanische Luftverteidigungsbehörde beschäftigte sich jahrelang intensiv mit diesem Vorfall, ohne eine auch nur halbwegs befriedigende Erklärung anbieten zu können.[23]

Anfangs 1957 soll es, nach Mitteilung eines früheren Abwehrbeamten der US-Air Force, Major P., über dem japanischen Luftraum schon einmal zu einem derartigen mysteriösen Zwischenfall gekommen sein. Vier amerikanische Bomber des Typs F86D hatten auf der Insel Ieshima Zielanflüge geübt und befanden sich gerade auf dem Rückflug nach Okinawa. Aus einer der höher gelegenen Wolkenbänke tauchte plötzlich ein großes, unbekanntes Flugobjekt auf und versperrte der Führungsmaschine den Weg. Ein Zusammenstoß war unvermeidbar. Hierbei wurde der Bomber zerstört, das Ufo aber kam offenbar unbeschädigt davon. Es gab drei Überlebende, die später von Major P. vernommen wurden. Vom Piloten und vom Flugzeugwrack fehlte allerdings jede Spur. Major P. will damals über diesen hochinteressanten Fall einen Bericht an den kommandierenden General der fernöstlichen Luftflotte, William Hipps, verfaßt haben. Nach Angaben des Majors habe Hipps diesen Bericht in allen Einzelheiten akzeptiert und nur an der Objektbezeichnung »Ufo« Anstoß genommen. Andererseits hielt er die Möglichkeit, daß es sich bei dem unbekannten Angreifer um eine konventionelle Flugmaschine gehandelt habe, für ausgeschlossen.

Was aber suchen diese »Luftpiraten« in unserer Welt? Tauchen sie rein zufällig in der Atmosphäre auf, treibt sie Neugierde und Forschergeist in die Nähe der Erde, oder haben sie gar kriegerische Absichten?

Am Abend des 5. März 1967 befand sich der einundzwanzigjährige Beau Shertzer in Begleitung einer Krankenschwester mit einem Lieferwagen des Roten Kreuzes auf dem Wege nach Huntington im US-Bundesstaat West Virginia. Er hatte den Auftrag, eine Ladung Blutkonserven zum dortigen Krankenhaus zu bringen. Auf der dunklen Landstraße herrschte zu dieser Zeit nur wenig Verkehr. Gerade als sie einen entlegenen Streckenabschnitt durchfuhren, beobachteten beide, wie sich von einem nahen Hügel her ein großes, glühendes Objekt löste und direkt auf sie zukam. Shertzer gab Vollgas, der Verfolger aber ließ sich nicht abschütteln. Als Shertzer das Wagenfenster herabließ, um die Lage besser überblicken zu können, mußte er entsetzt feststellen, wie aus dem Ufo über ihm zwei Greifarme hervorkamen, die den Wa-

gen zu umklammern versuchten. Die Lichter von fern entgegen-
kommenden Autos allein – so berichtete Shertzer – hätten den Angreifer vertrieben. Das Ufo habe die Greifer schnell eingezogen
und sei im Dunkel der Nacht verschwunden.

Shertzer und seine Begleiterin, die diesen Vorfall der Polizei
von Huntington meldeten, wurden kurzerhand für hysterisch erklärt . . . Anderen Personen wurde aufgrund ihrer unbestreitba-
ren beruflichen Qualifikationen mehr Respekt entgegengebracht,
ihren Aussagen mehr Gewicht beigemessen. In ihrer Ausgabe
vom 28. März 1978 veröffentlichte der *National Enquirer* einen
Bericht des Astronauten Gordon Cooper, in dem dieser seine
Ufo-Erlebnisse während der Zeit seiner Stationierung in der amerikanischen Luftwaffenbasis Neubiberg (Oberbayern) schilderte.
Er war dort in den fünfziger Jahren als Testpilot eingesetzt und beobachtete damals ganze Rudel unbekannter Flugobjekte. Einmal
seien sogar dreißig Abfangjäger aufgestiegen, um ein untertassen-
artiges Objekt zu verfolgen. Das Unternehmen habe in einer Höhe von knapp 14 000 m aus technischen Gründen abgebrochen
werden müssen. Er selbst glaube fest an die Existenz »extraterrestrischer« Wesen, deren Supertechnik auf einen außerordentlich hohen Intelligenzgrad schließen lasse.

Der Zufall wollte es, daß Paul R. Hill, ein bekannter Aerodynamiker und Mitglied des »National Advisory Committee for Aeronautics«, am Abend des 16. Juli 1952 eine Beobachtung machte,
die vom Herausgeber des *Report on Unidentified Flying Objects*,[24]
E. J. Ruppelt, als besonders zuverlässig anerkannt wurde. In der
Publikation *UFO Evidence* kommt Hill selbst zu Wort: »Zuerst
waren zwei Lichter zu sehen, die von Süden her mit etwa 800 km/h
über Hampton Road rasten. Sie verlangsamten ihre Geschwindigkeit, als sie über dem Südende der Halbinsel [vom Zusammenfluß des James River und der Chesapeake-Bucht, US-Bundesstaat Maryland, gebildet] eine U-Kehre vollführten. Erst flogen
sie Seite an Seite, bis sie mit hoher Geschwindigkeit in einem engen Kreis von 60 bis 90 m umeinander zu rotieren begannen. Dies

schien ein Rendezvous-Signal zu sein, denn sofort kam aus der
Richtung Virginia Beach ein drittes Ufo angerast und setzte sich
im Abstand von 200 bis 300 m unter die beiden ersten, so daß sie
eine Art V-Formation bildeten. Ein viertes Ufo kam vom James
River her angeflogen und schloß sich der Gruppe an, die dann mit
etwa 800 km/h nach Süden davonflog.«[25]

Wie stark Ruppelt von dieser Aussage beeindruckt war, geht
aus seinem im Jahre 1956 veröffentlichten Bericht hervor: »Dieser Mann vom ›National Advisory Committee for Aeronautics‹,
Mister Hill, ist ein namhafter Aerodynamiker von großer wissenschaftlicher Qualifikation, und wenn er sagt, die Lichter waren
keine Flugzeuge, dann waren es auch keine.«[24]

Eine im Jahre 1973 durchgeführte Gallup-Umfrage ergab, daß
mehr als 50 Prozent der amerikanischen Bevölkerung an die
Existenz von Ufos – was immer sie auch sein mögen – glauben; 15
Millionen Amerikaner wollen derartige Luftphänomene angeblich schon selbst beobachtet haben. Ein Großteil der in dieser Sta-
tistik enthaltenen Sichtungsfälle mag auf Sinnestäuschungen und
Fehlinterpretationen oder gar auf Manipulationen und Auf-
schneidereien beruhen. Die menschlichen Sehwerkzeuge sind
nun einmal leider so beschaffen, daß – vor allem unter extremen
äußeren Bedingungen – Täuschungen nicht ausgeschlossen werden können.

Wenn auch die Fehleinschätzungsquote innerhalb eines mit
Luftphänomenen vertrauten, hochspezialisierten Personenkrei-
ses, wie Flugzeugführern, Astronauten und Militärs, wesentlich
niedriger als bei den Repräsentanten des statistischen Durch-
schnitts sein dürfte, muß man den ausschließlich auf visuellen
Wahrnehmungen beruhenden Berichten dennoch stets skeptisch
begegnen. Zu viele Täuschungsfaktoren – vor allem, wenn diese
kombiniert in Erscheinung treten – können Scheinsichtungen zur
Folge haben. Hierzu gehören Ballons, Flugzeuge und Kleinluft-
schiffe, Planeten, Sternreflexionen, meteorologische Effekte,
Luftspiegelungen, Nordlichter, Elmsfeuer, Meteoriten, Wolken,

Kugelblitze, Sumpfgas, Fallschirme, ausgebrannte Raketentreib-
stoffbehälter, Satelliten, Kondensstreifen, Vogelschwärme und
vieles andere mehr.

Daher räumt man radarbestätigten Sichtungsfällen in der Regel einen viel höheren Stellenwert ein. Tritt aber der recht seltene
Fall ein, daß *ein unbekanntes Objekt gleich dreimal auf unterschiedliche Weise geortet wurde,* so darf man mit an Sicherheit
grenzender Wahrscheinlichkeit Sinnestäuschungen ausschließen.

Viele Amerikaner sind sich heute einig darüber, daß ein Gutteil
solcher aufschlußreicher Mehrfachortungen erst gar nicht in das
auf Betreiben beunruhigter Wissenschaftler, Industrieller und
Militärs von der amerikanischen Luftwaffe 1952 ins Leben geru-
fene *Project Blue Book*[26] – einer Zusammenfassung von mehr als
11 000 Sichtungsfällen* – gelangte, sondern gleich dem »Aero-
space Defense Command« (ADC), einer weltumspannenden
Luftüberwachungsorganisation, zugespielt wurde. Dieses Kom-
mando unterhält, über die gesamte USA verteilt, ein Netz modernster Radar- und Kommunikationssysteme, die unmittelbar mit
für besondere Aufgaben programmierten Computerdatenbänken
und einsatzbereiten Jagdgeschwadern in Verbindung stehen.
Zieht man die unbegrenzten technischen und finanziellen Möglichkeiten einer solchen Organisation in Betracht, weiß man, daß
ihre nahezu 40 000 Mitarbeiter von mehr als 250 über den gesamten Globus verteilten Stützpunkten aus operieren, so muß man

---

* Reihenfolge der offiziellen amerikanischen Ufo-Untersuchungsprogram-
me:
1. Project Sign: September 1947 bis Februar 1949;
2. Project Grudge I und II: Februar 1949 bis März 1952 (bis September
1953: Leiter Capt. E. J. Ruppelt);
3. Project Blue Book: März 1952 bis Dezember 1969 (hierzu: Special Report No. 14, durch Battelle Memorial Institute);
4. Colorado-Studie (Condon-Report): September 1966 bis Oktober 1968
(Leiter: Dr. Edward Condon).

annehmen, daß sämtliche Ufo-Informationen von wissenschaftlichem Wert, die von zivilen und militärischen Stellen je zusammengetragen wurden, hier gespeichert sind.

Trotz außerordentlich strenger Sicherheitsmaßnahmen gelang es einem Dr. James E. McDonald, der bis zu seinem Tode in Tucson (Arizona) ansässig war, von dort streng geheimes Archivmaterial zu beschaffen, das er in dem angesehenen flugtechnischen Fachjournal *Astronautics and Aeronautics* publizierte. Wir erfahren daraus unter anderem: »Am 17. Juli 1957 wurde ein Flugzeug der US-Luftwaffe des Typs RB-47 (Kennwort ›Lacy 17‹) mit sechs Mann Besatzung und einer elektronischen (Radar-)Gegenmeßanlage (E.C.M.) an Bord, etwa anderthalb Stunden von einem nichtidentifizierten Objekt verfolgt. Die hierbei zurückgelegte Strecke führte mit rund 1100 km von Gulfport (Mississippi) über Louisiana und Texas bis in den Süden von Oklahoma.

Das Ufo wurde wahrgenommen:

1. von der Besatzung visuell als blaue (später rötliche) offenbar intelligent manövrierende Leuchterscheinung;
2. als Echo auf dem Bildschirm des Bodenradars und
3. mit Hilfe der an Bord befindlichen passiven E.C.M.-Anlage als kräftiger Impuls.

E.C.M.-Spezialisten an Bord der ›Lacy 17‹ ermittelten die ›Fremden‹ mit einem ›starken Signal‹ im Frequenzbereich von 2995 bis 3000 Megahertz. Die Impulsdauer betrug zwei Mikrosekunden, die Taktfrequenz lag bei 600 Hertz . . .«[25]

Nicht immer beschränken sich die Aktivitäten dieser offenbar intelligent gesteuerten Objekte auf die Verfolgung von Flugzeugen, auf das bloße Beobachten ziviler und militärischer Einrichtungen. Man kennt genügend Fälle, in denen durch Einwirkung eben dieser Objekte die Sicherheit von Personen und Sachen ernsthaft gefährdet war. Ob es sich hierbei um Machtdemonstrationen sendungsbewußter Superzivilisationen oder um technische Pannen am Transportgerät handelt, bleibt vorerst dahingestellt.

Das Tarija-Desaster

Am 6. Mai 1978 machte Tarija, ein sonst völlig unbedeutender Bezirk in der südlichsten Ecke Boliviens, entlang den Andenausläufern, der als besonders unzugängig gilt, plötzlich Schlagzeilen. Begierig griffen Nachrichtenagenturen in aller Welt die Meldung vom Absturz eines Ufos im bolivianisch-argentinischen Grenzgebiet auf und leiteten sie an die Redaktionen der Massenmedien weiter. Selbst die für ihre konservative Berichterstattung bekannten deutschen Rundfunk- und Fernsehanstalten erwähnten in ihren Nachrichtensendungen diesen außergewöhnlichen Vorfall. Zwei Tage dauerte der offizielle Informationsfluß, zwei Tage lang hielten sich Behauptungen und Dementis die Waage, dann verstummten die Meldungen, und in den Bergtälern am Fuße der Anden schien wieder Ruhe einzukehren. Hatten wieder einmal Spezialisten aus dem »Norden« die Hand im Spiel, war etwa »von oben« eine Nachrichtensperre verhängt worden?

Juan Orozco und die vielen anderen Bewohner dieses Bezirks, die das *Ding* aus nächster Nähe gesehen hatten, waren nicht zum Schweigen zu bringen. Ihre Schilderungen lassen erkennen, daß an diesem Tage etwas ganz Merkwürdiges geschehen sein mußte. Orozco und seine Freunde waren am Nachmittag des 6. Mai 1978 nahe der argentinischen Grenze mit Holzfällerarbeiten beschäftigt,als sie mit einem Mal ein »pfeifendes Geräusch« vernahmen, das sie neugierig aufblicken ließ. Direkt über sich sahen sie in einer Höhe von etwa 150 m ein seltsames, von Flammen umhülltes Objekt, das offensichtlich gleich abstürzen mußte ... Gegen 16.30 Uhr Ortszeit vernahm man im gegenüberliegenden argentinischen Grenzdorf La Mamora ähnliche Pfeifgeräusche. Als die Einwohner dieses Fleckens erschrocken nach oben blickten, sahen sie den gleichen Flugkörper, der in einer Höhe von jetzt nur noch etwa 100 m Einzelheiten erkennen ließ: Zylindrische Bauform; chromglänzende Hülle; Länge etwa 6 m; Durchmesser etwa 4 m; konisch zulaufendes Frontteil; rot-orangefarbener Fun-

kenregen umgibt das Objekt; am Heck tritt blauer Rauch aus.
Weitere Details, wie Fenster, Türen, Luken usw., waren nicht zu
erkennen. Das Objekt bewegte sich mit einer Geschwindigkeit
von etwa 500 km/h. Die meisten der 800 Einwohner von La Mamora – unter ihnen vier Bergbauingenieure und der Ortskomman-
dant der Nationalgarde – waren Augenzeugen seines Absturzes.

Wenige Augenblicke später explodierte das Ufo am Gipfel des
20 km entfernten El Taire. Einem blendenden Lichtblitz, der
noch in einer Entfernung bis zu 150 km wahrgenommen werden
konnte, folgte Sekunden später eine gigantische Explosion.
Durch die nachfolgende Druckwelle wurden nahezu sämtliche
Fensterscheiben im Umkreis von 70 km zerstört. Ein durch die Er-
schütterung ausgelöstes Beben konnte sogar noch im 700 km entfernten Chile registriert werden. Zu groß waren die Schäden, als
daß man über sie hinweg einfach zur Tagesordnung hätte übergehen können. Was aber war hier abgestürzt?

Könnte es ein Meteor gewesen sein? Die glühende Plasmahül-
le, die das Objekt umgab, wäre möglicherweise ein Indiz hierfür.
Dagegen spräche allerdings seine doch geringe Geschwindigkeit
und seine extrem flache Flugbahn. Die meisten Meteore bewegen sich mit einer Geschwindigkeit von 50 000 bis maximal
140 000 km/h auf die Erde zu. Die ursprünglich parabolische
Flugbahn eines Meteors geht bei Annäherung an die Erde allmählich in eine vertikale über. Wie aber wäre dann der außerordentlich flache Abstiegswinkel von hier nur etwa 30 Grad (zum Horizont) zu erklären, wenn das fragliche Objekt ein Meteor gewesen
sein soll?

War El Taire zur Grabstätte eines amerikanischen oder russi-
schen Satelliten geworden? Dagegen sprechen außer den zuvor
erwähnten Gründen die ungewöhnliche Bauform und die Tatsache, daß keine Meldungen über eine erhöhte Radioaktivität in
diesem Gebiet vorliegen. Daher haben Regierung und Presse sowohl in Argentinien, als auch in Bolivien die Satellitenhypothese
rasch aufgeben müssen.

Viele Beobachter hatten den Eindruck, daß das niedergegangene Objekt von einem zweiten, kleineren, silbrigen Flugkörper, der dem Zylinder in einem gewissen Abstand folgte, gelenkt worden sei. Dieser habe unmittelbar nach der Explosion die Szene verlassen. Hätte es sich hierbei tatsächlich um den Absturz bzw. Beinahe-Absturz von zwei Meteoren oder Satelliten gehandelt, so wäre zu fragen, wieso eines dieser Objekte plötzlich die verderbenbringende Flugbahn von selbst zu ändern vermochte und sich entgegen allen physikalischen Gesetzen in einer aufsteigenden Bahn wieder entfernen konnte.

Das Gebiet von El Taire wurde sofort zur Zona Militar erklärt. Presseleuten aus Argentinien, die sich in dieser Gegend sonst ungehindert bewegen durften, wurde plötzlich die Weiterfahrt ins Absturzgebiet untersagt. Die Absturzstelle selbst war ohnehin nur aus der Luft zu erreichen. Oberst Julio Molina Suarez, Kommandeur des Grupo Aero de Cobertura No. 1, bestätigte den Absturz eines Ufos und setzte die Öffentlichkeit davon in Kenntnis, daß die Regierung in La Paz bereits eine Gruppe Wissenschaftler und Techniker zur Absturzstelle entsandt habe. Dr. Orlando Bravo, Mitglied der Naturwissenschaftlichen Fakultät der Saracho-Universität von Tarija, wurde zum Leiter der Untersuchungskommission ernannt. Jetzt kamen die Dinge erst richtig in Fluß.

Dr. Bravo begab sich mit einem Militärhubschrauber nach Mecayo. Dort entdeckte er, mitten im Urwald, direkt am Fuße des El Taire, das gesuchte metallisch-glänzende Objekt. Es hatte einen Krater geschlagen, der, Presseberichten zufolge, 1500 m lang, 500 m breit und 400 m tief sein soll. Das »Projektil« hatte, als es sich in die Felsmassen bohrte, 300 000 Kubikmeter Granit verdrängt. Seltsamerweise fand man am Kraterrand keinerlei Aufschüttungen. Demnach waren 300 000 Kubikmeter Gestein ganz einfach verschwunden. Waren sie durch die im Augenblick des Aufpralls frei werdenden Energien vielleicht »verdampft« worden, oder hatten sie sich auf andere Weise »verflüchtigt«? Wohin aber? Man hat ausgerechnet, daß allein mehr als 300 000 Tonnen

TNT-Sprengstoff notwendig gewesen wären, um diese Gesteins-
menge aus dem Felsen herauszusprengen. Sie zu verdampfen hätte schon einer nuklearen Explosion bedurft . . . und die hat dort –
wie Messungen erkennen ließen – nicht stattgefunden.

Die aufgefundenen Metallreste behielten trotz des heftigen
Aufpralls ihren eigenartigen Glanz bei. Ein Teilstück des ehemaligen Zylinders wurde laut Dr. Bravo mit Hilfe eines Hubschrau-
bers zur genaueren Untersuchung in eine bolivianische Luftwaffenbasis gebracht. Reporter der argentinischen Zeitung *El Tribu-
no* wollen ein »stählernes Objekt« gesehen haben, das, wahrscheinlich aufgrund der Explosion, stark deformiert gewesen sein
soll. Nach Mitteilung eines anderen Korrespondenten wurden
Teile des Wracks später mit einer Maschine der amerikanischen
Luftwaffe in die USA abtransportiert . . .

Wie nicht anders zu erwarten, geriet der Tarija-Fall bald in Ver-
gessenheit. Sensationen werden nun einmal zum Tageskurs gehandelt, Wochen danach interessiert sich kaum noch jemand für
sie. Gewissen Kreisen mag unsere gleichgültige Haltung gegenüber unerklärlichen Vorfällen dieser Art sogar gelegen kommen,
erspart sie ihnen doch eine Menge peinlicher Fragen – und Einge-
ständnisse.

Wahrscheinlich rätseln NASA-Wissenschaftler noch immer
über die Herkunft der Trümmer des am El Taire gefundenen Objekts. Vielleicht haben sie aber auch eine Entdeckung gemacht,
die so ungeheuerlich ist, daß sie, aus Gründen der nationalen Sicherheit, zu Recht strengste Geheimhaltung erfordert. Scheiden –
wie es im vorliegenden Fall den Anschein hat – natürliche Ursachen (Meteore, Geschosse, Raketen, Satelliten usw.) aus, so entsteht für Wissenschaftler und Militärs gleichermaßen zwangsläufig eine hochnotpeinliche Situation: Soll man die Flucht nach
vorn antreten und die Öffentlichkeit in vollem Umfang informieren oder den Vorfall besser vertuschen?

Wird von offizieller Seite die Existenz extraterrestrischer oder
anderer artifizieller Objekte – Erzeugnisse einer überlegenen

technischen Zivilisation – erst einmal zugegeben, so käme dies, strategisch gesehen, einer militär-ideologischen Niederlage gleich. Keine der Supermächte würde sich heute auf ein psychologisches Krisenexperiment wie dieses einlassen. Zuviel steht auf dem Spiel. Infolgedessen sind wir auch weiterhin auf Mutmaßungen angewiesen.

Seinen Abmessungen nach zu urteilen, könnte das am El Taire niedergegangene Fremdobjekt eher eine Sonde als ein bemanntes Raumfahrzeug unbekannter Provenienz gewesen sein. Ein »Souvenir« aus den Weiten des interstellaren Raumes?

Immer wieder fragt man sich, woher diese, aus heiterem Himmel auftauchenden Objekte wohl kommen mögen, was sich hinter ihnen verbirgt. Steckt in der scheinbaren Systemlosigkeit ihrer Auftritte vielleicht doch ein System – eines, das in unser heutiges naturwissenschaftliches Weltbild nur noch nicht hineinpaßt?

Rückschlüsse

Es wäre durchaus denkbar, daß irgendeiner galaktischen Hochkultur bereits vor Äonen die Überwindung der für ausgedehnte Reisen innerhalb unseres Universums hinderlichen Raum-Zeit-Barriere gelungen ist, auch daß gelegentlich Wesen aus Parallelwelten oder dimensional übergeordneten Seinsbereichen zu uns vordringen. Auf die Möglichkeit von Raum-Zeit-Reisen durch den geheimnisvollen »Hyperraum« anspielend, meinte der große französische Naturforscher und Philosoph Teilhard de Chardin, es gebe jenseits des physischen Universums ein »psychisches Weltall, ein außerhalb der Sinneswahrnehmungen gelegenes, nicht meßbares Universum, das den höher entwickelten also den galaktischen Kulturen, den Zugang zu höheren raum- und zeitlosen Dimensionen ermöglicht«.[27]

Der italienische Biologe Professor Giuseppe Bonfante führte während einer vielbeachteten Rede im Centro Ricerche Biopsychiche (Universität Padua) ähnliches aus: »Galaktische Kulturen sind auf einer Entwicklungsstufe angelangt, die der unsrigen weit überlegen und um Millionen von Jahren voraus ist. Mittels Auswertung von uns unbekannten Energieformen, einschließlich psychischer oder parapsychischer, gelang es ihnen wohl, besondere Kraftfelder zu schaffen, welche die festen Grundlagen der Materie jedweden Gegenstandes verändern, so die Konstante der Schwerkraft, die Lichtgeschwindigkeit, die Quantentätigkeit u. a. m. Dadurch verschwindet ein Gegenstand selbst unversehens aus dem sinnlich wahrnehmbaren Universum, um in eine übergeordnete Dimension einzugehen, in der es weder Raum noch Zeit gibt.«[28]

Solche intergalaktischen Operationen wären nicht nur Raum-, sondern, aufgrund der zuvor angedeuteten Raum-Zeit-Union, selbstverständlich auch *Zeitreisen*. Sie müßten es zwangsläufig sein. Man darf aber annehmen, daß Wesen, die sich mit »Lichtgeschwindigkeit« oder – innerhalb des zeitneutralen Hyperraums – mit noch viel höheren Geschwindigkeiten (wenn man dann von Geschwindigkeit überhaupt noch sprechen kann) fortzubewegen in der Lage sind, das, was bei uns gemeinhin unter *Zeit* verstanden wird, ebenfalls meisterhaft beherrschen.

Aber müssen Zeitreisen – d. h., Exkursionen in *beide* Richtungen, in die Vergangenheit und in die Zukunft – unbedingt das Privileg extraterrestrischer Superrassen sein?

Sollte es unseren Nachfahren – vielleicht unter Anwendung paraphysikalischer Techniken – jemals gelingen, den für uns heute »natürlichen« Ablauf der Zeit zu durchbrechen, so wären Reisen in die Vergangenheit sicher etwas Selbstverständliches. Die Evolution der menschlichen Rasse läge dann buchstäblich auf dem Präsentierteller unserer Enkel. Nichts bliebe ihnen verborgen ... Die Vergangenheit wäre transparent wie noch nie, Geschichtsbücher subjektiven Inhalts hätten ausgedient.

Spätestens jetzt werden manche Leser einwenden, daß es unmöglich sei, Geschwindigkeiten zu erreichen, die über der des

Lichtes (etwa 300 000 km/s) liegen. Sollte dies aber wider Erwarten doch gelingen, so habe man mit recht unangenehmen *Zeitparadoxa** zu rechnen, die Rückwärtsbewegungen in der Zeit schnell ad absurdum führen.

Schlimm wäre es, würden wir aufgrund dieser Einwände voreilig ein Wissensgebiet verlassen, dessen Erforschung vor wenigen Jahrzehnten erst richtig begonnen hat, mit dessen Resultat wir aber – so ungeheuerlich dies auch klingen mag – schon seit langem konfrontiert werden: nämlich mit der *Temponautik.* Wenn es für Besuche aus der Zukunft, für das Abfahren der Zeitskala durch unsere Nachkommen, auch noch keinen absoluten Beweis gibt, so doch zahlreiche gewichtige Indizienbeweise . . . z. B. die Ufos. Bei diesen teils halb-, teils vollmaterialisierten »Erscheinungen« könnte es sich natürlich ebensogut um Projektionen von Dingen aus einer höheren Dimensionalität oder aus Welten, die parallel zu unserem Universum existieren (sogenannte Parallelwelten), handeln. Vielleicht haben wir es hier auch mit einem Mischphänomen zu tun. Die Skala der Möglichkeiten erstreckt sich, falls natürliche Erklärungen versagen, von extraterrestrischen Sendboten (Sonden) bis hin zu Besuchern aus der Zukunft. Sie umfaßt im wesentlichen folgende wichtigen Hypothesen:

1. Psychische Projektionen Lebender im Bewußtsein einer Person (Phantasievorstellungen)
Hierunter haben wir die von C. G. Jung postulierten »Projektionen einer Mehrzahl psychischer Ganzheitsbilder« zu verstehen – sogenannte Mandalas –, die von ihm als archetypische Bilder, als Symbole des Selbst angesehen werden.
Gegenargument: Die Hypothese wird durch Radarortungen

---

* Der Kausalität – der natürlichen Abfolge von Ereignissen – zuwiderlaufendes und dadurch nie zustande kommendes Geschehen (Wirkung käme *vor* Ursache). Nach der herkömmlichen Auffassung ist die Zeitreise mit dem Kausalitätsprinzip nicht in Einklang zu bringen.

und Sichtungen von Objekten durch mehrere Personen zur gleichen Zeit weitestgehend entkräftet.

2. Erscheinungen Verstorbener
Diese, vor allem von Spiritualisten vertretene Auffassung, könnte in Einzelfällen zutreffen.
Gegenargument für das Gros der Sichtungen: Erscheinungen dieser Art manifestieren sich direkt und bedürfen nicht des »Umweges« über ein physikalisches Objekt (Ufo).

3. Extraterrestrische Besucher
Die bis vor wenigen Jahren am häufigsten vertretene Hypothese, daß wir es hier mit Wesen von »anderen Sternen« zu tun haben, wurde vorwiegend durch die Schilderung technischer Details und durch »Gespräche« zwischen Ufonauten und sogenannten Kontaktlern unter der Erdbevölkerung gestützt.
Gegenargumente für das Gros der Sichtungen: Die Größe des Universums und die riesigen Entfernungen etwaiger raumfahrender Außerirdischer von unserem ziemlich bedeutungslosen Randplaneten sprechen gegen die extraterrestrische Hypothese. Häufige Besuche von Extraterrestriern – man denke nur an die vielen Ufo-Sichtungen im Verlaufe eines Jahres – wären schon aus logistischen Gründen völlig undenkbar, immer vorausgesetzt, daß sich diese »Astronauten« solcher Transporttechniken bedienen, die von unseren Wissenschaftlern nicht direkt als utopisch bezeichnet werden. Auf die Unhaltbarkeit der extraterrestrischen Hypothese werden wir später noch in anderem Zusammenhang zurückkommen.

4. Wesen aus Parallel- und Antimateriewelten
Besuche von Entitäten, die aus Universen, parallel zum unsrigen (sog. Spiegeluniversen, deren Existenz von der Fachwelt für möglich gehalten wird) stammen oder die in einer Welt aus

Antimaterie* zu Hause sind, wären zwar risikoreich, aber mit Hilfe von uns nicht bekannten Techniken dennoch denkbar. Gegenargument: Warum sollten sich diese Entitäten eigentlich bei uns manifestieren? Die Gegebenheiten in Spiegel- oder Antimateriewelten (Antiwelten) entsprächen, wie wir später noch erfahren werden – spiegelverkehrt oder in umgekehrter Folge – ohnehin denen bei uns.

5. *Wesen höherer Dimensionalität*

Wesen, die sich aus mehr als vier Dimensionen zusammensetzen (Supradimensionale), könnten sich mittels fortentwickelter paraphysikalischer Projektionstechniken in unsere Welt projizieren, also dreidimensional erscheinen. Vergleich: Auch wir vermögen als dreidimensionale Wesen einen zweidimensionalen Schatten zu produzieren, d. h., wir projizieren uns in eine zweidimensionale Schatten-»Seinsebene«.

Abwägen der Argumente: Bloßes Beobachten unserer Welt wäre ohne jeden Sinn, da unsere Existenz für Wesen aus höherdimensionalen Seinsbereichen nahezu irrelevant erscheint. Vergleich: Für den Benutzer einer Gabel sind Abweichungen im Feingefüge des verwendeten Metalls völlig bedeutungslos. Eingriffe in den größeren historischen Ablauf des Weltgeschehens sind aus Gründen einer bereits stattgefundenen »Programmierung« – den von Geburt an festgeschriebenen Verlauf unseres Schicksals – ohnehin unmöglich. Anpassungsprozesse zur Milderung von »Härtefällen« wären jedoch denkbar. Superzivilisationen würde dann eine Art »Lenker«-Rolle begrenzten Ausmaßes zufallen. Vergleich: Auch wir greifen durch chemisch-pharmazeutische Abwehrmaßnahmen prä-

* Materie mit umgekehrten Ladungsverhältnissen im Atom. Ihre Atomhülle besteht aus sog. Positronen, elektrisch positiv geladenen Teilchen (bei normaler Materie aus elektrisch negativ geladenen Elektronen). Der normalerweise elektrisch positiv geladene Atomkern besitzt bei der Antimaterie eine negative Ladung.

ventiv in die Geschehenswelt von »nahezu zweidimensionalen« Mikroorganismen ein.

6. *Zufällige Projektionen aus Vergangenheit oder Zukunft*
Zufällige, durch physikalische Anomalien hervorgerufene willkürliche Erscheinungen. Diese Hypothese könnte für gewisse
Nicht-Ufo-»Erscheinungen« zutreffen.
Gegenargument: Hinter Ufo- und verwandten Sichtungen verbirgt sich meist ein intelligentes Prinzip. Objekte werden häufig
als »plastisch-materiell« und/oder »intelligent-gesteuert« bezeichnet, was am Zufallscharakter erhebliche Zweifel aufkommen läßt.

7. *Zeitfahrer-Hypothese*
Unseren Enkeln gelingt die Manipulation der Zeit. Mit Hilfe
paraphysikalischer Methoden (Neutralisieren der vierten Dimension) werden Versetzungen in Zukunft und Vergangenheit
möglich. Dabei bleibt offen, ob Zeitreisende bei ihrem Auftauchen zu einer bestimmten Zeit vollkörperlich, oder – nach unseren Begriffen – nur als »materielle Projektionen« in Erscheinung treten. Rückwärtseingriffe in den geschichtlichen Ablauf
erscheinen wegen der dadurch evtl. verursachten *Paradoxa* auf
den ersten Blick unmöglich. Daß Zeitreiseaktivitäten dennoch
nicht passiv zu verlaufen brauchen, daß es Paradoxa gar nicht
geben kann, soll in einem späteren Kapitel dargelegt werden.
Argumente für Zeitfahrer-Hypothese: Häufigkeit des Auftre-
tens von Ufos; zunehmendes Interesse unserer Wissenschaftler
am Phänomen »Zeit«; systematische Durchlöcherung physikalischer Dogmen; verständliche Neugier unserer Nachfahren
für den eigentlichen Ablauf unserer Geschichte (Studien »vor
Ort« und »vor Zeit«).

Die in diesem Kapitel »für und wider« angeführten Argumente
als umfassend zu bezeichnen, wäre sicher unzutreffend. Dem Au-

tor geht es vor allem darum, durch Zusammentragen und Gegen-
überstellen von bekannten Fakten einerseits und bislang kaum ge-
äußerten, unorthodoxen Hypothesen andererseits, neue Wege
zur Lösung des Ufo-Phänomens aufzuzeigen. Es ist ohne weiteres
denkbar, daß die hier geschilderten Phänomene verschiedenen
Ursprungs sind, daß also zur Klärung des jeweiligen Geschehens
eine Hypothese allein nicht ausreicht. Vieles deutet allerdings
darauf hin, daß es sich bei einem Großteil der in aller Welt gesichteten, von Radargeräten georteten und von Militärflugzeugen verfolgten mysteriösen Objekte um Maschinen handelt, die Bewegungen »in der Zeit« durchzuführen vermögen.

In den folgenden Kapiteln soll dargelegt werden, welche Möglichkeiten der *Zeitreise* sich uns in der Zukunft eröffnen könnten
und warum man nahezu lichtschnelle Flüge (z. B. mit sog. Photonenraketen) durch unsere Raum-Zeit-Welt nicht mit echten Zeitreisen unter Zuhilfenahme eines übergeordneten Universums
(des Hyperraumes) gleichsetzen darf. Auf ein wenig Theorie können wir hierbei leider nicht verzichten.

III   Unsichtbare Welten

> *»Gescheite Leute«, sagte der Zeitreisende, »wissen ganz*
> *genau, daß Zeit nur eine Art Raum ist.«*
>
> H. G. Wells, *Die Zeitmaschine*

Paradoxes

Der relativistische Raumflug, d. h. die Bewegung eines Raumfahrzeuges mit Geschwindigkeiten ab etwa 90 Prozent der Lichtgeschwindigkeit (rd. 270 000 km/s) im sogenannten Einstein-
Universum, in dem, wie im subatomaren Bereich, Begriffe wie
Raum, Zeit und Kausalität eine andere Bedeutung erlangen, birgt
interessante Möglichkeiten zur indirekten Überwindung der Zeit.

Wenn wir unter Einsatz unkonventioneller Antriebssysteme bei
biologisch vertretbaren Dauerbeschleunigungen schließlich derart extrem hohe Geschwindigkeiten erreichen – Werte, die der
Lichtgeschwindigkeit schon verhältnismäßig nahe kommen –
operieren wir bereits in dem von Einstein und Minkowski relati-
vierten Universum, in dem der Raum gekrümmt ist und die Zeit, je
nach Standort des Beobachters, verlangsamt oder beschleunigt
wird. Der in den Weiten des Alls entschwindende Astronaut altert
demnach, abhängig von der gewählten Beschleunigung des
Raumfahrzeuges, wesentlich langsamer, als das auf der Erde zu-

rückbleibende Bodenpersonal (sog. *Zwillingsparadoxon*). Die durch den relativistischen Raumflug gegebenen Möglichkeiten der Zeitüberbrückung durch Zeitdehnung (Zeitdilatation) sind, unter Abzug der an Bord verbrachten Jahre, ausschließlich auf Reisen in die Zukunft beschränkt. Sie ermöglichen weder die Herstellung des früheren Zeitstatus unserer Astronauten noch Reisen in die Vergangenheit und erfüllen damit nicht die Kriterien einer echten Zeitreise. Zeitreisen setzen viel höhere Geschwindigkeiten als die des Lichtes bzw. völlig neue »Transporttechniken« voraus. Nur auf diese Weise ließen sich »Bilder« vergangener Ereignisse einfangen, verflossene Vorgänge beobachten und möglicherweise sogar Eingriffe in anderszeitiges Geschehen bewerkstelligen.

Untersuchen wir zunächst einmal die beschränkten Möglichkeiten des relativistischen Raumfluges. Wie kommt es überhaupt zur Zeitdehnung an Bord eines Raumschiffes, zum sogenannten *Uhrenparadoxon*?

Das Uhrenparadoxon läßt sich noch am ehesten an unstabilen Elementarteilchen, z. B. an den My-Mesonen, erläutern. Diese mittelschweren Masseteilchen kommen in der natürlichen Höhenstrahlung vor; sie lassen sich aber auch experimentell erzeugen. Die in der Höhenstrahlung enthaltenen My-Mesonen weisen – von der Erde aus gemessen – jedoch stets eine viel größere Lebensdauer als die künstlich erzeugte Mesonen-Spezies auf. Das gab zu denken. Durch Messungen stellte man fest, daß die sogenannten kosmischen Mesonen fast mit Lichtgeschwindigkeit (annähernd 300 000 km/s), die experimentell erzeugten indes wesentlich langsamer fliegen. Sie durchlaufen das Hundert- bis Tausendfache dieser Strecke, ohne zu zerfallen, da ihre Lebensdauer durch die Zeitdilatation – von der Erde aus beobachtet – um einen von dem holländischen Physiker Hendrik Lorentz errechneten Faktor $k = 1/\sqrt{1 - (v/c)^2}$ vergrößert wird (v = Mesonengeschwindigkeit, c = Lichtgeschwindigkeit). Dieser verzögerte Zerfall von Mesonen höchster Geschwindigkeit bestätigt unter anderem das zuvor erwähnte Einsteinsche *Zwillingsparadoxon*. Wenn nämlich ein Raumfahrer mit hoher Geschwindigkeit die Erde verläßt und nach einiger Zeit auf einer geschlossenen Bahn zurückkehrt, so wird ein Beobachter auf der Erde, der Relativitätstheorie entsprechend, feststellen, daß die Uhr des Raumfahrers nachgeht, daß dieser demnach quasi jünger ist, als nach der irdischen Uhr gemessen. Betrachtet man aber den Vorgang aus der Sicht des Raumfahrers, so bewegt sich der Beobachter auf der Erde in Richtung des Raumschiffes. Folglich müßte er feststellen, daß der Beobachter auf der Erde weniger gealtert ist. Wie ist dieser Widerspruch zu verstehen?

Nach Einstein beruht dieses Paradoxon auf der falschen Annahme, daß für das Raumschiff dieselben Verhältnisse gelten wie für den erdgebundenen Beobachter. Gerade das ist jedoch nicht der Fall, denn das Raumfahrzeug muß, um zur Erde zurückzukehren, seine Richtung ändern. Dies erfordert eine Beschleunigung, die der Astronaut z. B. als Zentrifugalkraft spüren kann. Beobachter und Raumschiff sind in dieser Hinsicht also keinesfalls in der gleichen Situation. Genaue Untersuchungen bestätigen die Richtigkeit der Theorie: Für den Raumfahrer vergeht die Zeit wirklich langsamer; er wird nach seiner Rückkehr tatsächlich jünger als der Beobachter auf der Erde sein. Diese aus der Relativitätstheorie gezogene Folgerung zeigte sich bei einem CERN-Experiment[29] eindeutig an der längeren Lebensdauer der im Speicherring des dortigen Teilchenbeschleunigers mit nahezu Lichtgeschwindigkeit umlaufenden Partikeln. Man hat diesen Effekt bereits vor etwa 8 Jahren mit Hilfe hochpräziser Atomuhren einwandfrei nachgewiesen. Diese Uhren befanden sich damals an Bord schneller Düsenflugzeuge, die die Erde in verschiedenen Richtungen umrundeten. Nach ihrer Rückkehr zeigten die Uhren – der Einsteinschen Theorie entsprechend – unterschiedliche Zeiten an.

Interstellare Reisen dürften erst durch die Entwicklung nahezu lichtschneller Raumfahrzeuge (mit Photonentriebwerken) realisierbar sein. Sie könnten aufgrund der relativistischen Zeitver-

schiebung eine Expedition zum etwa 4,27 Lichtjahre entfernten
Stern Alpha Centauri, die mit nuklear betriebenen Fahrzeugen rd.
600 Jahre in Anspruch nehmen würde, auf etwa 7 Jahre verkür-
zen. In der folgenden tabellarischen Übersicht[30] sind die im Verlaufe von Reisen unterschiedlicher Länge verstreichenden Bord-
und Erdjahre zueinander in Beziehung gesetzt. Man ging davon
aus, daß die andauernde und konstante Beschleunigung sowie die
bei der Rückkehr erfolgende Bremsung 1 g (Maßeinheit für die
Beschleunigung) beträgt:

Dauer für Hin- und Rückreise		Hierbei bewältigte Entfernungen
Bordjahre	Erdjahre	Lichtjahre
1	1	0,06
2	2,1	0,25
5	6,5	1,7
10	24	10
15	80	37
20	270	137
30	3 100	1 560
40	36 000	17 500
50	420 000	208 000
60	5 000 000	2 470 000

Die Tabelle zeigt, daß sich erst bei zehn und wesentlich mehr
Bordjahren das Phänomen der Zeitdilatation – die Differenz zwischen den an Bord eines Raumfahrzeuges verbrachten und den
mittlerweile auf der Erde verstrichenen Jahren – in vollem Umfang bemerkbar macht. Unter Zugrundelegung der hier aufgeführten Vergleichswerte würde z. B. die Reise zum Zentrum der
Milchstraße und zurück 38 Jahre, die zum Andromedanebel
(schätzungsweise rd. 2 Mio. Lichtjahre entfernt) nur ganze 52 Jahre in Anspruch nehmen.

Gelegentlich hört man den Einwand, daß die »biologische« von der »physikalischen« Zeit verschieden sei. Beim Vergleich von Organismen unterschiedlicher Zusammensetzung könnte eine solche Divergenz tatsächlich Bedeutung erlangen. Baut aber die Physiologie auf gewissen gemeinsamen chemisch-physikalischen Gesetzmäßigkeiten auf, wie dies beim Menschen der Fall ist, dann muß auch der Gesamtorganismus den Prinzipien der Relativitätstheorie unterworfen sein. Mit anderen Worten: Die Atome der für das Raumfahrzeug benutzten Werkstoffe, die Körperzellen der Astronauten, die mitgeführten Lebensmittelvorräte – für all dies dehnt sich die Zeit einheitlich. Aber auch die Atmung, der Herzschlag, die Verdauung, nervliche und Denkprozesse verlangsamen sich ... ein »Pseudo-Dornröschen«-Effekt im Weltraum. Seltsamerweise würde diese Verlangsamung von den Raumfahrern gar nicht einmal bemerkt werden. Die Raumfahrer nähmen täglich »zur gewohnten Zeit« ihre Mahlzeiten ein und suchten nach getaner Arbeit ihre Schlafkojen auf. Niemand würde bemerken, daß sie, im Vergleich zur Erde, die sie verlassen haben, einem neuen Zeitrhythmus unterworfen sind.

Fragt sich nur, mit welchen Mitteln die zur Erzielung des hier skizzierten Zeitdilatationsphänomens erforderlichen Reisegeschwindigkeiten erreicht werden können. Chemische Antriebsaggregate, mit denen sich, nach Professor Eugen Sänger, maximale Reisegeschwindigkeiten von 50 000 km/h (etwa 14 km/s) erzielen lassen, aber auch nuklear-elektrische (bis 100 000 km/h) und elektrische Ionen-Antriebssysteme (max. 500 000 km/h), dürften für den relativistischen Raumflug noch immer zu langsam sein. Dagegen räumt Sänger sogenannten »Photonenraketen« (Antrieb mittels Lichtquanten), zumindest theoretisch, eine Chance ein: »Der Bereich der Photonenraketen geht in den letzten Ausläufern einerseits bis in die Höhen der Fixsterne, andererseits bis in die Wunderwelt der relativistischen Mechanik.«[31]

Der Münchner Diplomingenieur Adolf Schneider, der sich mit der Problematik des lichtschnellen Antriebs gründlich auseinandergesetzt hat, argumentiert schon wesentlich skeptischer: »Wenn wir von einer Photonenrakete mit einer Beschleunigung von 1 g ausgehen und 10 t Nutzlast, 10 t Antriebssystem und 200 t Startgewicht ansetzen, dann brauchen wir eine Leistung von 600 $\times$ 10^6 MW, um in 2 $\times$ 3 Jahren 98 Prozent der Lichtgeschwindigkeit zu erreichen. Das ist etwa das Tausendfache dessen, was die gesamten irdischen Kraftwerke heutzutage produzieren.«[32] Er meint, daß es bei Photonenraketen auch Schwierigkeiten mit geeigneten Schutzmaßnahmen gegen kosmische Strahlung gäbe. Lichtschnelle Raumfahrzeuge wären einem viel stärkeren Strahlen- und Partikelbombardement als konventionelle Vehikel ausgesetzt. Abhilfe könne vielleicht durch ein künstlich erzeugtes starkes Magnetfeld geschaffen werden.

Mit der von einem Ingenieur namens R. W. Bussard konzipierten »interstellaren Rammdüse« würde man für eine Reise zum bereits zitierten nahegelegenen Alpha Centauri und zurück immer noch 38 Jahre benötigen. Die Rammdüse arbeitet nach dem Prinzip eines Fusionsgenerators. Sie verbrennt auf thermonuklearem Wege das mittels eines Schirms am Bug aufgefangene interstellare Gas (vorwiegend Protonen) und stößt das Verbrennungsprodukt mit erhöhter Geschwindigkeit hinten wieder aus. Denkbar wären ferner Raumschiffantriebe mittels Laser-Fusions-Generatoren und reine laserstrahlgetriebene Raketen. Phantastisch mutet auch das Prinzip der bombenangetriebenen Rakete (Projekt Orion) an, bei der am Schiffsheck explodierende Atombomben kräftige Impulse auf die Stoßdämpfer und somit auch auf die Nutzlast übertragen. Solche »brutalen« Antriebssysteme erlauben, nach Schätzung von Experten, Reisegeschwindigkeiten von höchstens bis zu 10 Prozent Lichtgeschwindigkeit (rd. 30 000 km/s).

Nach eingehender Untersuchung aller zur Zeit realisierbarer oder doch theoretisch denkbarer Antriebssysteme kommt A. Schneider zu dem enttäuschenden Schluß, daß Antriebe, die nach dem Impuls-Reaktions-Verfahren arbeiten – also Materieteilchen oder Photonen ausstoßen – für interstellare Reisen praktisch ungeeignet seien. Wichtigstes Handikap ist für ihn die Tatsache, daß die Masse eines Objekts mit steigender Geschwindigkeit immer größer wird und bei Erreichen der Lichtgeschwindigkeit schließlich den Wert »unendlich« annimmt.

Dagegen sieht er im »Prinzip der dynamischen Kontrabarie« des deutschen Physikers Burkhard Heim – und das bedeutet, im gravitativen Antrieb – eine der wenigen Möglichkeiten, raumzeitliche Hürden zu überwinden. Ganz gleich, ob wir – wie von Heim vorgeschlagen – ein »gravitatives Führungsfeld relativ zur Umgebung erzeugen, in dem das gesamte Raumfahrzeug einschließlich der Besatzung eine Relativbeschleunigung erfährt und dadurch mit wachsender Geschwindigkeit von einem Himmelskörper ›wegfallen‹ kann« oder ob wir auf irgendeine Weise – z. B. nach dem Prinzip der sogenannten »Gravitationsschleuder nach Dyson« – das überall im Weltraum vorherrschende Gravitationspotential nutzen, immer wird es sich hierbei um Bewegungen in unserem eigenen bzw. im relativistischen Universum, niemals um »echte« Zeitreisen handeln.

Selbst wenn uns bei hypothetischer Überlichtgeschwindigkeit die Durchquerung des sogenannten »negativen Raumes« gelänge – was einer Rückwärtsbewegung in der Zeit gleichkäme, wie sie schon vor 30 Jahren der deutsche, heute in den USA dozierende Physiker Dr. Kurt Gödel an seinem ersten relativistischen Weltmodell demonstrierte – würden wir von unserem Raum-/Zeitreisefahrzeug aus höchstwahrscheinlich nur Szenen aus unserer Vergangenheit, in der Art eines im Rückwärtsgang ablaufenden Filmstreifens, zu sehen bekommen. Wir würden uns weder körperlich in der Vergangenheit aufhalten noch von den Menschen der vergangenen Zeit bemerkt werden. Da aber die meisten Ufos materiell oder wenigstens halbmateriell-transparent beschrieben werden, sollte man annehmen, daß deren Operateure noch ganz andere Raum-/Zeit-Transporttechniken zur Verfügung stehen.

Echte Bewegungen in der Zeit sind offenbar nur unter Ausschaltung oder Umgehung der vierten Dimension, der Zeit, durch

eine »Kippbewegung« über eine noch höhere Dimensionalität -
den Hyperraum – möglich. Zugänge zu diesem zeitneutralen Universum will einer der bekanntesten Physiker unserer Tage, Professor Dr. John A. Wheeler von der Universität Princeton, in bizarren
kosmischen Gebilden, die er *» Wurmlöcher«* nennt, entdeckt haben. Sie sollen um 20 Größenordnungen kleiner (!) als Kernteilchen, die Bausteine der Atome, sein. Im Jahre 1962 veröffentlichte Wheeler in dem angesehenen Wissenschaftsjournal *Physical
Review* (New York) einen Beitrag mit dem Titel »Kausalität und
vielfältig miteinander verbundene Raum-Zeit«, in dem er darleg-
te, daß die Struktur des Raumes von Löchern durchsetzt sei, die
nichts anderes als Öffnungen zu einem Hyperraum wären, der mit
unserem Raum Seite an Seite existieren würde. Das Wheelersche
Weltmodell sieht unser gesamtes materielles Universum als Rad-
kranz, auf dessen massiver, gekrümmter Oberfläche (der *Geo-
nen-Raumwand*) sich alle Planeten, Sterne und Galaxien befinden. Das Kranzloch symbolisiert den zuvor genannten Hyperraum, ein unseren Vorstellungen nach raum-zeit-neutrales Etwas,
in dem sich alles Geschehen sofort und gleichzeitig (in Nullzeit)
abspielt – eine Vorhölle des Wahnsinns, möchte man meinen.
Wheeler ist der Auffassung, daß Einsteins Konzeption von der gekrümmten Raum-Zeit die Existenz derartiger Öffnungen zum Hyperraum sowie Raum-Zeit-Reisen unter Ausnutzung von Raum-
verwerfungen nicht ausschließt.

Im übrigen bestritt Einstein angeblich kurz vor seinem Tode in
Gegenwart seines Freundes, des bekannten amerikanischen Zoo-
logen Professor Ivan Sanderson – und von diesem Gespräch soll
es sogar eine Tonbandaufzeichnung geben –, jemals etwas anderes behauptet zu haben, als daß bei einer Geschwindigkeit von annähernd 300 000 km/s (Lichtgeschwindigkeit) die Masse eines
Körpers einen unendlich großen Wert annähme. Die Möglichkeit
von Fahrten im »negativen Raum« (bei Überlichtgeschwindigkeit) sei von ihm nie in Abrede gestellt worden. Demnach könnte
eine außerirdische Zivilisation mit profunden Kenntnissen in der

kontrollierten Umwandlung von Materie in Energie (und umgekehrt) vielleicht schon längst das Geheimnis des überlichtschnel-
len Antriebs entdeckt haben. Für sie wären auch De- und Remate-
rialisationsprozesse, künstlich herbeigeführte Teleportationen
sowie Bewegungen durch die von Wheeler postulierte *Geonen-
Raumwand* möglicherweise schon eine Selbstverständlichkeit.

Es hat den Anschein, als ob sich die Wheelerschen »Wurmloch«-Transittunnels im entarteten Schwerkraftbereich jener
»Schwarzen Löcher« bilden könnten, die bei anhaltendem Gravi-
tationskollaps aus Neutronensternen entstehen. Theoretiker vermuten nun, daß materieverschlingende »Schwarze Löcher«, um
die sich der Raum ganz einfach abgekapselt und in ein geschlossenes Universum verwandelt hat, mit materieausstoßenden »Weißen Löchern« – eine Art Ventil – in Verbindung stehen.

Vor etwa 50 Jahren deuteten Einstein und Nathan Rosen die
Möglichkeit der Existenz solcher Raumverwerfungstunnels an.
Diese – heute *Einstein-Rosen-Brücken* genannten Tunnels – wurden durch Wheelers »Wurmloch«-Theorie weiter definiert. Unter Inanspruchnahme des weitverzweigten Transittunnelsystems
zwischen »Schwarzen« und »Weißen Löchern« ließen sich – da
im entarteten Gravitationsfeld Raum und Zeit zu existieren auf-
hören – interstellare und intergalaktische Entfernungen in Nullzeit bewältigen. Mehr noch, diese Tunnels wären, wegen der un-
auflöslichen Verbundenheit von Raum und Zeit, höchstwahrscheinlich ideale Hyperraum-Transportwege für Reisen sowohl
in die Zukunft als auch in die Vergangenheit. Für Hyperraumbe-
nutzer würde die Zeit erst beim Verlassen des »Weißen Lochs«
weiterlaufen. Dieser interessante Aspekt soll später noch ausführ-
licher erörtert werden.

Das Hyperspektrum

Der Hyperraum, das Transituniversum für Zeitreisende, ist ein für unsere Begriffe abstraktes, jedoch mathematisch erfaßbares Gebilde, das sich auch durch vereinfachte Darstellungen nur vage veranschaulichen läßt. Allein seine Bezeichnung als »Raum« widerspricht der Auffassung vom raum-zeitlosen Charakter dieses Abstraktums. Dennoch behielt man diesen Terminus, der mehr im übertragenen Sinne als eine Art »Hilfskonstruktion« zu verstehen ist, bei, um besser an gewohnte Vorstellungsmuster anknüpfen zu können.

Ein einfaches Beispiel soll unsere untergeordnete Position im Kosmos der Dimensionen, unsere Beziehung zum Hyperraum, veranschaulichen helfen: Stellen wir uns vor, wir betrachten unter dem Mikroskop eine Mikrobe und versetzen uns gleichzeitig in die Rolle eines im Hyperraum angesiedelten Beobachters, der unsere Welt und alle in ihr ablaufenden Vorgänge von höherer Warte aus genauso observiert wie wir im Augenblick das winzige Lebewesen vor uns. Der Wassertropfen auf dem Objektträger muß uns wie eine andere Welt erscheinen, losgelöst von unserer Realität. Innerhalb von 30 Sekunden können wir den gesamten Lebenszyklus der Mikrobe – ihre Entstehung, Vermehrung und ihren Tod – verfolgen. Hätte die Mikrobe ein Zeitempfinden, so würden ihr, aufgrund ihrer Winzigkeit, 30 Sekunden vielleicht wie 30 Jahre vorkommen. Das im Wassertropfen eingeschlossene Mikrowesen weiß natürlich nichts vom »Universum« außerhalb seiner unmittelbaren Umgebung. Für die Mikrobe befinden wir uns in einer unbegreiflichen, nicht-existenten »Welt«.

Nichtsdestoweniger würden wir aufgrund unserer »erhabenen Position« sofort etwaige Hindernisse auf dem von der Mikrobe eingeschlagenen Weg bemerken, lange bevor dieses fast zweidimensionale Wesen sie wahrnehmen könnte. Dies würde uns auch zu Voraussagen über ihre unmittelbare Zukunft, ja, sogar zu gewissen, für sie »schicksalsbestimmenden« Eingriffen, befähigen.

So könnte z. B. das Eintauchen einer Nadelspitze in den Wassertropfen in der Mikrowelt Panik hervorrufen. Für die Mikrobe
würde sich plötzlich – sozusagen aus dem *Nichts* – ein für ihre Begriffe völlig unbekanntes, fremdartiges Objekt – ein »Ufo«! – materialisieren. Das Entfernen der Nadelspitze käme dann einem
Dematerialisationsvorgang gleich. Würde man die Mikrobe über
die wahren Zusammenhänge aufklären und ihr zu verstehen geben, daß es außer ihrer Wasserwelt nahezu unendlich viele weitere Welten gebe und daß diese insgesamt nur einen winzigen Teil
des Gesamtvolumens unseres Universums in Anspruch nehmen,
so würde man bei ihr auf Verständnislosigkeit stoßen . . . Ähnlich
hilflos stehen wir auch dem Monstrum »Hyperraum« und der unvorstellbar großen Anzahl von Universen gegenüber.

Da die Existenz des Hyperraumes aufgrund mathematischer
Ableitungen, aber auch in praxi, durch anders nicht erklärbares
Auftreten paranormaler Phänomene, kaum noch angezweifelt
werden kann, stellt sich als nächstes die Frage nach der »Stofflichkeit« dieses Hyperraumes. Um etwas Stoffliches im Sinne unserer
herkömmlichen Definition dürfte es sich hierbei wohl kaum handeln, mehr um etwas Geistig-Feinstoffliches, das sich, infolge seiner höher-dimensionalen Zuordnung, zwangsläufig unserem Zugriff entziehen müßte. Alles Sein, die Materie an sich, läßt sich
physikalisch auf bestimmte Schwingungszustände zurückführen.
Die Vermutung liegt nahe, daß der hypothetische Status der
»Feinstofflichkeit« einem völlig anderen, bislang nicht näher de-
finierten Schwingungszustand zuzuschreiben ist, einem Zustand,
den wir allenfalls medial oder im Schlaf (Traum) erreichen.

Um die Welt des »Feinstofflichen«, der anderen Schwingungszustände, besser verstehen zu können, müssen wir uns zunächst
ein wenig mit dem Wesen und Aufbau des elektromagnetischen
Spektrums befassen. Es ist dies die Skala der bekannten elektrischen Erscheinungen, die sich von den Schwingungen des technischen Wechselstroms bis hin zu denen der Gammastrahlen erstrecken. Vor Marconis erstem epochalen Experiment – der

drahtlosen Signalübertragung im Jahre 1895 (Bologna) – war über die Ausbreitung elektromagnetischer Wellen so gut wie nichts bekannt. Marconis Versuche mit Radiowellen waren zunächst auf den Langwellenbereich beschränkt. Heute wissen wir, daß es ein breites elektromagnetisches Spektrum gibt, mit dessen Auswirkungen wir täglich auf vielfältige Weise konfrontiert werden, sei es durch die Benutzung elektrischer Geräte oder, im visuellen Bereich, durch die Unterscheidung der einzelnen Farben. Frequenz* und Wellenlänge** charakterisieren den jeweiligen Wellentyp und gleichzeitig dessen Standort und Funktion im elektromagnetischen Spektrum. Multipliziert man die Frequenz mit der zugehörigen Wellenlänge, so erhält man stets den annähernden Wert von etwa 300 000 km/s, die Ausbreitungsgeschwindigkeit des Lichtes (c). Zum Errechnen der Frequenz oder der Wellenlänge bedarf es somit immer nur einer dieser Größen.

Wie nebenstehende Tabelle zeigt, erstreckt sich der bis heute erschlossene Teil des elektromagnetischen Spektrums von niederfrequenten Schwingungen (bei Wechselstrom), über technisch erzeugte Radiowellen, optische Bereiche (Licht) und Röntgenstrahlen, bis hin zu harten Gammastrahlen. Rundfunk und Fernsehen benutzen Wellenlängen im Kilometer- bzw. Meterbereich. Radar arbeitet z. B. mit Zentimeterwellen. Diesen folgt im weiteren Verlauf der Infrarot-Bereich (Wärme), der dann zwischen 700 und 400 Nanometer (milliardstel Meter) in das Gebiet des sichtbaren Lichtes einmündet. Dem sichtbaren Teil des Spektrums schließen sich mit Wellenlängen zwischen 10^{-5} und 10^{-7} cm der Ultraviolett-Bereich und mit solchen von nur 10^{-7} bis 10^{-10} cm das Wellenband der Röntgenstrahlen an. Am vorläufig oberen Ende der Skala begegnet man den physikalisch gerade noch erfaßbaren, extrem kurzwelligen Gammastrahlen radioaktiver Elemente. Hier

* Anzahl der Schwingungen pro Sekunde, in Hertz (Hz) gemessen.
** Abstand zwischen zwei Maxima oder zwei Minima der Feldstärke, in cm oder m gemessen.

Frequenzen und Wellenlängen elektromagnetischer Wellen – Elektromagnetisches Spektrum

Benennung	Frequenz Hz	Wellenlänge cm
↑ *Niederfrequenz:*		
technischer Wechselstrom	$3 \cdot 10 \ldots 3 \cdot 10^2$	$10^9 \ldots 10^8$
niederfrequente elektrische Schwingungen	$3 \cdot 10^2 \ldots 3 \cdot 10^4$	$10^8 \ldots 10^6$
Radiowellen (Hochfrequenz):		
lang	$3 \cdot 10^4 \ldots 3 \cdot 10^5$	$10^6 \ldots 10^5$
mittel	$3 \cdot 10^5 \ldots 3 \cdot 10^6$	$10^5 \ldots 10^4$
kurz	$3 \cdot 10^6 \ldots 3 \cdot 10^7$	$10^4 \ldots 10^3$
ultrakurz	$3 \cdot 10^7 \ldots 3 \cdot 10^8$	$10^3 \ldots 10^2$
Mikrowellen	$3 \cdot 10^8 \ldots 1,5 \cdot 10^{12}$	$10^2 \ldots 2 \cdot 10^{-2}$
Licht:		
infrarot	$2 \cdot 10^{11} \ldots 4 \cdot 10^{14}$	$1,4 \cdot 10^{-1} \ldots 7,5 \cdot 10^{-5}$
sichtbar (Licht)	$4 \cdot 10^{14} \ldots 7 \cdot 10^{14}$	$7,5 \cdot 10^{-5} \ldots 4 \cdot 10^{-5}$
ultraviolett	$7 \cdot 10^{14} \ldots 10^{17}$	$4 \cdot 10^{-5} \ldots 3 \cdot 10^{-7}$
Röntgenstrahlen:		
weich	$10^{18} \ldots 5 \cdot 10^{18}$	$3 \cdot 10^{-7} \ldots 5 \cdot 10^{-9}$
mittel	$5 \cdot 10^{18} \ldots 3 \cdot 10^{19}$	$6 \cdot 10^{-9} \ldots 10^{-9}$
hart	$3 \cdot 10^{19} \ldots 10^{20}$	$10^{-9} \ldots 3 \cdot 10^{-10}$
↓ *Gammastrahlen*	$8 \cdot 10^{17} \ldots 4 \cdot 10^{21}$	$4 \cdot 10^{-8} \ldots 7 \cdot 10^{-12}$

spätestens zeigt sich der Teilchencharakter elektromagnetischer Wellen, den de Broglie bereits im Jahre 1923 postuliert hatte. Er forderte nämlich, daß die beim Licht als richtig erkannten Beziehungen zwischen Wellen- und Teilchengrößen (Dualität oder Dualismus genannt), ganz allgemein auch für beliebige andere Teilchen gelten müßten. Anders ausgedrückt: jedem Teilchen mit Impuls und Energie ist analog zur Lichtwelle eine »Materiewelle« zuzuordnen. Hoher Teilchenenergie entspricht im Wellenmodell eine hohe Frequenz, einem hohen Impuls dagegen eine kleine Wellenlänge. So besitzt ein Elektron, das mit einer Spannung von 10 000 Volt beschleunigt wurde und dadurch eine kinetische Energie von $1,6 \cdot 10^{-8}$ erg* aufweist, eine Wellenlänge von $0,12 \cdot 10^{-10}$ cm. Diese Wellenlänge entspricht, gemäß unserer Tabelle, der Länge harter Röntgenstrahlen. Elektronen aber sind wegen ihrer Ladung (weniger wegen ihrer Masse) am Aufbau der Materie maßgeblich beteiligt. Ihre Schwingungen dürften, auf die Gesamtstruktur der Materie übertragen, deren Erscheinungsbild nachhaltig beeinflussen. *Auf sämtliche Bausteine unserer materiellen Welt angewendet, wäre Materie, gleich welcher Konsistenz, demnach letztlich nichts anderes als Schwingung.* Einsteins berühmte Formel zur Berechnung von Masse-Energie-Umwandlungen ($E = m \cdot c^2$) bestätigt auf indirektem Wege diese Feststellung. Und Heraklits zweieinhalb Jahrtausende alte Behauptung »panta rhei« erfährt unverhofft eine physikalische Bestätigung; denn in der Tat: *Alles fließt, alles »schwingt«.*

Seit Jahren bemühen sich Wissenschaftler in Ost und West vergeblich, grenzwissenschaftliche Phänomene wie Telepathie, Hellsehen, Psychokinese, aber auch die der Ufo-Erscheinungen mit dem Wirken elektromagnetischer Wellen zu erklären. Inzwischen wurde die gesamte Skala des elektromagnetischen Spektrums zwar auf alle möglichen Wirkungsmechanismen hin untersucht, doch ohne zu einem positiven Ergebnis zu gelangen.

* Absolute Einheit der Arbeit.

Aus der Elektrotechnik kennen wir den Begriff des »Faraday-schen Käfigs«, einer völlig geschlossenen Umhüllung aus Metall-wänden oder Maschendraht, die gegen äußere Felder, d. h. gegen elektromagnetische Wellen gleich welcher Frequenz, abschirmt. Sowjetische Wissenschaftler benutzten bei ihren 1966 durchge-führten Langstrecken-Telepathieexperimenten, in deren Verlauf mit großem Erfolg unter anderem Entfernungen bis zu 3000 km (Moskau–Nowosibirsk) überbrückt werden konnten, besonders gut abgeschirmte Faradaysche Käfige, die aus einem Eisen-Blei-Verbundplattensystem aufgebaut waren. Die mit diesen Platten verbundenen, übergreifenden Abdeckungen aus Blei endeten am Boden in Rinnen, die Quecksilber enthielten. Dadurch war eine perfekte Abschirmung gegen elektromagnetische Wellen mög-lich. Die Versuchsperson selbst war nochmals in einem Eisenkä-fig untergebracht.

Schon damals mußte der Versuchsleiter, Dr. Leonid Wassiliew, enttäuscht feststellen, daß die Übertragung von »Bio-Informatio-nen« (sowjetische Bezeichnung für Telepathie), trotz der perfek-ten Abschirmung der Versuchspersonen gegen eventuell auf elek-tromagnetischem Wege eintreffende Signale, reibungslos funk-tionierte. Er hatte sich also geirrt: Die elektromagnetische Hypo-these schien nicht zu »funktionieren«, man stand weiterhin vor ei-nem Rätsel.[33]

Professor John Taylor von der Universität London, der mit so-genannten Psychokineten – Medien, die auf psychischem Wege Objekte zu verändern oder bewegen vermögen – arbeitet, kam zu ähnlichen Ergebnissen. Er »versiegelte« die zu verbiegenden Ob-jekte in kleinen Faradaysche Käfigen (Röhren), die – abhängig von der zu untersuchenden Testfrequenz – aus unterschiedlichen Abschirmmaterialien bestanden. Im Verlauf zahlreicher Ver-suchsreihen tastete er mit entsprechenden Meßgeräten alle in Fra-ge kommenden Bereiche des elektromagnetischen Spektrums ab, ohne auch nur den geringsten Hinweis darauf zu finden, daß bei der Psychokinese elektromagnetische Wellen im Spiele seien.

In seinem unermüdlichen Bestreben, den Ursachen psychoki-
netischer Effekte auf den Grund zu gehen, hatte Taylor zuvor
schon andere mögliche PK*-Auslöser gravitativer, nuklearer und
radioaktiver Art untersucht. Die Beeinflussung von Objekten auf
eine mentalgesteuerte Veränderung des Gravitationsfeldes oder
der universellen Gravitationskonstanten zurückzuführen, hielt
Taylor für absolut illusorisch. Er gab zu bedenken, daß das in
Form von Gravitationswellen abgestrahlte Energieniveau eines
Menschen, verglichen mit den für das Verbiegen und Bewegen
von Gegenständen benötigten Kräften, entschieden zu gering sei.

Daß es – allerdings unter ganz anderen Umständen, nämlich
durch Umpolung der Gravitation – dennoch zu einer Feldbeein-
flussung kommen kann, beweisen gut dokumentierte, ebenfalls
nur paranormal erklärbare Levitationsfälle.**

Radioaktive Prozesse dürften – so Taylor – schon wegen der
hiermit verbundenen Aussendung energiereicher, menschliche
Organe und Gewebezellen zerstörenden Alpha-, Beta- und Gammastrahlen, als Erklärung für PK-Phänomene ausscheiden. Auch
sogenannten *Tachyonen* – hypothetischen Teilchen, die sich in einer Welt jenseits der »Lichtmauer« mit Überlichtgeschwindigkeit
rückwärts in der Zeit bewegen – räumt Taylor keine Chance ein.
Theoretische Erwägungen ließen seiner Auffassung nach den
Schluß zu, daß Tachyonen nur im Verlauf extrem energetischer
Reaktionen entstehen können: in der kosmischen Höhenstrahlung bzw. in Teilchenbeschleunigern, wie man sie in der Hochenergiephysik benutzt. Taylor meint, daß sie zur Erklärung paranormaler und PK-Phänomene ebensowenig geeignet seien wie die
zuvor erwähnten Manipulationen von Gravitationsfeldern. In seine Überlegungen bezog er selbst weniger bekannte, ja, sogar hypothetische Elementarteilchen, wie intermediäre Bosonen, Neu-

* Abkürzung für Psychokinese.
** Physikalisch unerklärliches freies Schweben von Personen oder Objekten.

trinos, magnetische Monopole und Quarks, sowie Elektronen, Protonen und Neutronen* mit ein.

Allein auch diese exotischen Teilchen kämen – seiner Überzeugung nach – als Auslöser von PK-Effekten nicht in Frage. Immer scheitert es an irgendwelchen Unzulänglichkeiten der Versuchspersonen oder der Übertragungsmittel:

Die Versuchsperson kann die zur Auslösung eines PK-Effektes notwendigen hohen Energien nicht aufbringen (verstärken);

die energetische Ladung oder Masse der Teilchen ist zu gering;

stärkere Energien (aufgenommene oder erzeugte) könnten sich für Organe oder Gewebe als schädlich erweisen;

Verletzung der Kausalität (Tachyonen);

Manipulationsschwierigkeiten (Neutrinos) usw.

Taylor wandte sich nun erneut der elektromagnetischen Hypothese zu und untersuchte nochmals mit der ihm eigenen Akribie sämtliche Teilbereiche des elektromagnetischen Spektrums. Dabei wurden für die einzelnen in Frage kommenden Frequenzbereiche zeitweilig bis zu vierzehn Detektoren benutzt: Hautelektroden, Elektrometer, Magnetometer, Ringantennen mit Kristalldetektoren, Trichterantennen mit Mikrowellen-Radiometern, Thermopaare in Verbindung mit elektrischen Thermometern, Infrarot- und Ultraviolett-Detektoren usw.

Das angesehene britische Wissenschaftsjournal *Nature*[34] ver-

---

* *Intermediäre Bosonen:* Teilchen mit ganzzahligem Spin; angeblich Übermittler radioaktiver Energien; *Neutrinos:* elektrisch neutrale Elementarteilchen mit Ruhmasse Null; *magnetische Monopole:* magnetische Ladung, analog zur elektrischen Ladung; *Quarks:* Elementarteilchen, aus denen angeblich alle anderen Teilchen aufgebaut sein sollen.

Elektronen, Protonen und *Neutronen* sind Bestandteile des Atoms. Die Atomhülle besteht aus negativ geladenen Teilchen, den *Elektronen.* Im Atomkern, der nahezu die gesamte Masse des Atoms beinhaltet, befinden sich sowohl positiv geladene Teilchen, die *Protonen,* als auch neutrale Teilchen, die *Neutronen;* letztere denkt man sich im wesentlichen aus Protonen und Elektronen zusammengesetzt.

öffentlichte in seiner Ausgabe vom 2. November 1978 die Ergebnisse der Taylorschen Untersuchungen. Für die Anhänger der
elektromagnetischen Hypothese müssen sie ausgesprochen nie-
derschmetternd gewirkt haben. In seinem vorwiegend der Psychokinese gewidmeten Buch *Superminds* faßt Taylor die von ihm
erzielten Resultate nochmals leichter verständlich zusammen:
»Wir fanden während der Biegeprozesse keine konkreten An-
haltspunkte für die Beteiligung elektromagnetischer oder ionisie-
render Strahlung. Auch gab es bei den verformten Proben keinerlei Anzeichen dafür, daß Temperaturerhöhungen oder Strom-
durchgänge stattgefunden hätten. Eines kann jedoch mit absoluter Sicherheit gesagt werden: *Der Geller-Effekt existiert tatsächlich, und er tritt auch auf Distanz in Erscheinung.*«[35]

Wenn sich paranormale und verwandte Phänomene weder auf
biologische, d. h. physisch bedingte, noch auf uns bekannte physikalische Auslösemechanismen und/oder Übertragungsmittel zurückführen lassen, muß man sich fragen, ob es nicht einen anderen, unseren Naturgesetzen übergeordneten modus operandi
gibt, der über ein höherdimensionales Universum – über den Hyperraum – in unsere Welt hineinwirkt. Es geht nicht an, mangels
vernünftiger Arbeitshypothesen, einfach den »nicht-physikali-
schen« Charakter solchen Geschehens zu betonen, um sich so auf
höchst unwissenschaftliche Weise vor etwaigen unliebsamen Fol-
gerungen zu drücken. Zu dieser Erkenntnis war der Begründer
der Astrophysik, der deutsche Professor Johann Karl Friedrich
Zöllner, bereits im Jahre 1877 gelangt, als er sich, um die Existenz
einer übergeordneten, vierten Dimension zu beweisen, mit seinen
berühmt gewordenen Knotenexperimenten (das Schlagen von
echten Knoten in einen geschlossenen, endlosen Faden bzw. Lederstreifen) den Unwillen seiner weniger einfallsreichen Fachkollegen zuzog.[36] Um die von Zöllner mehr intuitiv durchgeführten
Experimente besser verstehen zu können, wenden wir uns wieder
dem elektromagnetischen Spektrum zu.

Bei aufmerksamer Betrachtung des elektromagnetischen Spektrums wird man sich alsbald dessen Unvollständigkeit bewußt. Wohin bewegen sich die »Skalenpfeile« des Spektrums am oberen oder unteren »Ende« weiter? Was kommt eigentlich *vor* den außerordentlich langsamen Schwingungen des technischen Wechselstroms oder *hinter* denen der sehr harten Gammastrahlen?

Analog zum elektromagnetischen Spektrum gibt es offenbar ein Hyperspektrum, in dem hyperfrequente Schwingungen den jeweiligen Stofflichkeitsgrad der für uns nicht sichtbaren, höherdimensionalen (und damit feinstofflichen) Welten bestimmen – Universen, deren Existenz durch paranormales Geschehen und seltsame Vorgänge in den Grauzonen des Subatomaren täglich aufs neue unter Beweis gestellt wird.

Mit Hilfe eines einfachen Beispiels aus der Hochfrequenz-Technik (Modulation elektromagnetischer Wellen) sollen gravierende Unterschiede zwischen unserem bekannten elektromagnetischen Spektrum und dem Hyperspektrum aufgezeigt werden.

In der Rundfunktechnik unterscheidet man zwischen zwei Arten der Modulation unmodulierter Senderwellen (siehe Abbildung 3): zwischen der Amplitudenmodulation und der etwa bei UKW-Sendungen angewandten Frequenzmodulation. Bei der Amplitudenmodulation drückt man den hochfrequenten Schwingungen (1) Schallwellen (2), d. h. Sprache und Musik, auf und sendet diese im Zustand (3) zum Empfangsgerät. Bei der Frequenzmodulation wird dagegen die Sprach- oder Musikwelle dadurch auf die hochfrequente Senderwelle übertragen, daß man diese, je nach Tonhöhe, ähnlich wie bei einer Ziehharmonika, einmal stärker und ein anderes Mal schwächer zusammenpreßt (4). Analog hierzu könnte man die Schwingungen alles Materiellen (unser ganzes Universum und das Geschehen in ihm) mit der Amplitudenmodulation, den Bereich des im Hyperraum vorkommenden Feinstofflichen dagegen mit dem ganz anderen Schwingungsprinzip der Frequenzmodulation vergleichen. Alle mit unseren Sinnen erfaßbaren Objekte und Vorgänge würden nach die-

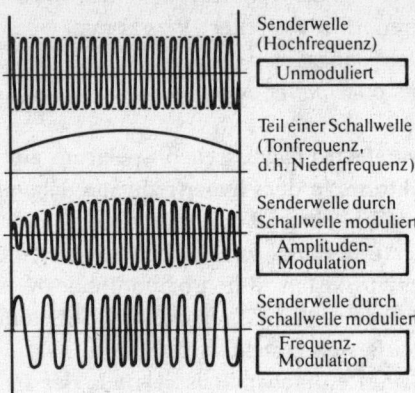

Abb. 3: *Vergleich zwischen Amplituden- und Frequenzmodulation.*

ser Analogie auf amplitudenmodulierten Schwingungen aufbauen. Dagegen würde alles für uns Unsichtbare, der Anderen Realität zugehörige, auf frequenzmodulierten Schwingungen beruhen.

Wenn wir nun davon ausgehen, daß es außer unserem Universum noch zahlreiche andere, vielleicht sogar unendlich viele höher- oder andersdimensionale Welten (Seinsebenen) gibt, so müßten dort notwendigerweise andere Schwingungsverhältnisse herrschen. Diese Seinsebenen könnten aufgrund unterschiedlicher Schwingungsverhältnisse, ohne sich gegenseitig in die Quere zu kommen, miteinander koexistieren. Ein anschauliches »nahtloses« Modell bietet sich an, das sowohl unser elektromagnetisches Spektrum, als auch ein dimensional angehobenes, spiralartig nach oben verlaufendes Hyperspektrum enthält (siehe Abbildung 4).

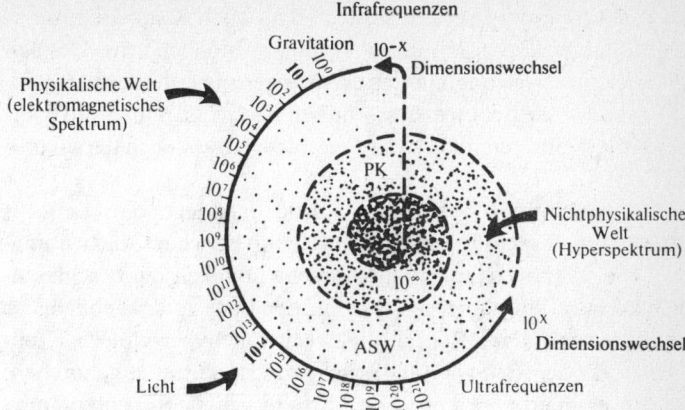

Abb. 4: *Das Hyperspektrum.*
ASW: Bereich der außersinnlichen Wahrnehmungen; PK: Bereich der psychokinetischen Phänomene; $10^x \rightarrow 10^\infty \rightarrow 10^{-x}$: *Hyperspektrum.*

Auf der äußeren Linie der Spiralskala liegen die in unserem Universum vorkommenden Frequenzbereiche, die sich von etwa 10^1 (ganz lange Wellen) bis etwa 10^{24} (ganz kurze Wellen) erstrecken. Bei etwa 10^{-x} (einer noch nicht ermittelten Zahl) – an der Grenze zwischen Materiellem und »Immateriellem« – könnten möglicherweise die Auslöser der Gravitationswellen angesiedelt sein. Bei 10^{-x} (oben) und 10^∞ (unten) werden vom Autor stetige Übergänge zur Anderen Realität, zum Hyperraum, vermutet. Der unendlich große »Bereich« zwischen beiden Extremen (10^{-x} bis 10^∞), d. h. der innere Sektor der Spirale, wäre dann als Hyperspektrum, als mögliche Quelle paranormaler und verwandter Phänomene zu bezeichnen. Innerhalb dieses Hyperspektrums könnte es spezifische Frequenzen für Telepathie, Hellsehen, Präkognition, Levitation, Psychokinese, genausogut aber für gewisse

Zeitanomalien und -manipulationen geben. Über dieses höherdimensionale Frequenzband sollten somit auch Kontakte unserer
zeitreisenden Enkel mit ihren Vorfahren möglich sein. Desglei-
chen könnten – so unglaublich dies klingen mag – höherdimensio-
nal organisierte Lebewesen aus diesen Bereichen mittels raffinier-
ter Projektionstechniken zu uns »vordringen«, sich materiell projizieren.

Im Abschnitt »Paradoxes« wurde dargelegt, daß sich ein
Astronaut, der sein Raumschiff mit relativistischer Geschwindigkeit (bei Werten nahe der Lichtgeschwindigkeit) zu beschleunigen vermag, langsamer als sein auf der Erde zurückgebliebener
Partner durch das »Zeitfeld« bewegt. Für hyperschnelle »Teilchen«, die dem Schwingungsprinzip des Hyperraums gehorchen,
dürfte es überhaupt keine Zeitbarriere geben. Sie entkommen
dem »Zeitfeld« oder werden von diesem erst gar nicht beeinflußt.
Gelänge es nun, Teilchen aus unserem Universum in hyperschnelle Schwingungen zu versetzen, so würden sich diese vor unseren Augen ganz einfach entmaterialisieren, sozusagen im *Nichts*
verschwinden. Die *Andere Realität* hätte sie aufgenommen.

Koexistierende Realitäten

Die Behauptung, daß man durch Erhöhen der Eigenschwingungen auf Werte jenseits des heute bekannten elektromagnetischen
Spektrums Materieteilchen zum Verschwinden bringen könne,
wird manchem von uns irreal und undurchführbar erscheinen.
Für unsere im Dreidimensionalen verankerten Sinne, für eine u. a.
vom Erhaltungssatz der Energie festgelegten Physik, gibt es kein
Verschwinden, allenfalls Umwandlungen und Übergänge. Daß
es sich beim »Herausschwingen« aus unserem Raum-Zeit-Kontinuum hinein in eine *Andere Realität* ebenfalls nur um einen
Übergang handelt, will niemandem sogleich einleuchten.

Das Wort »verschwinden« löst bei uns zwangsläufig die Frage

nach dem »Wohin« aus, stets in der Annahme, daß sich abhanden gekommene Objekte oder vermißte Personen noch irgendwo in unserer Welt aufhalten, und daß es für ihr Verschwinden eines Tages eine ganz »natürliche« Erklärung geben wird.

Gelegentlich erweist sich diese Annahme jedoch als trügerisch: In der Zeit zwischen 1940 und 1950 verschwanden in der Nähe des amerikanischen Städtchens Mt. Glastonbury (Vermont) mehrere Personen auf mysteriöse, bislang ungeklärte Weise. Einer von ihnen war der fünfundsiebzigjährige Middie Rivers, der die dortige Gegend wie seine Westentasche kannte und sich daher gelegentlich als Fremdenführer betätigte. Am 12. November 1945 begleitete er wieder einmal eine Touristengruppe durch unwegsames, gebirgiges Gelände. Niemand ahnte, daß dies seine letzte Führung sein sollte. Rivers verschwand ganz plötzlich vor den Augen seiner zu Tode erschrockenen Begleiter, die sich zu diesem Zeitpunkt nur wenige Meter hinter ihm befanden. Obwohl kurze Zeit später Polizeibeamte und Hunderte von Freiwilligen nach ihm suchten, konnten nicht einmal Überbleibsel der von ihm mitgeführten Habseligkeiten gefunden werden.

Fünf Jahre später ereignete sich in Mt. Glastonbury selbst ein ähnlicher Zwischenfall, für den es bis heute noch keine plausible Erklärung gibt. Ein Mr. Jepson hatte seinen achtjährigen Sohn Paul für nur wenige Minuten allein im Auto zurückgelassen, um ganz in der Nähe ein paar Besorgungen zu machen. Als er kurz darauf zurückkam, war sein Sohn verschwunden. Niemand hatte ihn aussteigen sehen. Die sofort eingeleitete Suchaktion verlief wie üblich: Polizei im Großeinsatz, Spürhunde, die an einer bestimmten Stelle die Witterung verloren, hilfsbereite zivile Suchtrupps, ein paar Gerüchte und Mutmaßungen . . . Ergebnis negativ. Paul Jepson war und blieb verschwunden, so, als ob er sich in Luft aufgelöst habe. War auch er vielleicht durch eine Kette verhängnisvoller, physikalisch nur schwer erklärbarer Ereignisse aus unserem Raum-Zeit-Kontinuum herausgekippt, um dann augenblicklich in einem parallel zu unserer Welt existierenden Universum oder gar in einer höheren Dimensionalität aufzutauchen? Oder war er über den unsere Seinsebene durchdringenden, allgegenwärtigen Hyperraum in eine andere Zeit verschlagen worden? Wurde er vielleicht zu einem *Zeitreisenden wider Willen?* Die Andere Realität hat viele Gesichter.

Der in München ansässige Naturwissenschaftler Professor Dr. Karlheinz Nasitta vermutet, » . . . daß es zur Existenz des Menschen erforderlich ist, das vierdimensionale Raum-Zeit-Kontinuum (kurz: 4DRZK) als nicht abgeschlossen zu betrachten und einen nichtstofflichen, nicht physikalisch-chemischen, zumindest fünfdimensionalen *Überraum* zu postulieren, in dem das gekrümmte 4DRZK eingebettet ist«. Weiter heißt es bei ihm: »Dieser hier nachgewiesene nichtmaterielle Hyperraum (kurz: NmHR), in den der Mensch hineinreicht, und mit dem er ständig interaktiv lebt, ist durchaus keine auf den Menschen beschränkte Sonderheit, denn schon Pascual Jordan hat sich durch gewisse Versuche mit ultraviolettem Licht zu dem Schluß veranlaßt gesehen, daß Mikroorganismen nicht wie Maschinen reagieren und über Kategorien verfügen, die nicht aus dem 4DRZK stammen können.«[37,38]

Daß es eine höherdimensionale Struktur wie den Hyperraum schon vor dem »Urknall«, dem Entstehen unserer physikalischen Welt, gegeben haben muß, entspräche den Gesetzen der Logik. Er müßte die Matrix gewesen sein, um die herum das materielle Universum »kristallisierte«. Der »Urknall« war offenbar nur eine Spätfolge dieses Kondensationsvorganges, bei dem sich Feinstoffliches aus einer höheren Dimensionalität zu Grobstofflichem verdichtete. Ohne Materiebausteine wäre kein »Big Bang« möglich gewesen. John A. Wheeler, der, wie wir bereits erfahren haben, mit seinem »Wurmloch-Universum« ein modernes, relativistisches Weltmodell entworfen hat, ist übrigens ebenfalls der Auffassung, daß unser physikalisches Universum auf etwas bereits Bestehendem – eben jenem Hyperraum – aufbaut.

Trotz dieser, mit viel Geschick und Sachkenntnis in unsere materielle Wirklichkeit hineinprojizierten Modellentwürfe, vermögen wir noch nicht so recht die Wechselbeziehung zwischen unserer Welt und dem Hyperraum bzw. anderen Universen zu erkennen. Lösen wir uns daher ein wenig von abstrakten Erwägungen und begeben wir uns in eine Welt, die wir besser zu überschauen vermögen . . . eine Welt, deren Bewohner – ähnlich wie Schatten – aus nur zwei Dimensionen (Länge und Breite) bestehen. Nehmen wir einmal an, diese zweidimensionalen Wesen (Flächenwesen) hätten ebenfalls eine ihrer Situation angepaßte Relativitätstheorie entwickelt. Müßten sie »Besuch« aus einer anderen Dimension (der Höhe) nicht ebenso merkwürdig empfinden wie wir, wenn wir uns plötzlich irgendwelchen Erscheinungen gegenübersehen?

Diese Flächenlandbewohner könnten sich beispielsweise unter den für sie »höherdimensionalen Objekten« – die Andere Realität des Dreidimensionalen –, wie Würfel, Pyramiden und Kugeln absolut nichts vorstellen. Im Flächenland würde jede in sich geschlossene Kurve (z. B. ein Kreis) die von ihr umschlossene Fläche – ihre Welt – hermetisch von der Außenwelt (Fläche außerhalb des Kreises) abriegeln. Um in diese 2D-Welt zu gelangen, müßte sich ein außerhalb des Kreises befindlicher Flächenlandbewohner schon in die für ihn unvorstellbare dritte Dimension, die Höhe, begeben. Nach Überwindung der »Kreislinienmauer« würde der Eindringling vor den »Augen« verblüffter Flächenlandbewohner innerhalb des Kreises plötzlich aus dem Nichts entstehen. Ähnliches erleben wir oft bei Ufo-Sichtungen, und gerade dieser Materialisationsvorgang läßt Rückschlüsse auf deren Herkunft bzw. Operationsprinzipien zu. Für Flächenwesen würden Dinge, die wir in ihre Ebene verbringen oder hinüberprojizieren »flächenhaft-materiell« erscheinen; sie würden plötzlich auftauchende Linien feststellen und mit Hilfe ihrer Geometrie eventuell auch Krümmungen am »eingetauchten Objekt« berechnen können. Hieraus würden sie vielleicht schließen, daß die seltsame Erscheinung flächenhaft wäre.

Wissenschaftler dieser 2D-Welt, die eine eigene Flächenwelt-Relativitätstheorie postuliert haben, könnten aufgrund des plötzlichen unerklärbaren Auftauchens eines Objekts behaupten, daß da noch eine weitere Dimension – Höhe genannt – wäre, die in Verbindung mit ihren Flächen, ein gar sonderbares Gebilde (z. B. einen Würfel) ergäbe. Dieses Objekt wäre etwas für Flächenwesenbegriffe Seltsames, nach den Gesetzen der Flächenweltmathematik aber durchaus Denkbares, wenn man es sich nur in eine bestimmte Richtung (wohin wissen sie nicht) erweitert denkt.

Würden wir durch eine Papierfläche – die Welt der Flächenwesen – einen Finger stecken, dann wäre der »Eindringling« für sie sogar materiell spürbar (»vollmaterialisiert«). Projizierten wir ihn mittels einer Lichtquelle (als Schatten) in die Ebene dieser Wesen, dann könnten die Zweidimensionalen diese Projektion zwar »sehen«, sicher aber nicht »spüren«. Das Gebilde wäre für sie »halbmateriell«, zwar sichtbar, aber nicht greifbar. Es erschiene ihnen wohl materiell, wäre aber dennoch immateriell. Analoge Beziehungen dürften zwischen uns und den Ufos bestehen; sie erscheinen zwar materiell, sind es aber offenbar dennoch nicht.

Vernunftbegabte Zweidimensionale mit Kenntnissen in der Flächenwelt-Relativitätstheorie müßten bald erkennen, daß asymmetrische, flächige Gebilde (z. B. schiefwinklige Dreiecke) nur durch Umkippen oder Umstülpen – also unter Inanspruchnahme der in ihre Welt nicht einbezogenen dritten Dimension, der Höhe – zur Deckung gebracht werden können.

Ähnlich hilflos stehen wir der Aufgabe gegenüber, Körper zur Deckung zu bringen, die wohl in ihren Seiten und Winkeln übereinstimmen, jedoch spiegelverkehrt symmetrisch aufgebaut sind. Versuchen wir doch einmal, einen rechten und einen linken Handschuh zur Deckung zu bringen, so daß Daumen auf Daumen und *beide* Innenflächen nach vorn weisen. Aufgrund der spiegelverkehrten Beschaffenheit des Handschuhpaares ist dies, trotz vollkommener Kongruenz beider Teile, unmöglich. Das bedeutet: Dieses Problem ist zumindest innerhalb unserer dreidimensionalen Welt nicht zu lösen. Uns fehlt ganz einfach die vierte Dimension, in die wir mit einem der Körper ausweichen können, um diesen von dort aus mit dem in unserer Welt zurückgebliebenen Körper zur Deckung zu bringen. Würde jemand diese oder eine ähnliche Aufgabe lösen, so käme das einem indirekten Beweis für die Existenz einer vierten Dimension und des Hyperraums gleich.

Der schon zitierte Astrophysiker Johann Karl Friedrich Zöllner vermochte mit Hilfe des bekannten englischen PK-Mediums Henry Slade, diesen Beweis zu erbringen. Einer der einfachsten und zugleich eindrucksvollsten Versuche Zöllners zum Nachweis der Existenz von zumindest einer weiteren Dimension war sein »Knoten-Experiment« mit Lederstreifen vom 8. Mai 1878, eine »vierdimensionale Knotenschürzung ohne Trennung der materiellen Moleküle«. Zwei 44 cm lange und 5 bis 10 cm breite Lederstreifen waren mit Siegellack auf einer Tischplatte sicher befestigt. Unter Zöllners darüber ausgebreiteten Händen verschlangen sich, in Anwesenheit des Mediums Slade, die Lederstreifen auf physikalisch unerklärliche Weise miteinander. Bei einer Knotenschürzung über eine höhere Dimension mußten die Streifen eine Verdrehung in der Längsachse aufweisen, was während dieses Experiments tatsächlich geschah.[36]

Die Existenz von zumindest einer übergeordneten Dimension läßt sich anhand des »Möbius-Bandes« – benannt nach seinem Erfinder, dem deutschen Mathematiker August Ferdinand Möbius (1790–1868) – ebensogut aufzeigen (Abbildung 5).

Es kommt dadurch zustande, daß man die zwei Enden eines Papierstreifens nach einer halben Drehung um seine Längsachse zusammenklebt. Man erhält dadurch eine Fläche mit nur *einer* Seite. Nimmt man den Streifen zwischen Daumen und Zeigefinger, so läßt sich mit dem Bleistift eine zusammenhängende Linie vom Daumen zum Zeigefinger ziehen, indem man den Streifen einmal umfährt. Wären wir nun ein Flächenwesen, ein Bewohner der zu-

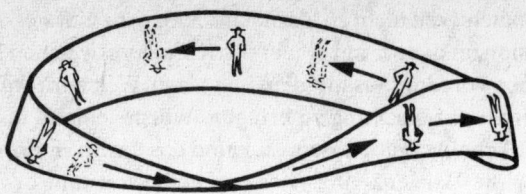

Abb. 5: »*Möbius-Band*« *mit Flächenwesen.*

vor beschriebenen zweidimensionalen Welt, dann stellte der Weg
vom Daumen zum Zeigefinger für uns eine recht weite Reise dar,
da wir uns nur in der Ebene des Streifens fortbewegen können.
Den kürzesten Weg, die direkte Verbindung vom Daumen zum
Zeigefinger, aber könnten wir nicht benutzen. Die dritte Dimension – die Dicke des Papiers – stünde uns im Wege. Doch ist gerade an dieser Stelle die Entfernung zwischen beiden Orten (Fingern) außerordentlich gering: Statt vielleicht 500 mm mißt sie hier
nur den Bruchteil eines Millimeters.

Könnten unsere Flächenwesen ein Loch durch den Papierstrei-
fen bohren, d. h. die dritte Dimension (Höhe) überwinden, so be-
fänden sie sich sofort auf der anderen Seite des Streifens. Das
Loch im Papierstreifen wäre ihr »Hyperraum« – ihr »Schwarzes
Loch« –, das Nullzeit-Transitionen zum gegenüberliegenden
»Universum« erlauben würde. Und hier spätestens entdeckt man
Analogien zu Wheelers »Wurmloch-Theorie« und Taylors
»Schwarzen Löchern«, jenen gewaltigen Gravitations-Gullys,
von denen es auch in unserem Universum eine ganze Anzahl ge-
ben soll. Eines der größten »Schwarzen Löcher« wird übrigens im
Kern der elliptischen Galaxie M 81 vermutet. Es soll, nach neue-
sten Schätzungen, bei einem Durchmesser, der kleiner als der
Bahndurchmesser des Saturns um die Sonne ist, eine Masse von 5
Milliarden Sonnen (!) aufweisen.

Der britische Physiker Stephen W. Hawking vermutet, daß

»Schwarze Löcher« im Laufe der Zeit einen gewissen Teil der vereinnahmten Materie wieder verlieren. Er bezeichnet diesen Vorgang als »Verdampfungsprozeß«, in dessen Verlauf Antimaterie
entstehen soll. Die dem Universum nach der Hawking-Theorie
wieder zugeführte Materiemenge wäre jedoch verhältnismäßig
klein.

Über das Schicksal der Hauptmasse herrscht nach wie vor Unklarheit. Theoretiker halten es für durchaus denkbar, daß ein Teil
der vom »Schwarzen Loch« verschluckten Materie nach Passieren des Hyperraumes in unser Universum zurückfällt. Vielleicht
erfährt sie in dieser raumzeitfreien Struktur eine Art Regenera-
tion. Vielleicht stellt der Hyperraum auch einen Puffer zwischen
Materie und Antimaterie dar, ohne dessen moderierenden Einfluß in unserem Universum chaotische Verhältnisse herrschen
würden.

Der britische Naturwissenschaftler und frühere *Nature*-Mitar-
beiter John Gribbin vergleicht die Position unseres Universums
innerhalb einer dimensional ins Unendliche verlaufenden Ordnung bildlich mit einem Farbklecks auf der Oberfläche eines beim
Aufblasen sich immer mehr dehnenden Luftballons. Dies würde
auch erklären, warum Galaxien an den äußeren Grenzen unseres
Universums mit nahezu Lichtgeschwindigkeit von dessen Mittel-
punkt wegstreben. Die gekrümmte, endliche Oberfläche des Ballons böte auch eine Analogie zu der mathematisch vorausbe-
stimmten Form unseres Universums. Gribbin ist nun der Meinung, daß sich unserem Farbklecksuniversum auf der Außenhaut
genau gegenüber, also auf der Innenhaut des Ballons, etwas be-
fände, das man als Antimaterie-Universum bezeichnen könnte.
Das Symmetrieprinzip bliebe auch hier gewahrt. Der Querschnitt
der Ballonhaut symbolisiert in diesem Modell den raumzeitfreien
Hyperraum. Von unserer Seite aus würden »Schwarze Löcher«
zur Innenfläche (der Antimaterie-Welt) und von dort sogenannte
»Weiße Löcher« zum hiesigen Universum führen. Ihre Existenz
würde auch die in unserem Universum beobachteten kosmischen

Kuriosa, wie *Quasare** und *Seyfert-Galaxien,*** stichhaltig erklären.

Wir aber wollen uns, was unsere Antipoden im Ballonuniversum anbelangt, nicht ausschließlich auf einen einzigen Universumstyp festlegen. Um die verschiedensten Möglichkeiten durchspielen und anschaulich darstellen zu können, verlassen wir darum das Ballonbeispiel und wenden uns dem flexibleren Modell vom »Seifenblasen-Universum« zu. Anhand dieses Modells lassen sich, deutlicher als beim Ballonbeispiel, die komplexe Verbundstruktur von Welten unterschiedlicher Dimensionalität und theoretische Möglichkeiten zur Überwindung dimensionaler Hürden aufzeigen. Gehen wir davon aus, daß die Blase, die unser Universum trägt, fünfdimensional aufgebaut ist. Ein Abschnitt auf der Seifenblasenoberfläche soll unser ständig expandierendes, gekrümmt in sich zurücklaufendes Universum symbolisieren, die entsprechende Fläche auf der Blasenhautinnenseite (vielleicht auch räumliche Abschnitte des Innenraumes der Blase) eine entsprechende Antimateriewelt. Andere Blasen, die an das fünfdimensionale Seifenblasen-Kontinuum – auf deren Oberfläche sich unser drei-/vierdimensionales, hier annähernd flächenhaft abgebildetes, Heimatuniversum befindet – angrenzen oder die mit diesem sogar überlappen, mögen Parallel- bzw. höherdimensionale Universen veranschaulichen.

Alle diese Universen, einschließlich dem unsrigen, *jedoch zu einer anderen Zeit* (Vergangenheit oder Zukunft), sind in unserem Modell unter dem Sammelbegriff *Andere Realität* zusammengefaßt, was besagen soll, daß es sich hierbei um »andersräumige«

---

*   Offenbar weit entfernte Kompakt-Galaxien, die durch Explosionen im
       Kern ungeheuere Energiemengen im optischen und radioastronomischen
       Wellenlängenbereich aussenden.
**   Galaxien, die über einen anormalen, extrem hellen Kern verfügen; sie
       werden verschiedentlich als Bindeglied zwischen normalen Galaxien und
       Quasaren angesehen.

und/oder »anderszeitige« Realitäten – Abweichungen von unserer gewohnten Realität – handelt.

Die hauchdünne Haut der Seifenblase, d. h. ihr Querschnitt, soll den Hyperraum darstellen – das Bindeglied zwischen Welten mit Materie unterschiedlicher Ladung, aber auch zwischen Universen ganz verschiedener Dimensionalität.

Offenbar gibt es zwischen jedem Universum und der nächst »höheren«, dimensional übergeordneten Welt, immer einen spezifischen Hyperraum, einen Schutzmechanismus, der die Vernichtung unterschiedlich gepolter Strukturen verhindert. Da der Hyperraum die Zeit miteinschließt, da es hier Raum und Zeit – so wie wir sie kennen – ohnehin nicht gibt, erfolgen Durchgänge durch dieses geheimnisvolle Gebilde unverzüglich. Es will uns allerdings widersinnig erscheinen, daß der Transport eines Objekts überhaupt keine Zeit in Anspruch nehmen soll, wissen wir doch, daß die Bewältigung einer jeden Wegstrecke mit einem gewissen Zeitaufwand verbunden ist. Daß dies im Bereich des Höherdimensionalen nicht so zu sein braucht, erfahren wir immer wieder an uns selbst. Wir schlafen ein, verbringen eine ungestörte Nachtruhe . . . und wachen am anderen Morgen mit dem Empfinden auf, daß wir doch *eben* erst zu Bett gegangen seien. Durch völliges »Abschalten« jeglicher Denktätigkeit hat unsere Psyche eine Ruhezeit von beispielsweise 8 Stunden subjektiv in Nullzeit bewältigt. Unser Körper weilte zwar während der ganzen Nacht in unserer Welt, Geist und Psyche waren hingegen ganz woanders . . . offenbar in einem anderen Raum-Zeit-Kontinuum.

In Abbildung 6 sind die Übergänge zwischen unserem Universum (Seifenblasenoberfläche) und einer hypothetischen Antimateriewelt schematisch dargestellt. Materie aus unserem Universum stürzt durch ein »Schwarzes Loch« in die jenseits des Hyperraums (Haut) liegende Antimateriewelt. Sie wird durch ein »Weißes Loch« (evtl. nach einem Regenerationsprozeß) wieder in unser Universum zurückgeschleudert.

Seifenblasen können bekanntlich mit ihren Wandungen einan-

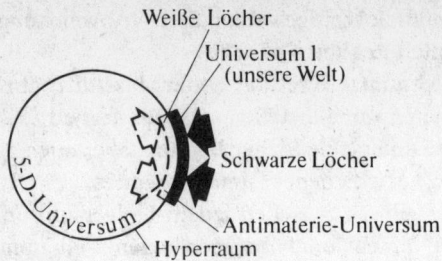

Abb. 6: *Transitkanäle (Hyperraum) von unserem Universum (1) zum An-*
timaterie-Universum.

der berühren. Anhand eines aneinanderstoßenden Seifenblasen-
paares ließe sich gut der Transit zum Paralleluniversum gleicher
materieller Beschaffenheit demonstrieren (Abbildung 7). Dieses
Paralleluniversum (Universum 2) soll hier an der Innenwandung
der Blase liegen. Der punktuelle Durchbruch von unserer Welt
zum Paralleluniversum erfolgt über dessen Hyperraum (Hyperraum 2).

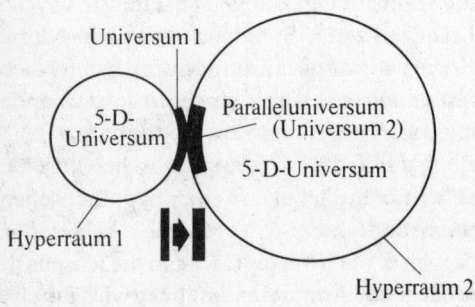

Abb. 7: *Durchbruch von unserem Universum (1) zum Paralleluniversum (2).*

Einander überlappende Seifenblasen (Abbildung 8) könnten Zusammenhänge zwischen Universen unterschiedlicher Dimensionalität aufzeigen. Die auf den Oberflächen beider Blasenuniversen bestehenden Schnittlinien wären hier als »Fahrstühle« zu höherdimensionalen Welten anzusehen.

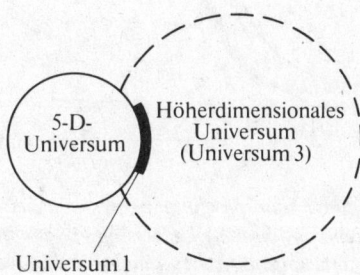

Abb. 8: *Eindringen von unserem Universum (1) aus in eine höherdimensionale Feinstoff-Welt (3), eventuell mittels psychischer Energie.*

Schließlich stellt der Hyperraum ein ideales Transport-Zwischenuniversum für Zeitreisen dar. In Abbildung 9 taucht der Zeitreisende bei Punkt *t* in den Hyperraum ein, um im gleichen Augenblick, also in Nullzeit, bei *t* wieder von diesem ausgestoßen zu werden. Durch Neutralisieren der Zeit im Hyperraum fällt der Zeitreisende bei *t* am gleichen oder an einem anderen Ort, jedoch zu einer völlig anderen Zeit in unsere Welt zurück.

Der Dimensionskipp

Wenn Personen oder Gegenstände allmählich oder auch ganz plötzlich, d. h. spontan, verschwinden, sich sozusagen in Luft auflösen, sprechen wir von Dematerialisation oder Entstofflichung. Dieses interessante Phänomen wird sowohl bei Ufo-Absetzbewe-

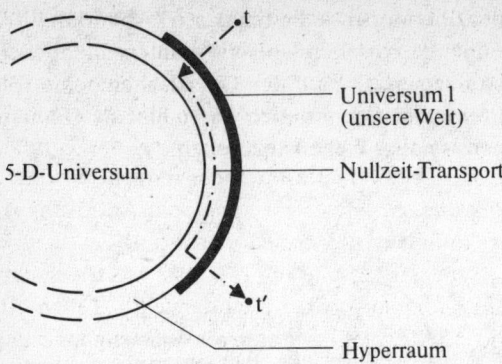

5-D-Universum

Universum 1
(unsere Welt)

Nullzeit-Transport

Hyperraum

Abb. 9: *Zeitreise unter Inanspruchnahme des raumzeit-neutralen Hyperraumes. Eintauchen von unserem Universum (1) aus in den Hyperraum bei t und Nullzeit-Transport bis t'. Auftauchen im Universum (1) zu einer anderen Zeit t' und/oder an einem anderen Ort.*

gungen, als auch in der Parapsychologie – z. B. bei Spuk und Teleportation – beobachtet. Beim spontanen Verschwinden von Objekten vermag unser Auge diesem Vorgang – das Verlassen unseres Raum-Zeit-Kontinuums – nicht zu folgen, was weniger auf die Trägheit unseres Auges zurückzuführen ist, als auf unser Unvermögen, ganz normale, paraphysikalische Prozesse psychisch zu erfassen und zu verarbeiten. Besäßen wir ein drittes Auge, mit dem wir Vorgänge in den uns umgebenden, höherdimensionalen Welten wahrnehmen könnten, so würden wir bemerken, daß Objekte, die in unserem Universum plötzlich verschwinden, in Wirklichkeit nur in die nächsthöhere, ebenfalls reale Dimension hinüberwechseln. Sie hören demnach gar nicht auf zu existieren, sondern werden, indem sie eine andere Schwingungsfrequenz annehmen, für uns nur unsichtbar.

Der zuvor erwähnte Terminus »Dematerialisation« sagt über das Prinzip des Verschwindens zunächst so gut wie nichts aus, also auch nicht darüber, wie man sich das plötzliche Verschwinden von Objekten, ihr Wiederauftauchen, spontane Orts- und Zeitversetzungen, *Zeitreisen* usw. vorzustellen hat.

Denkbar wären immerhin drei unterschiedliche Dematerialisationsmechanismen: die *Desintegration,* sporadisch auftretende *Raum-Zeit-Fallen* und der *Dimensionskipp,* das Hineinprojizieren in eine andere räumliche und/oder zeitliche Realität.

Bei der *Desintegration* (Zersetzung oder Auflösung des Stoffverbundes) kommt es offenbar zur Zerrüttung des materiellen Organisationsschemas (Abbildung 10). Das, was die materielle Basis unserer dreidimensionalen Welt darstellt – Zellen, Moleküle, Atome und Nukleonen – wird durch Schwingungszunahme in eine höherdimensionale, feinstoffliche »Substanz« umgewandelt. Grobstofflich-Materielles gleitet während dieser Umwandlung unvermittelt in die Welt des Feinstofflich-Immateriellen, die Andere Realität, hinein.

Welche Energiemengen mobilisiert werden müssen, um eine Realitätsverschiebung dieses Ausmaßes herbeizuführen, wissen

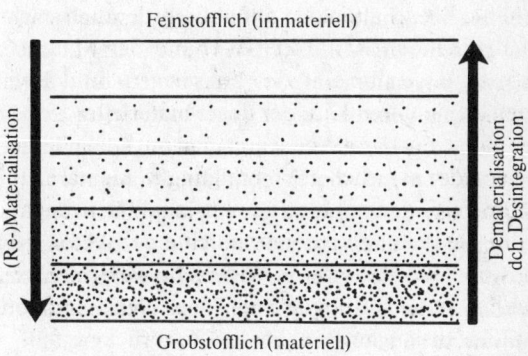

Abb. 10: *Übergänge vom Grob- zum Feinstofflichen und umgekehrt (De- und Rematerialisationen).*

wir nicht. Vielleicht reichen bereits rein psychische Energien aus, um Objekte in ultrahohe Schwingungen zu versetzen. Die Natur selbst zeigt sich überaus erfinderisch, wenn es um die (scheinbare) Außerkraftsetzung geltender Naturgesetze, um die Mobilisierung bislang noch unbekannter Kräfte geht. Anfang der sechziger Jahre konnten Professor Pierre Baranger von der Ecole Polytechnique in Paris und sein Kollege, der französische Biologe Louis Kervran, glaubhaft nachweisen, daß sich beim Auskeimen von Leguminosen-Samen in einer manganhaltigen Lösung das in Pflanzen enthaltene Mangan in Eisen umwandelt – eine geradezu ungeheuerliche Entdeckung. Spielen sich in Pflanzen etwa sanfte, natürliche »Kernverschmelzungen« ab?

Soll ein Atomkern vollständig in seine Elementarteilchen (Protonen und Neutronen) zerlegt werden, so gilt es, dessen Bindungsenergie (die Kernkräfte) zu überwinden. Zur Spaltung eines einzigen Urankerns müssen allein rund 1,8 Milliarden Volt aufgewendet werden. Kernfusionen, vor allem im Bereich der leichteren Elemente, wie sie auch in Pflanzen enthalten sind, bedürfen sogar noch eines viel höheren Energieaufwandes.

Pflanzen scheinen alle diese Hindernisse auf geschickte Art zu »umgehen«. Sie schalten den auf außerordentlich starken Kernkräften beruhenden Raum-Zeit-Verbund der Materie offenbar spielend aus, lassen ihn einfach »links liegen« und durchlöchern somit den elementaren Kitt, der unser materielles Universum zusammenhält. Über das »Wie« kann man nur spekulieren. Die Hypothese von der natürlichen Vereinigung elementarer Teilchen in einer raum-zeitfreien höheren Dimensionalität, in der auch Kernkräfte ihre Bedeutung verlieren, möchte der Autor lediglich als Denkanstoß gewertet wissen. Vielleicht wird man einmal bei raumzeitlichen Versetzungen nach dem Desintegrationsprinzip auf ähnliche, bislang ungenutzte Kräfte zurückgreifen.

Denkbar wäre aber auch, daß sich Desintegrationsprozesse mittels elektromagnetischer Felder durch den Aufbau von Resonanzschwingungen im höherdimensionalen Bereich künstlich stimulieren lassen. Desintegration und Wiederverstofflichung finden zwischen sogenannten Eintritts- und Austrittspunkten statt. Dazwischen liegt die angenommene Nullzeitbewegung des Objektes im Hyperraum.

Für die Durchführung von Zeitreisen dürfte die vorübergehende Inanspruchnahme des zeitneutralen Hyperraums völlig ausreichen. Desintegrationsmethoden, bei denen es in unserem Raum-Zeit-Kontinuum zur totalen Auflösung des Stoffverbundes kommt, erscheinen allerdings unpraktisch und gefährlich. »Umdruckfehler«, d. h. die fehlerhafte Übertragung von Materiepartikeln über eine höhere Dimensionalität, Pannen sowohl bei der Auflösung, als auch während des Reorganisationsvorganges, könnten verhängnisvolle Folgen haben – die verstümmelte Wiedergabe von Objekten, den Tod von Lebewesen aufgrund physiologischer Mißadaptionen oder gar den Verbleib im Hyperraum.

Ganz anders verhält es sich, wenn Objekte durch Risse in unserem Raum-Zeit-Gefüge unfreiwillig in eine andere Dimensionalität befördert werden, wenn sie in *Raum-Zeit-Fallen* geraten (Abbildung 11). Derartige Risse könnten durch eine unglückliche Kombination physikalischer Anomalien (z. B. durch magnetische oder gravitative Feldstörungen) hervorgerufen werden. Erfolgte der Eintritt in die Andere Realität vollkörperlich (ohne vorherige Entstofflichung), so wäre das hiervon betroffene Objekt dort ein

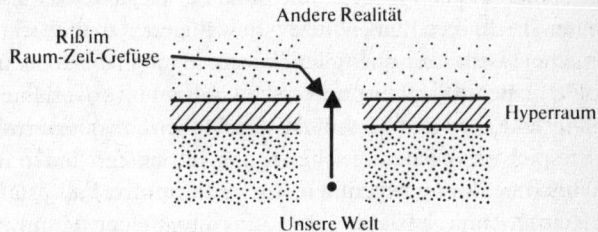

Abb. 11: *Riß im Raum-Zeit-Gefüge.*

»Fremdkörper« und würde als solcher sicher sehr bald wieder in den Normalraum, unsere Welt, zurückgestoßen werden. Möglicherweise wird das Objekt beim Eintritt in den Hyperraum automatisch entstofflicht, was einer endgültigen Vereinnahmung gleichkäme.

Risse im Raum-Zeit-Gefüge und damit Fälle, in denen Personen ohne äußere Einwirkung, vor den Augen zuverlässiger Zeugen, von einer Sekunde zur anderen verschwunden sind, gibt es zur Genüge. Manche von ihnen tauchten erst nach Monaten oder Jahren wieder auf. Andere wiederum wurden auf der Stelle über Tausende von Kilometern in ferne Länder versetzt. Wie viele von denen, die in eine jener unheimlichen, außerhalb des schützenden Raum-Zeit-Gitters liegenden »Fallgruben« höherer Ordnung gerieten, mögen wohl zu einer völlig anderen Zeit wieder aufgetaucht sein oder heute noch zwischen den Dimensionen ruhelos umherirren?

Die allen Gesetzen der Aerodynamik Hohn sprechenden, eigenartigen Flug- und Wendemanöver der Ufos lassen die Vermutung aufkommen, daß bei diesen Operationen vollendete Projektionstechniken, wie z. B. der *Dimensionskipp*, zur Anwendung kommen. Hierunter versteht der Autor das – mit welchen Mitteln auch immer herbeigeführte – »Umspiegeln« eines Objektes (Ufo) in eine andere Zeit und/oder an einen anderen Ort (s. Abbildungen 12 und 13). Das unmittelbar »aus dem Stand« vorgenommene Dimensions-Kippmanöver könnte eine der elegantesten und sichersten Techniken zur Nullzeit-Bewältigung zeitlicher (und räumlicher) Distanzen darstellen. Es würde möglicherweise auch das plötzliche Auftauchen und Verschwinden der Ufos erklären.

Abbildung 12 veranschaulicht das Dimensionskippmanöver am Beispiel einer Rückwärtsbewegung in der Zeit unter Inanspruchnahme des Hyperraumes. Im vorliegenden Fall »startet« eine Zeitmaschine im Jahre 2080, um, unmittelbar darauf, vom Hyperraum aus gesehen, gleichzeitig, je nach Wunsch in den Jahren 1980 oder 1780 oder auch 980 zu erscheinen.

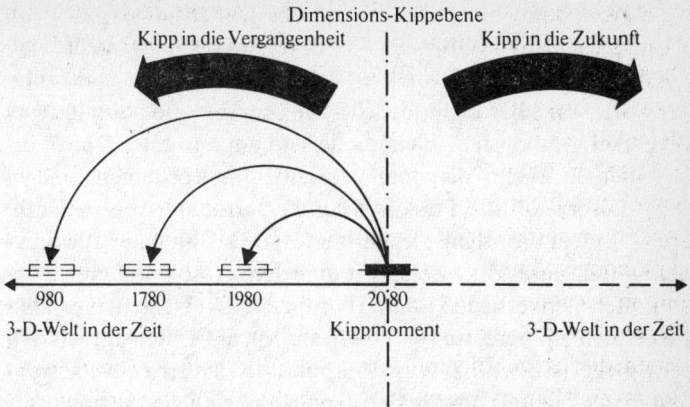

Abb. 12: *Der Dimensionskipp, dargestellt an Rückwärtsbewegungen in der Zeit.*

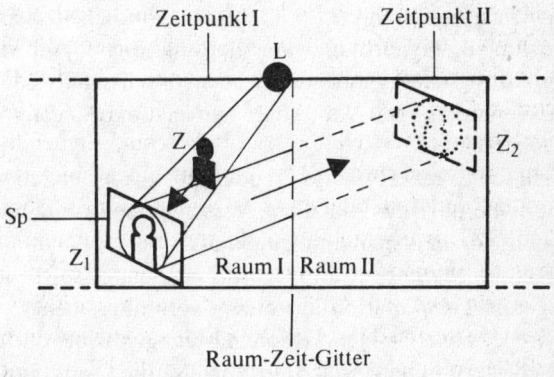

Abb. 13: *Das »Umspiegeln« (Dimensionskipp).*
Z: Objekt zur Jetztzeit (materiell); Z_1: Zustand des Objekts im Hyperraum (immateriell), Zeitpunkt I; Sp: Spiegel symbolisiert Hyperraum; Z_2: Zustand des Objekts in der Anderen Realität, Zeitpunkt II (für uns [zum Zeitpunkt I] immateriell; für Betrachter zum Zeitpunkt II materiell); L: Lichtquelle symbolisiert Zeitreisefahrzeug.

In Abbildung 13 ist das Prinzip des Dimensionskipps – des »Umspiegelns« von Objekten – stark vereinfacht dargestellt:

Objekt Z im Raum I (unsere Welt) wird zum Zeitpunkt I (Gegenwart) von einer Lichtquelle (L) angestrahlt, die unser Zeitreisevehikel symbolisiert. Lichtquelle und angestrahltes Objekt erscheinen in einem diagonal gegenüber angeordneten Spiegel (Sp). Dieser soll die Funktion des Hyperraumes veranschaulichen, in dem das »Umspiegeln« erfolgt. Das immaterielle Spiegelbild (Zustand Z_1) wird sofort umgelenkt und unter einem bestimmten Winkel in den Raum II projiziert. Es erscheint hier, ähnlich einem Hologramm (räumliches Bild), auf einem immateriellen Spiegel (Zustand Z_2) zum Zeitpunkt II, der bei Zeitversetzungen in der Zukunft oder in der Vergangenheit liegen könnte. Auf unser Modell übertragen, bedeutet dies, daß an einer Wand in Raum II ein Lichtkegel und, darin enthalten, ein stark verzerrtes Schattenbild vom Objekt zu sehen ist. Im vorliegenden Fall erfolgt das Umspiegeln »nur« mit Lichtgeschwindigkeit. Beim Dimensionskipp im Hyperraum wäre allerdings die »Geschwindigkeitsbegrenzung« aufgehoben. Hier beanspruchen jedwede Zeit- oder Ortsveränderungen – auf unser Universum bezogen – überhaupt keine Zeit.

Sind dies alles nur Hypothesen oder gibt es tatsächlich verifizierte Berichte über das plötzliche Verschwinden (und Wiederauftauchen) von Personen und Objekten?

Der Fall des Marchese Carlo Centurione Scotto, dessen aufsehenerregende Teleportation aus einem verschlossenen Zimmer von mehreren zuverlässigen Personen bezeugt wurde, dürfte für das psychische »Herausrütteln« von Medien aus unserem Raum-Zeit-Gefüge, d. h. für Zeit-/Ortsversetzungen durch natürliche, medial herbeigeführte Desintegration, typisch sein.

Die denkwürdige Séance fand am 29. Juli 1928 in einem kleinen Raum seines in der Nähe von Genua gelegenen Schlosses Millesimo statt. Unter den Anwesenden befanden sich u. a. seine langjährigen Freunde, die Rossis, der berühmte italienische Pa-

rapsychologe Ernesto Bozzano und die Schriftstellerin Gwendo-
lyn Kelly Hack, die über das gelungene Experiment später ausführlich berichtete.

Nachdem man gegen 22.45 Uhr den Sitzungsraum verdunkelt
hatte, kam es zu ersten psychokinetischen Manifestationen: Ein
dort aufgestellter Tisch wurde wie von unsichtbarer Hand hin-
und hergeschoben, eine für einschlägige Versuche benutzte Trompete machte sich selbständig und erhob sich in die Luft, Stimmen
erfüllten den Raum ... Als der Marchese plötzlich verlauten ließ,
er spüre seine Beine nicht mehr, herrschte für einen Augenblick
Grabesstille. Dann überstürzten sich die Ereignisse. G. K. Hack
rekonstruierte das Geschehen in allen Einzelheiten: »Frau Rossi
sagte: ›Ich spüre, daß sich etwas Außerordentliches ereignet. Ich
fühle um mich herum eine nicht definierbare Leere, die mich sehr
beunruhigt.‹ Die Marchesa fürchtete sich und rief nach ihrem
Gatten: ›Carlo, Carlo!‹ Ein weiterer Beisitzer, Signor Castellani,
versuchte durch beruhigende Einwände die aufkommende Panik
zu unterdrücken: ›Ruhe ... das Medium ist in Trance gefallen;
bewegen Sie sich nicht ... Carlo, Carlo!‹ Keine Antwort. Castellani befahl Signora Rossi: ›Strecken Sie ihre Hand aus und fühlen
Sie, welche Position das Medium einnimmt!‹«[20]

Das Medium war verschwunden, trotz verschlossener Türen,
ohne fremde Hilfe. Bozzano hob die Sitzung auf. Sofort begann in
allen Räumen des Schlosses die Suche nach dem vermißten Marchese. Schließlich fand man ihn, schlafend, in einem ebenfalls
verschlossenen Kornspeicher, weitab vom Sitzungsraum. Er
machte, nachdem man ihn aufgeweckt hatte, einen außerordentlich verstörten Eindruck und gab an, nicht zu wissen, wie er in den
Speicher gelangt sei. Nach übereinstimmenden Aussagen der Anwesenden – durchweg hervorragende Beobachter – hätte Scotto
nicht die geringste Chance gehabt, den Raum unbemerkt zu verlassen. Wohlgemerkt, auf normalem Wege. Was aber, wenn es
sich um Teleportation handelte?

Vielleicht wurde während der Séance durch die geistige Kon-

zentration der erwartungsfroh gestimmten Beteiligten ein höherdimensionales, affektives Feld* aufgebaut, das im Körper des ohnehin medial veranlagten Scotto einenResonanzeffekt auslöste.
Bei Erreichen der für den feinstofflichen Bereich typischen, extrem hohen Schwingungsfrequenzen (wie zuvor dargestellt: außerhalb unseres bekannten elektromagnetischen Spektrums),
müßte sich Scottos materieller Körper – seine Zellen, Moleküle,
Atome und auch deren Bausteine – rasch »aufgelöst« haben. Für
einen Menschen im aufgelösten, feinstofflichen Zustand aber gibt
es keine verschlossenen Türen, ja, selbst keine Mauern mehr. Sein
Körper wird dann auf psychischem Wege aus unserer Welt herausgerüttelt, was unserer Definition nach einer (natürlichen) Desintegration entspräche. Er kann dann, einem Geistwesen gleich,
alle dreidimensionalen Hindernisse spielend überwinden und gelangt auf diese Weise, wie Scotto, auch in entfernte, abgeschlosse-
ne Räume. Dort rematerialisiert er sich, ohne es selbst gewahr zu
werden. Es hat den Anschein, als ob der Hyperraum und höherdimensionale Universen gewisse dreidimensionale »Fremdkörper« automatisch wieder ausstoßen würden. Welches die genau-
en Ursachen hierfür sind – warum die einen Objekte einbehalten
und andere wiederum ausgestoßen werden – wissen wir nicht.

Ein Mr. Chapman aus Poole, Grafschaft Dorset (England), geriet im Frühjahr 1966 beim Blumenpflücken rein zufällig in eine
jener tückischen Raum-Zeit-Fallen, durch die sich schon manch
ahnungsloser Spaziergänger plötzlich in die Vergangenheit oder
Zukunft versetzt sah. Die Chapmans beabsichtigten, auf einem in
der Nähe ihrer Wohnung gelegenen verwilderten Grundstück,
unmittelbar neben einer Gruppe moderner Appartementhäuser,
für eine bevorstehende Wohltätigkeitsveranstaltung Blumen zu
pflücken. Noch während Frau Chapman mit dem Pflücken der
Schlüsselblumen beschäftigt war, näherte sich ihr Gatte, in Gedanken versunken, einem nur wenige Meter entfernten, in voller

* Vgl. Seite 41.

Blüte stehenden Kirschbaum. Als er sich, kurz vor Erreichen des Baumes, einer spontanen Eingebung folgend, umblickte, mußte er zu seinem großen Erstaunen feststellen, daß die Appartementhäuser mit einem Mal verschwunden waren. Obwohl er seine Frau in einiger Entfernung deutlich wahrnehmen konnte, hatte sich für ihn die Umgebung merklich verändert. Die Art, wie Mr. Chapman diesen seltsamen Vorfall schildert, entbehrt nicht einer gewissen Dramatik: »Alles war wie verändert. Ein riesiges, offenes Nichts umgab mich. Immer noch konnte ich die Sonne sehen. Dadurch verlor ich auch nicht die Orientierung. Wo aber befand ich mich? War ich in eine andere Zeitdimension geraten? Würde ich sie wieder verlassen können? Ich vermutete, daß der ›Ausgang‹ mit der Eintrittsstelle identisch sei und markierte mit Hilfe von zwei gekreuzten Hölzern meine Position. Dann lief ich in die Richtung, wo zuvor die Appartementhäuser gestanden hatten.«

Seine Bemühungen, sich Klarheit zu verschaffen, schienen umsonst. Nichts, aber auch gar nichts war zu sehen. Wo waren die Häuser und die Wege? Wo waren die Menschen, die zuvor die warme Frühlingssonne genossen hatten? Es war ihm, als sei jegliches Leben rings um ihn herum erloschen. Schließlich trat Chapman den Rückweg an, da er befürchten mußte, daß sich seine Frau um ihn ängstigen würde. Sie stand neben der Markierung und behauptete, ihn für eine kurze Weile »aus den Augen verloren« zu haben. Jetzt erst stellte Chapman fest, daß alles um ihn herum wieder wie früher war. Litt er etwa unter Halluzinationen und seine Frau unter Sehstörungen? Fast hätte man es glauben können, wäre da nicht eine Kleinigkeit gewesen . . . ein Indiz dafür, daß sein Erlebnis höchst real war: »Der Boden, wo ich gestanden hatte, war kahl und weich. Ich sah, daß meine Fußspuren zu den Häusern führten und an einer Stelle abrupt endeten, so als ob ich mich ganz einfach in Luft aufgelöst hätte. Mein Rückweg begann neben der Stelle, wo mein Hinweg endete.«[39]

Chapman dürfte begriffen haben, in welch gefährlicher Situation er sich für kurze Zeit befunden hatte. Wie leicht hätte ihm bei

einer erneuten Raum-Zeit-Verschiebung der Rückweg abgeschnitten werden können.

Nicht immer verlieren Zeitversetzte jedwede Beziehung zur
neuen Realität. Manchen von ihnen gelingt die Rekonstruktion
des Phantomgeschehens anhand alter Unterlagen – Tagebücher,
Urkunden und Fotos. Erinnerungen werden wach, die Vergangenheit wirft lange Schatten . . .

Man schrieb den 3. Oktober 1963. In der Wesley-Universität in
Lincoln (Nebraska) hatte Coleen Buterbaugh, Sekretärin des De-
kans Sam Dahl, einem der Professoren eine wichtige Nachricht zu
überbringen. Als sie gegen 8 Uhr 50 das Arbeitszimmer des betreffenden Dozenten betrat, kam ihr ein unangenehmer, modriger
Geruch entgegen. Vor ihr stand plötzlich eine große, schwarzhaa-
rige Frau, die u. a. mit einem bodenlangen Rock bekleidet war.
Die Unbekannte griff gerade mit ihrer rechten Hand in das oberste Gefach eines alten Notenschrankes, offenbar um diesem irgend etwas zu entnehmen. Sie schien die Eintretende gar nicht zu
bemerken.

Später gab Mrs. Buterbaugh zu Protokoll: »Die Gestalt war
nicht durchsichtig, aber auch nicht gerade real. Während ich sie
anstarrte, verblaßte sie zusehends.«

Als Coleen zufällig aus dem Fenster blickte, wurde sie voller
Schrecken der Veränderungen gewahr, die sich dort draußen binnen weniger Sekunden vollzogen haben mußten. Der größte Teil
des Campus schien noch unbebaut zu sein. Vergeblich suchte sie
nach den modernen Fakultätsgebäuden gegenüber dem Verwal-
tungstrakt, nach den Straßen und Wegen, die das Universitätsgelände durchzogen. Sie waren ganz einfach verschwunden. Mrs.
Buterbaugh wurde mit einem Mal klar, daß sie infolge sonderba-
rer Umstände in der Zeit zurückversetzt worden war. Von Panik
ergriffen verließ sie fluchtartig den unheimlichen Raum. Draußen umfing sie wieder die gewohnte »Realität«, das Jetzt.

Ihr Erlebnis erregte einiges Aufsehen. Die von Mrs. Buterbaugh beschriebene Person konnte anhand eines Archivfotos aus

dem Jahre 1915 als Miss Clara Mills, eine ehemalige Musikprofessorin, identifiziert werden. Sie war 27 Jahre zuvor im gleichen Raum kurz vor 9 Uhr gestorben. Die Schublade, an der sich Miss Mills »Geist« zu schaffen gemacht hatte, enthielt, wie man später feststellen konnte, einige ihrer Chorarrangements. Hatte Mrs. Buterbaugh halluziniert, sah sie nur eine Projektion vergangener Ereignisse, oder war sie tatsächlich in eine in einer jener offenbar sporadisch auftretenden Raum-Zeit-Fallen geraten und vollkörperlich in die Vergangenheit versetzt worden? Hätte sich die Realitätsverschiebung nur auf die nähere Umgebung – das Büro – beschränkt, hätte man auf ein rein psychisches Phänomen (Erscheinung) schließen können. Da sie aber auch die weitere Umgebung, das Universitätsgelände, in verändertem Zustand sah, muß man annehmen, daß Mrs. Buterbaugh in der Tat eine »sanfte« Rückversetzung um etwa 50 Jahre, in die Zeit des Ersten Weltkrieges, erlebt hatte. Die Frage ist nur, ob sie sich bei diesem Erlebnis für wenige Augenblicke durch Teleportation körperlich aus ihrer Gegenwart entfernt hatte, um in der Vergangenheit erscheinen zu können (Zeitreisehypothese), oder ob im Jahre 1915 kurzzeitig eine »zweite Ausgabe« von ihr (ein Zeitvariant) aktiv wurde, während das »Original« seiner gewohnten Tätigkeit nachging.

Was aber mag die *für immer* vereinnahmten Opfer unfreiwilliger körperlicher Raum-Zeit-Versetzungen auf einer anderen Realitätsebene – in einer Parallelwelt oder während einer anderen Zeitperiode – erwarten? Sind sie sich ihres veränderten Zustandes bewußt? Deuten auch sie vielleicht kleine Pannen beim sonst »nahtlosen« Übergang vom Hier und Jetzt zum dimensionalen Anderswo als Halluzination? Sprechen wir nicht überhaupt allzu schnell von Halluzinationen oder Tagträumen?

Spuren ins Nichts

Unbeabsichtigte Zeitreisen, d. h. die spontane Bewegung von Personen und Sachen durch Raum und Zeit, ausgelöst durch physikalische Anomalien oder vielleicht auch durch Aktivitäten unserer zeitreisenden Nachfahren, zählen zu den Geschehnissen, die heute von vielen Menschen für durchaus möglich, von Esoterikern sogar nicht einmal als besonders sensationell empfunden werden. Bei den hier geschilderten Fällen geht es jedoch nicht so sehr um zeitliche Versetzungen, die nur wenige Minuten, Stunden oder Tage umfassen, sondern um »erzwungene« Reisen in die ferne Zukunft oder Vergangenheit, ohne die Möglichkeit der Rückkehr, ohne die Chance einer unmittelbaren Kontaktaufnahme mit den Menschen der Gegenwart. Hierzu gehört auch das »Steckenbleiben« zwischen den Dimensionen, das monotone Schicksal eines »Fliegenden Holländers«, der weder in unsere Gegenwart zurückkehren, noch in irgendeiner anderen, zukünftigen oder vergangenen Welt Fuß fassen kann.

Die meist ahnungslosen Opfer solcher Versetzungen werden ganz einfach aus unserer Realität herauskatapultiert . . . ihre Spuren verlieren sich im Nichts. Vielleicht wird manchem von ihnen der Realitätswechsel nicht einmal bewußt. Vielleicht haben diese Menschen das Gefühl, der veränderte Zustand wäre ihre angestammte Realität. Müßten sie dann nicht eventuelle Erinnerungen an frühere Erlebnisse (in der bisherigen Realität) zwangsläufig als Träume werten?

Glaubte der sechzehnjährige Charles Ashmore, der am Abend des 9. November 1878, ohne seinen Eltern und Geschwistern Lebewohl sagen zu können, unvermittelt aus dieser Welt verschwand, ebenfalls nur zu träumen, wenn er sich von seiner neuen Realität aus gelegentlich an Vergangenes erinnerte?

Charles lebte damals mit seinen Eltern und zwei erwachsenen Schwestern auf einer Farm nahe Quincy (Illinois). Er war an besagtem Abend gegen 21 Uhr nach draußen gegangen, um aus einem Brunnen in der Nähe des Wohnhauses Wasser zu holen. Als Charles nach einiger Zeit immer noch nicht zurück war, sorgte man sich um ihn. Sein Vater zündete eine Laterne an und begab sich mit seiner Tochter Martha zum Brunnen, um dort nach Charles Ausschau zu halten. Die Fußspuren des Jungen waren im Neuschnee deutlich zu erkennen. Auf halbem Wege zum Brunnen endeten sie abrupt, so als ob sich Charles plötzlich in Luft aufgelöst habe. Um Charles' Fußabdrücke nicht zu zerstören, näherten sich Vater und Tochter dem Brunnen aus unterschiedlichen Richtungen. Dort angekommen, konnten sie nichts Verdächtiges feststellen. Die Eisschicht an der Wasseroberfläche ließ keinen Zweifel daran, daß hier seit Stunden niemand Wasser geschöpft hatte.

Die Suche nach Charles wurde bei Tagesanbruch fortgesetzt. Nachbarn und Freunde durchstreiften die nähere und weitere Umgebung der Farm, ohne eine Spur des vermißten Jungen zu finden. Tage danach behauptete die Mutter von Charles allen Ernstes, sie habe in der Nähe des Brunnens die Stimme ihres Sohnes gehört. Auch andere Personen – seine Schwestern und Nachbarn – wollen ähnliche Lebenszeichen von Charles vernommen haben. Im Laufe der Zeit wurden die Rufe aus der Anderen Realität immer schwächer. Es schien, als habe sich Charles mit seinem Schicksal abgefunden. Irgendwie, auf unerklärliche Weise, muß ihm der Rückweg zum *Jetzt* abgeschnitten worden sein.[40]

Im Jahre 1899 wollen mehrere Einwohner von Atlantic City im US-Staat New Jersey gesehen haben, wie ein Mann nahe der Baltic und Florida Avenue von einer unsichtbaren Kraft erfaßt und nach »oben« entführt wurde. Der Ärmste habe sich mit aller Kraft gegen die Zwangsentführung gewehrt und aus Leibeskräften um Hilfe geschrien. Niemand vermochte ihn herunterzuholen. Dies alles geschah bei hellichtem Tage und normalen Witterungsverhältnissen.

Gegen Ende des 19. Jahrhunderts verschwanden in Amerika und England zahlreiche Personen auf ähnlich mysteriöse Weise. Eben waren sie noch da – im nächsten Augenblick hatte sie die

Andere Realität verschluckt. Wurden sie in der Zeit oder ganz einfach nur ortsversetzt? Sind sie zwischen den Dimensionen gestrandet?

David Lang lebte mit seiner Frau und seinen zwei Kindern – der 11 Jahre alten Sarah und dem achtjährigen George – auf einer ansehnlichen Farm nur wenige Meilen außerhalb von Gallatin (Tennessee). Am Nachmittag des 23. September 1880 nahm das friedliche Leben der Langs eine verhängnisvolle Wendung. David Lang hatte gerade sein Haus verlassen, um die Pferde von der naheliegenden Koppel zu holen, als Richter Peck und dessen Schwager mit dem Einspänner vorfuhren. Während Lang über die Weide schritt, war er für seine Familie und die beiden Besucher deutlich sichtbar. Er verschwand – zum Entsetzen seiner Angehörigen und Freunde – ohne Vorwarnung, innerhalb eines einzigen Augenblicks. Nicht etwa, daß er sich, ähnlich einer Erscheinung, nach und nach aufgelöst hätte. Sein Abtritt erfolgte spontan, übergangslos. Seine Familienangehörigen und die Besucher rannten zu der Stelle, wo David verschwunden war. Der Erdboden wies weder Löcher noch Unregelmäßigkeiten auf. Das Weidegras war nicht zertrampelt. Nichts, kein einziger Hinweis auf das, was geschehen war. Lang hatte – zumindest in dieser Welt – zu existieren aufgehört, ohne zu sterben . . . vor den Augen von fünf gesunden, normalen Menschen.

Der Sheriff wurde verständigt. Kurze Zeit später ergoß sich ein Trupp hilfsbereiter Bürger aus Gallatin über die Weiden, um jeden Zentimeter Bodens abzusuchen. Vergebens, die Natur gab ihr Geheimnis nicht preis. Ein Landmesser untersuchte die Stelle, wo Lang zuletzt gesehen worden war, und fand festen Humusboden über einer dicken Kalksteinschicht. Hierin konnten sich weder Löcher noch Hohlräume bilden.

Einige Monate später spielten die beiden Kinder an der Stelle, wo ihr Vater verschwunden war. Sie erblickten dort mit einem Mal eine kreisförmige Fläche mit einem Durchmesser von etwa 50 m, die von gelbbraunem, verdorrtem Gras umsäumt war. Einer momentanen Eingebung folgend rief das Mädchen nach seinem Vater. Die Kinder berichteten später, daß sie daraufhin Hilferufe vernommen hätten. Diese wären jedoch immer schwächer geworden und schließlich ganz verstummt.

Jene tückischen Raum-Zeit-Fallen – Risse in unserem Universum – treten offenbar spontan und dann auch nur kurzzeitig in Erscheinung. Hiervon zeugt ein weiterer Fall tragischen Verschwindens, der sich erst in jüngster Zeit in den USA zugetragen haben soll.

An einem schönen Augustabend des Jahres 1970 verließ eine Miss Danya das am Stadtrand von Los Angeles gelegene Haus ihres Freundes Mark, um an einer Party teilzunehmen. Sie wurde bereits gegen 0.15 Uhr von Partygästen mit dem Wagen wieder zurückgebracht und vor Marks Anwesen abgesetzt. Als sie sich schnellen Schrittes dem Haus näherte, wurde sie von mehreren dort wohnenden Personen deutlich wahrgenommen. Dennoch hat sie den Eingang des Hauses niemals erreicht. Sie verschwand, ohne eine Spur zu hinterlassen, an einer nicht näher bezeichneten Stelle auf dem Wege zwischen Straße und Haus, auf einer Strecke von nur 50 Metern.

Normale Erklärungen für ihr Verschwinden – Raub oder Entführung – scheiden aus. Straße und Grundstück waren gut ausgeleuchtet, niemand hatte Schreie vernommen oder das Auftauchen fremder Personen bemerkt. Der Fahrer des Wagens, mit dem Danya die Party verlassen hatte, will ebenfalls gesehen haben, wie sie nach dem Aussteigen sofort auf Marks Haus zuschritt. Sämtliche Zeugenaussagen ergeben zusammengenommen ein lückenloses Bild vom Ablauf des Herganges – lückenlos allerdings wohl nur bis zu einem ganz bestimmten Punkt.

Die Polizei tappte wieder einmal im dunkeln. Ihre Untersuchungen führten zu keiner Klärung des Falles. Irgendwo auf dem kurzen Weg zu ihrer Wohnung muß Danya einen »falschen Schritt« getan haben, der ihr zum Verhängnis wurde.[20]

Ein besonders makabrer Fall – das Verschwinden eines beiderseitig beingelähmten ehemaligen Soldaten, Owen Parfitt, der seit seinem Unfall an den Rollstuhl gefesselt war – ereignete sich im Sommer des Jahres 1768 in Großbritannien. Der siebzigjährige Parfitt lebte damals zusammen mit seiner Schwester in Shepton Mallet (Grafschaft Somerset), einem jener abseits gelegenen, verträumten Flecken, in denen sich nichts ereignet, ohne daß alle anderen davon erfahren.

Soweit es die Witterung zuließ, verbrachte Parfitt den Tag im häuslichen Garten. Eines Abends, als ihn fröstelte, bat er seine Schwester, ihm einen Schal zu holen. Sie ging ins Haus, um ihrem Bruder diesen Wunsch zu erfüllen. Als sie nach wenigen Minuten in den Garten zurückkehrte, machte sie eine schreckliche Entdeckung: Ihr Bruder war fort. Sein Rollstuhl stand verlassen da. Am Boden lag die Decke, die sie ihm um die Beine gewickelt hatte, und seine Pfeife. Seine Schwester alarmierte sofort alle Freunde und Nachbarn. Doch niemand hatte Owen Parfitt gesehen, niemand hatte eine verdächtige Wahrnehmung gemacht.

Man durchkämmte tagelang systematisch die ganze Gegend. Wälder, Gewässer, Büsche, Höhlen und andere Verstecke wurden abgesucht. Die Suche verlief ergebnislos. Nichts ließ darauf schließen, was mit Parfitt geschehen war. Zudem gab es für sein Verschwinden kein vernünftiges Motiv. Hätten ihn Fremde – möglicherweise frühere Feinde – gewaltsam entführt, so wäre dies in dem kleinen Städtchen nicht unbemerkt geblieben. Während der kurzen Zeit, in der sich seine Schwester im Hause aufhielt, hatte dort niemand einen Wagen halten gesehen, hatte nach übereinstimmenden Aussagen Einheimischer kein Fremder den Ort betreten. Und dennoch muß da etwas gewesen sein, das Owen Parfitt mit sanfter Gewalt aus seiner liebgewordenen Umgebung zerrte und ihn vielleicht in eine Andere Realität versetzte. Könnte das Frösteln, das ihn mit einem Mal befallen hatte, der Auftakt zu einem Vorgang gewesen sein, der mit seiner Versetzung in eine andere Welt oder in eine andere Zeit endete?

Nicht immer bleibt der Augenblick des Verschwindens unbemerkt. Mitunter gehen solchen Ereignissen paranormale Manifestationen voraus, die gewisse Zusammenhänge erkennen lassen. So auch im Fall des verschwundenen Rivalino do Aleuia Mafra, der mit seinen drei Söhnen in dem brasilianischen Ort Duas Pontes (Minas Gerais) ein kleines Anwesen bewirtschaftete.

Ihr friedliches Zusammenleben nahm am Morgen des 20. August 1962 ein jähes Ende. Schon in der Nacht zuvor schien ihr Haus von mysteriösen Kräften belagert zu sein. Sie manifestierten sich auf mannigfache Weise: polternde, stampfende Geräusche, Stimmen aus dem Nichts, die angeblich fortgesetzt Morddrohungen gegen Rivalino ausstießen, und unheimliche Schattengestalten, deren plötzliches Auftauchen die Mafras zu Tode erschreckte.

Der zwölfjährige Raimundo, Rivalinos ältester Sohn, schilderte später der Polizei den Höhepunkt des tragischen Geschehens: »Obwohl ich mich noch immer fürchtete, fand ich am Morgen (20. August) den Mut, nach draußen zu gehen, um meines Vaters Pferd zu holen. Da sah ich plötzlich zwei große Kugeln. Sie schwebten, nur 30 cm voneinander entfernt, etwa einen Meter über dem Erdboden. Eine von ihnen war schwarz, die andere schwarz-weiß. Beide besaßen unregelmäßige antennenartige Verlängerungen und Stummelschwänze. Die Kugeln gaben summende Laute von sich. Durch Öffnungen im Gehäuse konnte ich es in ihrem Inneren flimmern sehen. Ich rief nach meinem Vater. Er kam aus dem Haus, schritt auf die beiden Kugeln zu und blieb etwa einen halben Meter vor ihnen stehen. Im gleichen Augenblick verschmolzen beide Objekte miteinander zu einer einzigen großen Kugel. Diese saugte Staub vom Boden auf und stieß dabei gleichzeitig gelben Rauch aus. Plötzlich kroch die Kugel langsam auf meinen Vater zu, wobei sie seltsame Geräusche verursachte. Ich sah meinen Vater von gelben Rauchschwaden umhüllt und eilte sofort zu ihm. Der Rauch roch beißend. Ich sah gar nichts mehr ... da war nur gelber Rauch rings um mich herum. Ich schrie verzweifelt nach meinem Vater, erhielt aber keine Antwort.

Mit einem Mal war alles wieder still. Die gelben Schwaden verzogen sich, die Kugeln aber waren verschwunden. Mein Vater war fort. Ich möchte, daß mein Vater zurückkommt . . .«[41]

Dieser Wunsch eines verzweifelten Jungen ging nicht in Erfüllung. Von Rivalino do Aleuia Mafra fand man keine Spur mehr. Leutnant Wilson Lisboa von der örtlichen Polizeibehörde und Pater José Avila Garcia, ein dort ansässiger Priester, nahmen Raimundo ins Verhör, entdeckten aber keine Widersprüche in dessen Aussagen. Der Junge wurde später von einem bekannten Psychiater, Dr. João Antumes de Oliveira eingehend untersucht. Er soll gegenüber Reportern geäußert haben, daß Raimundo völlig normal sei und, seiner Auffassung nach, die Wahrheit sage. Zwei angesehene Bürger von Duas Pontes wollen am Tage des Verschwindens von Rivalino ebenfalls kugel- bzw. scheibenförmige Ufos gesehen haben, was die Entführungshypothese weiter erhärten dürfte.

Gelegentlich werden vermißte Flugzeuge nach längerem Suchen an irgendwelchen entlegenen Stellen nur noch als Wrack aufgefunden. Was aber soll man davon halten, wenn die wiedergefundene Maschine noch völlig intakt und startklar ist, wenn nichts fehlt – außer der Besatzung?

Am 24. Juli 1924 starteten Lieutenant W. T. Day und sein Pilot D. A. Steward mit ihrem einmotorigen Doppeldecker zu einem Routine-Aufklärungsflug über dem Irak. Als sie zur vereinbarten Zeit nicht zurück waren, schickte man einen Suchtrupp aus. Dieser entdeckte die von ihrer Besatzung verlassene Maschine am nächsten Tag mitten in der Wüste. Sie befand sich in einwandfreiem Zustand und besaß noch genügend Treibstoff für den Rückflug. Kein Zeichen deutete auf Gewaltanwendung hin. Die Fußabdrücke der beiden Männer waren im weichen Sand noch deutlich zu erkennen. Sie hatten sich allem Anschein nach noch einige Schritte von ihrer Maschine entfernen können. Dann endeten diese Spuren abrupt, so als ob sie von irgend jemand durch die Luft »nach oben« entführt worden wären.

Ein ähnlicher Fall trug sich 1961 in der Sowjetunion zu. Auch hier dürfte es für das Verschwinden einer Flugzeugbesatzung kein vernünftiges Motiv geben. Ein kleines Postflugzeug galt nach längerem Warten als überfällig. Es konnte jedoch sehr rasch in der Nähe von Tobolsk (Sibirien) ausfindig gemacht werden. Nichts an Bord deutete auf einen Unfall oder auf ein Verbrechen hin. Die Motoren, die Funkanlage und sämtliche Postsäcke waren unbeschädigt. Der Treibstoff hätte noch für zwei Stunden gereicht. Allein von den vier Passagieren fehlte jede Spur. Etwa 100 m von der verlassenen Maschine entfernt sahen die Männer des Suchtrupps den Umriß eines riesigen Kreises, in dem der Boden eingedrückt und das Gras versengt waren.

Spurlos verschwand auch der sechsundzwanzigjährige Carl Robert Dish, ein erfahrener Hochfrequenztechniker, der im Auftrag des National Bureau of Standards in der Antarktis einen Spezialsender ausprobierte. Am 7. Mai 1965 verließ Dish seine Funkbude, um die nur wenige Meter entfernte Hauptstation aufzusuchen. Zwischen beiden Hütten war sogar ein Leitseil gespannt, das bei dichtem Schneetreiben Sicherheit verleihen sollte. Als Dish nach 45 Minuten immer noch nicht eingetroffen war, machten sich die Männer der Byrd-Station mit Kettenfahrzeugen und Schlittenhunden auf die Suche. Sie dauerte drei Tage und wurde schließlich auf ein Gebiet im Umkreis von 60 Kilometern ausgedehnt. Vergebens.

Tage danach verschwand auch noch Dishs Hund Gus, der sich stets besonders anhänglich gezeigt hatte. Einige der Männer wollten während der Suchaktion seltsame Lichter gesehen und in der Ferne Motorgeräusche gehört haben. Standen ihre Wahrnehmungen in realem Zusammenhang mit Dishs Verschwinden oder waren sie nur Einbildung?

Auch im Gebirge verschwinden mehr Menschen als andernorts. Da hier Unfälle die häufigste Ursache sind, werden die Vermißten nach längerem Suchen meist lebend oder tot geborgen. Nicht so im folgenden Fall:

Im Sommer 1969 verschwand der siebenjährige Dennis Martin während eines Spazierganges im gebirgigen Gelände des Great-Smoky-Mountains-Nationalparks (Tennessee). Der Junge befand sich die ganze Zeit über in Begleitung seiner Eltern und einiger Verwandter. Er lief immer nur ein paar Schritte vor ihnen her. Das Unfaßbare geschah offenbar so schnell, daß die Begleitpersonen dem Akt des Verschwindens nicht folgen konnten. Eben war Dennis noch für jeden sichtbar, im nächsten Augenblick gab es ihn nicht mehr. Unser Verstand will diese Seitensprünge der Natur, den Eingriff einer höherdimensionalen Ordnung einfach nicht wahrhaben. Wir alle sträuben uns mit Gewalt gegen die Bevormundung durch das Unfaßbare. War man einer kollektiven Halluzination zum Opfer gefallen? Das konnte nicht sein, denn Dennis war tatsächlich verschwunden. Im Verlaufe einer umfassenden Suchaktion durchkämmten mehr als 1400 Personen tagelang das gesamte Gelände. Nichts wurde ausgelassen. Man durchforschte die entlegensten Winkel. Schließlich wurde die Suche ergebnislos abgebrochen. Dennis blieb verschollen.[42]

Aber nicht nur Einzelpersonen, auch Schiffe und Flugzeuge verschwinden mitsamt ihren Besatzungen, ohne daß man je wieder von ihnen hört. Vincent Gaddis, ein amerikanischer Forscher und Publizist, der als erster jenen geheimnisvollen Vorgängen im Atlantik-Karibik-Raum nachspürte, der diesem Gebiet, in dem ungewöhnlich hohe Verluste an Schiffen und Flugzeugen zu beklagen sind, den Namen »Bermuda-Dreieck« gab, mußte später einsehen, daß jener willkürlich gewählte geographische Begriff zur Kennzeichnung des Gesamtkomplexes nicht ausreicht. Die Grenzen waren viel zu eng gesteckt. »Bermuda-Dreiecke« gibt es offenbar überall.

Am 17. April 1873 war die »Mississippi-Queen«, einer jener luxuriösen Mississippi-Dampfer von Memphis nach New Orleans unterwegs. Von überall her waren Menschen an die Ufer des Mississippi geeilt, um den reich beflaggten Luxusdampfer und seine Passagiere mit Musik und Zurufen zu begrüßen. Doch das Schiff traf zur vorgesehenen Zeit nicht in New Orleans ein. In der Nacht, als die »Mississippi-Queen« bereits 12 Stunden überfällig war, konnten die Reeder in New Orleans ihre Unruhe über das Ausbleiben des Schiffes kaum noch verbergen. Sie telegrafierten flußaufwärts, um festzustellen, welche Orte die »Mississippi-Queen« zuletzt passiert hatte. Man erfuhr, daß der Dampfer um Mitternacht zum letzten Mal gesehen worden war. Von diesem Zeitpunkt an gab es keine weiteren Sichtungen mehr. Am nächsten Tag wurde eine großangelegte Suchaktion eingeleitet, die an der Stelle ihren Ausgang nahm, wo das Schiff zuletzt gesehen worden war. Man durchkämmte mittels Schleppnetzen den Fluß und suchte die in Frage kommenden Sandbänke nach Wrackteilen und Überlebenden ab. Die am Ufer wohnende Bevölkerung wurde befragt, ob sie einen Feuerschein gesehen oder eine Explosion gehört habe. Nichts. Niemand hatte etwas Verdächtiges bemerkt. Passagiere und Ladung galten fortan als verschollen. Das Verschwinden der »Mississippi-Queen« wurde zu einem jener großen Geheimnisse, die der Old River wohl niemals preisgeben wird.[43,44]

Wohin verschwinden sie alle – die Menschen, die Schiffe und Flugzeuge? Gehen sie alle den Weg eines Charles Ashmore, eines David Lang, eines Rivalino do Aleuia Mafra, den Weg des kleinen Dennis Martin? Ist es immer der gleiche Weg?

»Wolken« spielen beim Verschwinden von Menschen, Flugzeugen und Schiffen schon seit jeher eine außerordentlich wichtige Rolle. Im März des Jahres 1962 beobachtete man in Korea, wie ein amerikanisches Jagdflugzeug in ein »unheimliches wolkenförmiges Gebilde« hineinflog und nie mehr zum Vorschein kam. Die Andere Realität hatte es mitten im Einsatz vereinnahmt. Charles Berlitz schildert in seinem Buch *Spurlos* einen ähnlichen Fall, der sich im Januar 1960 an einem sonnigen Tag, bei fast wolkenlosem Himmel, nahe dem US-Luftwaffenstützpunkt Kindley auf den Bermudas zugetragen haben soll. Gegen 13 Uhr starteten fünf Kampfflugzeuge vom Typ »Super Sabre« zum Übungsflug.

Sie formierten sich und verschwanden etwa eine Meile von der Küste entfernt in einer großen Wolke.

Berlitz' Gewährsmann, der Augenzeuge Victor Haywood, berichtete später: »Fünf Kampfflugzeuge flogen in die Wolke, und nur vier tauchten wieder aus ihr auf. Auf den Radarschirmen wurde kein Absturz beobachtet, obwohl die Flughöhe bereits einige hundert Meter betrug. Auch wir sahen nichts herunterfallen. Nach wenigen Minuten wurde eine der »Super Sabre« als vermißt gemeldet und eine sofortige Suchaktion eingeleitet. Das Suchgebiet befand sich ja nur eine halbe Meile von der Küste entfernt, wo das Wasser ganz flach war. Es wurde nie etwas gefunden, was auf den Absturz eines Flugzeuges hingewiesen hätte . . .«[45]

Während des Ersten Weltkrieges, am 28. August 1915, hingen acht wie riesige Brotlaibe aussehende Wolken über dem Schlachtfeld von Surla Bay, nahe Gallipoli (Türkei), auf dem sich türkisch-deutsche und australisch-neuseeländische Elitetruppen kampfentschlossen gegenüberstanden. Trotz des kräftigen Windes, der vom Tal her in nördlicher Richtung wehte, behielten die »Wolken« den ganzen Morgen über ihre Position unverändert bei. Als ein 400 Mann starkes Entsatzkommando durch das Tal auf die etwa 500 m entfernte »Höhe 60« zumarschierte, um die dort eingekreiste, hart bedrängte britische Kampfeinheit zu befreien, senkte sich eine dieser »Wolken« langsam zu Boden. Sie breitete sich über ein ausgetrocknetes Flußbett und eine eingesunkene Landstraße aus. Die Soldaten marschierten geradewegs auf die am Boden verharrende »Wolke« zu. Gegen 10 Uhr 30 war die gesamte Einheit in diesem etwa 300 m langen Gebilde verschwunden. Kurz danach schwebte die unheimliche »Wolke« wieder nach oben, um dort, in einer Höhe von schätzungsweise 600 m, ihre ursprüngliche Position zwischen den anderen einzunehmen. Dann drehten alle acht »Wolken« nach Norden ab – der Windrichtung genau entgegengesetzt. Die Kampftruppe aber war und blieb verschwunden.

Über die damaligen Ereignisse berichteten 1965, anläßlich der Fünfzig-Jahr-Feier des Australisch-Neuseeländischen Armeekorps (ANZAC), drei Kriegsveteranen, die zusammen mit neunzehn weiteren Kameraden der 1. neuseeländischen Feldkompanie angehört hatten. Sie wollen den zunächst geheimgehaltenen und später vergessenen Vorfall während der Endphase des Kampfes gegen den türkisch-deutschen Truppenverband mit eigenen Augen beobachtet haben.

»Wolken«, die Menschen zu kidnappen vermögen? Waren es überhaupt richtige Wolken? Oder sollte es sich bei diesen Gebilden doch mehr um die durch irgendwelche Überlagerungen sichtbar gewordenen Ausläufer eines höherdimensionalen Feldes, um Öffnungen zur Anderen Realität, gehandelt haben? Dann könnte es gut möglich sein, daß die von diesem hinterhältigen Anschlag aus dem Nichts Betroffenen immer noch am Leben sind, daß sie, ohne es zu merken, immer noch in Richtung »Höhe 60« marschieren . . ., eine Geisterarmee, die ähnlich dem Prinzip des zuvor erwähnten, in sich geschlossenen, endlosen Möbius-Bandes* »unsterblich« wäre – verdammt zur Fortexistenz bis in alle Ewigkeit.

Schon während des Spanischen Erbfolgekrieges (1701–1714), die von den europäischen Mächten um das Erbe des letzten spanischen Habsburgers, Karl II., geführt wurden, verschwanden in den Pyrenäen 4000 geschulte, gut ausgerüstete Soldaten auf Nimmerwiedersehen. Daß sie alle still und leise desertierten oder in Gefangenschaft gerieten, dürfte wohl unwahrscheinlich sein. Wenn sie in der Kälte des Pyrenäenwinters erfroren wären, hätte man zumindest einige der Leichen finden müssen.

Ein Lawinenunglück? Die Suchmannschaften fanden auf ihrem Weg durch die Berge nichts, was auf ein solches Unglück hingedeutet hätte. Waren die Soldaten vielleicht in eine Schlucht gestürzt? Für einen Teil der Truppe mag dies zutreffen, nicht aber

* Vgl. Seite 107 f.

für 4000 Mann. Ihr Verschwinden wird für immer ein Rätsel bleiben.

Im Jahre 1940 verschwanden ganz unauffällig 3000 chinesische Soldaten, die von der Zentralregierung für den Kampf gegen japanische Eindringlinge aufgeboten worden waren. Die Japaner bestritten später energisch, diese Soldaten gefangengenommen zu haben. Andererseits sprachen die Chinesen zu keiner Zeit von Massendesertationen. Niemand weiß, wo die Soldaten abgeblieben sind.

In Saigon waren im Jahre 1858 Unruhen ausgebrochen. Zur Wiederherstellung der Ordnung entsandte die damalige Schutzmacht Frankreich eine Spezialeinheit, die aus 500 französischen Legionären und 150 Spahis (Berittenen) bestand. Nicht einer dieser Soldaten erreichte jemals Saigon. Keiner kehrte zum Hauptquartier zurück. Daß diese Eliteeinheit von 650 Mann völlig aufgerieben worden sein soll, erscheint kaum denkbar. Selbst wenn dies geschehen wäre, hätte die Kunde von ihrer Niederlage irgendwann einmal den französischen Einsatzstab erreicht.

Gelegentlich verschwinden Flugzeuge selbst bei strahlendem Wetter, ohne zuvor auch nur einen einzigen Notruf absetzen zu können. Werden trotz intensiver Suche keine Überlebende, Rettungsboote, Wrackteile, ja, nicht einmal Ölflecken auf der Wasseroberfläche entdeckt, so sind die zuständigen Flugsicherungsbehörden meist schnell mit irgendwelchen fadenscheinigen Erklärungen bei der Hand.

Am 21. Juli 1972 wollte Anderson Duggar – ein erfahrener amerikanischer Pilot aus Bloomfield Hills – mit seiner Piper PA-31 von Detroit nach Milwaukee fliegen, um dort Geschäfte zu tätigen. Der Mann im Kontrollturm des Milwaukee General Mitchell Field hatte Duggars Maschine schon einige Zeit auf dem Radarschirm. Sie war noch zwei bis drei Flugminuten vom Ufer des Michigan-Sees entfernt. Plötzlich riß der Kontakt ab, das Radarecho blieb aus. Anderson Duggar und seine Piper PA-31 existierten offenbar nicht mehr. Ganze 6 Sekunden braucht die Radarantenne, um den Himmel rundum abzutasten. Und gerade in diesen lächerlichen 6 Sekunden sollte sie abgestürzt sein? Duggar befand sich zum Zeitpunkt seines Verschwindens noch etwa 300 m über dem Meeresspiegel. Experten wollen errechnet haben, daß ihm zur Betätigung des automatischen Notrufsenders noch volle 30 Sekunden zur Verfügung gestanden haben müßten. Warum verspielte Duggar diese Chance? Verschwand auch er innerhalb eines einzigen Augenblicks? Ein Rettungskreuzer, den man unmittelbar nach dem vermeintlichen Absturz an den Ort des Geschehens dirigiert hatte, konnte von Duggar und seiner Piper absolut nichts finden. Nicht einmal einen Ölfleck.

Ein ähnliches Schicksal muß den zwanzigjährigen Piloten Frederick Valentich ereilt haben, der am 21. Oktober 1978 mit seiner Cessna 128 von Melbourne (Australien) nach King Island unterwegs war, um dort eine Ladung Langusten abzuholen. Zwischen seinem Fall und dem des Anderson Duggar besteht allerdings ein wichtiger Unterschied: Valentich hatte bis zuletzt Funkkontakt mit der Bodenleitstelle. Über die mit Melbourne Control geführten Funkgespräche, über die letzten 6 Minuten im Leben des Frederick Valentich, gibt es eine Bandaufzeichnung, die sich nicht wegdiskutieren läßt. Sie wiegt schwerer als alle Hypothesen, Vermutungen und aus der Luft gegriffenen Verdächtigungen.

19.06 Uhr Ortszeit
Pilot an Flugleitstelle (Flight Service Unit, kurz: FSU):
      Irgendwelcher Flugverkehr in meinem Sektor unterhalb 5000 Fuß [1500 m]?
FSU: Negativ, kein Flugverkehr.
Pilot: Da scheint aber unterhalb 5000 Fuß eine große Maschine zu sein.
FSU: Welcher Typ?
Pilot: Ich kann ihn nicht identifizieren. Hat vier grelle Lichter, offenbar Landelichter ... Die Maschine befindet sich jetzt gerade etwa 1000 Fuß über mir.

FSU: Erkennen Sie einen großen Flugzeugtyp?
Pilot: Ja. Können Sie aufgrund der typischen Fluggeschwin-
        digkeit feststellen, ob sich eine RAAF-Maschine
        [Royal Australian Air Force] in meiner Nähe befindet?
FSU: Negativ. Wie hoch fliegen Sie jetzt?
Pilot: 4500 Fuß.
FSU: Können Sie den Typ nicht identifizieren?
Pilot: Ja ... (nach 3 Minuten Unterbrechung) ... es ist kein
        Flugzeug, es ist ... (Unterbrechung)
FSU: Können Sie die Maschine beschreiben?
Pilot: Sie fliegt vorbei; besitzt eine längliche Form. Mehr
        kann ich nicht erkennen ... Jetzt hält sie genau auf
        mich zu. Scheint stationär zu sein. Drehe eine Runde;
        das Ding über mir dreht sich mit. Objekt führt ein grü-
        nes und an der Außenseite ein metallisches Licht mit
        sich ... jetzt ist es verschwunden.
FSU: Bestätigen Sie das Verschwinden.
Pilot: Bestätigt. Wissen Sie, was für eine Maschine das ist? Ist
        es eine Militärmaschine?
FSU: Keine Militärflugaktivitäten in diesem Sektor.

19.12 Uhr Ortszeit
Pilot: Meine Maschine hat starken Leerlauf, und sie stottert!
FSU: Was beabsichtigen Sie zu tun?
Pilot: Fliege weiter nach King Island. Unbekanntes Flugob-
        jekt schwebt jetzt direkt über mir.
FSU: Verstanden ...

Die Verbindung wurde mit einem Mal von einem langgezogenen
Kreischton unterbrochen. Es war, als ob Metall gegen Metall
scheuern würde. Zu Valentich bestand kein Kontakt mehr.[46]
    Fünf Tage dauerte die Suche nach dem Vermißten, an der sich
ein Langstrecken-Aufklärer vom Typ »Orion« und Flugzeuge der
neuseeländischen Luftwaffe beteiligten. Man durchkämmte das

ganze Gebiet von Kap Otway – von der Stelle, wo der Kontakt zur Unglücksmaschine abriß, bis zur Nordspitze Tasmaniens. Die Suche führte zu keinem Ergebnis. Bis zum heutigen Tag fehlt von Valentich und seiner Cessna jede Spur.

Über das »Vereinnahmen« von Flugzeugen durch unbekannte Flugobjekte gibt es ebenfalls ernstzunehmende Augenzeugenberichte. Eugene Metcalfe aus Paris (Illinois) gab eidesstattlich zu Protokoll, daß er am 9. März 1955 gesehen habe, wie ein Jagdflugzeug der US-Luftwaffe »von einem glockenförmigen Ufo kassiert« wurde. Über dem dahinrasenden Düsenjäger sei plötzlich ein gigantisches Objekt erschienen. Es habe sich »wie ein Habicht auf ein Hühnchen gestürzt« und das Jagdflugzeug ganz einfach »verschluckt«. Dann wäre das unheimliche Objekt mit seiner Beute am Himmel verschwunden. An diesem Tag beklagte die Air Force tatsächlich den Verlust eines ihrer Abfangjäger in diesem Luftraum.

Das Interesse der Ufos an unseren technischen Einrichtungen scheint mit dem gelegentlichen Vereinnahmen von Flugzeugen und Schiffen aber nicht befriedigt zu sein. Der ehemalige Geheimdienstoffizier und Leiter des Projekts *Blue Book,* Edward Ruppelt, sagte aus, daß in der Zeit von 1947 bis 1950 nahezu jeder Start einer V2-Rakete aufmerksam von »kleinen Scheiben« verfolgt wurde. Diese wären ganz plötzlich aus heiterem Himmel auf die Raketen herabgeschossen und hätten sie während des Fluges sogar mehrmals umrundet, so, als ob sie sich alle Details der »Wunderwaffe« genau einprägen wollten.

Über das, was sich außerhalb der fließenden Grenzen unserer heutigen Physik abspielt, wissen wir bis jetzt sehr wenig. Der große Prozeß des Umdenkens, der Anpassung an unbequeme Realitäten, hat erst vor wenigen Jahrzehnten begonnen. Daher dürfte die Einbeziehung nichtphysikalischer Wirkfaktoren in unsere wissenschaftlichen Denkschemen sicherlich noch einige Zeit auf sich warten lassen. Erst wenn wir uns der subtilen, oft akausalen Zusammenhänge zwischen physikalischen und sogenannten nichtphysikalischen (und dennoch ganz realen) Ereignisabläufe bewußt sind, wenn wir das *Unfaßbare* in faßbare Parameter zu zergliedern vermögen, werden wir vor Überraschungen aus höherdimensionalen Bereichen sicher sein.

Zusammenhänge zwischen unserem Universum und der Anderen Realität, spontane Versetzungen von hier nach »drüben« und umgekehrt, lassen sich noch am anschaulichsten anhand einfacher geometrischer Modelle, wie z. B. an der »einseitigen« Fläche, dem Möbius-Band, darstellen.

So könnte man u. a. auch unseren Weg durchs Universum, stark vereinfacht, mit einer Wanderung entlang der endlosen Oberfläche eines solchen Bandes vergleichen. Sie veranschaulicht ebenso unsere Bewegung in der Zeit. Dieses Band, bei dem das Oben vom Unten, das Gestern vom Morgen, allein durch den Hyperraum (im Beispiel durch die Dicke des Papierstreifens) getrennt ist, weist viele tückische »Fallgruben« auf. Es sind Öffnungen vom Hier zum Drüben und umgekehrt, Transporttunnels für Zeitreisende. Wer in ihnen verschwindet, wer den Sturz durch den Hyperraum übersteht, findet sich unversehens in eine andere Zeit, möglicherweise auch an einen anderen Ort versetzt. Vielen mögen diese unsichtbaren Gullys im Raum-Zeit-Gefüge zum Verhängnis geworden sein. Viele werden vergebens nach einer Öffnung, nach einem Weg zurück in unsere Realität suchen.

Im Herbst des Jahres 1888 verfolgten Beamte von Scotland Yard die Spur eines als vermißt gemeldeten Mädchens. Sie führte in die Randbezirke Londons. Plötzlich konnten die Männer die Stimme des vermißten Mädchens hören: »...Ich kann das Loch nicht mehr finden...« Das Wehklagen schien aus dem Nichts zu kommen. Weit und breit war niemand zu sehen.

Die Situation erinnert an eine ganz bestimmte »Diagnose« aus der Fernsehtechnik: »Ton da – Bild weg.« Die letzten Lebenszeichen von Personen, die in einer Anderen Realität stranden, erreichen uns offenbar auf akustischem Wege. Traumdünn muß der Vorhang sein, der uns von ihrer neuerworbenen Realität trennt.

Der Physiker Stephen W. Hawking glaubt, wie schon erwähnt, an die Existenz von »Schwarzen Löchern« im Miniformat. Sie hätten die Größe eines Atomes, besäßen aber eine Masse von einigen Milliarden Tonnen! Aus dieser für irdische Verhältnisse unvorstellbaren Mißproportion, ließen sich möglicherweise Funktionsmechanismen herleiten, die zumindest für einige der hier geschilderten Fälle verantwortlich sein könnten. Der geniale Charles Fort, der mit seiner phantastischen Kollektion naturwissenschaftlich unerklärbarer Kursiosa[47] den Zorn konservativer Wissenschaftler erregte, glaubte in der Struktur des von ihm als »Supergeographie« bezeichneten Hyperraumes bestimmte Materialisations- und Dematerialisationspunkte erkannt zu haben. Je nach Zu- oder Abnahme der Schwingungen würden an diesen Stellen – so Fort – Objekte sichtbar oder unsichtbar werden.

Es gibt zahllose Ufo-Sichtungsberichte, die detaillierte Schilderungen von Materialisations- und Dematerialisationsvorgängen enthalten. Die Leichtigkeit, mit der Ufos diese nach dem heutigen Stand der Technik von uns nicht nachvollziehbaren Operationen durchführen – ihr momentanes Auftauchen und Verschwinden – läßt darauf schließen, daß es sich hierbei höchstwahrscheinlich um geschickte Dimensionswendemanöver, d. h. um Orts-/Zeitversetzungen unter Inanspruchnahme des Hyperraumes, den Dimensionskipp, handelt. Wie anders will man sich das Verhalten eines Ufos erklären, das die Carpenters und zwei ihrer Freunde am Morgen des 25. Aprils 1966 von ihrem Chalet im Genesee-Distrikt (Montana) aus beobachteten? Während ihrer morgendlichen Unterhaltung fixierte die Gastgeberin mehr unbewußt das nach Osten weisende Eßzimmerfenster, als sie plötzlich ein ungewöhnliches Flugobjekt auftauchen sah, das, bevor sie die anderen darauf aufmerksam machen konnte, schon wieder verschwunden war. Bereits im nächsten Augenblick erschien es – jetzt für alle gut erkennbar – vor dem nach Norden gelegenen Fenster. Nach übereinstimmenden Aussagen der Beobachter soll das Objekt wie ein Hubschrauber, allerdings mit einer »quadratischen Frontseite«, ausgesehen haben. Das metallisch glänzende Vehikel, das ein ko-nisch zulaufendes Heckteil besessen habe, sei schätzungsweise 15 bis 18 m lang und in ein gleißendes Farbspektrum getaucht gewe-sen. Es habe sich mit »hoher Geschwindigkeit« im Abstand von etwa 500 m an Carpenters Haus vorbeibewegt. Sein plötzliches, übergangsloses Verschwinden mußte die Carpenters und ihre Freunde ungeheuer beeindruckt haben. Mr. Carpenter drückte seine Verblüffung etwa so aus: »Wir vier waren zunächst über das sich uns bietende, grandiose Schauspiel entzückt, erlitten aber ei-nen Schock, als das Objekt urplötzlich verschwand. Es bewegte sich nicht etwa irgendwohin, sondern verschwand vor unseren Augen so abrupt, als ob es sich in Luft aufgelöst habe.«

Die visuellen Beobachtungen dieses physikalisch unerklärli-chen Phänomens werden durch zahlreiche Radaraufnahmen hin-länglich bestätigt. Ein amerikanischer Radarexperte, der wäh-rend 30 Dienstjahren über 60 000 Stunden vor Panoramaschir-men verbracht hatte, mußte jahrelang im Auftrag der US-Luft-waffe insgeheim Radarbilder über Ufo-Aktivitäten auswerten. Seine streng vertraulichen Berichte wurden ausschließlich an das Air Defense Command (ADC) weitergeleitet.

Die unteren Chargen der bei Erstellung des zuvor erwähnten *Project Blue Book* hinzugezogenen Geheimdienstbeamten wur-den über die Ergebnisse von Radarbildauswertungen, die den physikalischen Beweis für die Echtheit des Ufo-Materialisa-tions-/Dematerialisationsphänomens lieferten, überhaupt nicht unterrichtet.[48]

IV   Risse im Universum

> *Der höchste Gedanke, der dem Menschen möglich ist, ist*
> *die Schau des gesamten Alls als eines einheitlichen Or-*
> *ganismus.*
>
> Johann Wolfgang v. Goethe

Der Tunneleffekt

Wenn sich Objekte, ähnlich wie im Fall Carpenter, plötzlich dematerialisieren, um – wie man annehmen darf – mittels einer
Kippbewegung über den zeitneutralen Hyperraum (Dimensionskipp) *im gleichen Augenblick* an irgendeiner anderen Stelle im
Universum und/oder in der Zeit aus dem *Nichts* aufzutauchen
(sich zu materialisieren), spricht man von Teleportation oder auch
Teletransport*.

Da sich gewollte, aber auch ungewollte Teleportationen, d. h.
spontane Raum-Zeit-Versetzungen, in »Nullzeit« abspielen
dürften – etwas, das nach dem heutigen Stand der Physik ganz
und gar unmöglich ist –, bereiten sowohl die Observierung dieses
Phänomens als auch dessen Einordnung in unser naturwissenschaftliches Weltbild nahezu unüberwindliche Schwierigkeiten.
Einige Wissenschaftler – unter ihnen der schon mehrmals er-

* Vgl. Fußnote auf Seite 13, ferner Seite 113 ff. sowie Abbildung 2.

wähnte Physiker Burkhard Heim – möchten Paraphänomene, so
u. a. auch die Teleportation, sogar ganz außerhalb der Physik,
vielleicht mehr im Biologischen, angesiedelt wissen. Sie erfassen
paranormale Bewirkungen derzeit rein mathematisch und enthe-
ben sich dadurch geschickt der Notwendigkeit einer physikalischen Darstellung dieser Phänomene. Dennoch könnten sich zu
einem späteren Zeitpunkt erweitert-physikalische Denkmodelle
als unumgänglich erweisen, vor allem dann, wenn wir uns eingehend mit der technischen Realisierung, d. h. mit der Reprodu-
zierbarkeit des Paranormalen und mit *Zeitmanipulationen* befassen.

Bevor wir uns weiteren theoretischen Erörterungen zuwenden,
sollen an einigen gutdokumentierten Fallbeispielen interessante
Zusammenhänge zwischen dem Teleportationsgeschehen und
gewissen Zeitanomalien aufgezeigt werden.

An einem Samstagmorgen im Juli 1966 fuhr ein Ehepaar aus
Allentown (Pennsylvania) mit dem Wagen in die nahegelegenen
Poconoberge, um dort das Wochenende zu verbringen. Das kleine Sommerhaus der beiden war von ihrer Stadtwohnung aus mit
dem Wagen in dreißig Minuten bequem zu erreichen. Als sie die
an diesem Morgen nur schwach befahrene Pennsylvania-Schnell-
straße entlangfuhren, sahen sie plötzlich einen großen, kreisför-
migen Flugkörper auf sich zukommen. Nachdem die verängstig-
ten Eheleute ihren Wagen am Straßenrand zum Stehen gebracht
hatten, konnten sie das über sie hinwegfliegende Objekt aus nächster Nähe beobachten.

Nach Angaben der beiden habe man auf der metallisch glänzenden Hülle des Objekts große schwarze Flecken, vermutlich
Beobachtungsluken, wahrnehmen können. Sein Auftritt währte
nur wenige Sekunden, dann war es plötzlich verschwunden. Dieses in keine Übergangsphasen auflösbare, spontane Erscheinen
und Verschwinden von Objekten weckt bei manchem Zweifel an
deren Realität. Wir aber wissen bereits, daß unsere Realität Teil
einer viel größeren, umfassenderen Anderen Realität ist, auch

wenn wir sie aufgrund unserer dreidimensionalen Unzulänglichkeit nicht zu erkennen vermögen.

Dem Ehepaar aus Allentown stand jedoch noch eine weitere Überraschung bevor. Am Ziel angekommen, stellte es sich heraus, daß man für die gesamte Fahrt, einschließlich der »kurzen« Unterbrechung, ganze vier Stunden benötigt hatte. Normalerweise brauchte man für diese Strecke, wie schon erwähnt, nur dreißig Minuten. Wo aber hatten sich die Ausflügler während der restlichen dreieinhalb Stunden aufgehalten? Waren sie etwa in die zeitneutralisierenden Ausläufer eines Fremdzeitfeldes geraten? Löste das von ihnen gesichtete Objekt vielleicht eine vorübergehende Realitätsverschiebung aus?

Wer Erlebnisse wie diese vorschnell als nachempfundene Science-fiction oder Halluzinationen abtun möchte, macht es sich zu einfach. Zeitanomalien lassen sich nun einmal nicht so ohne weiteres wegerklären.

In Südamerika kam es unter mysteriösen Umständen schon wiederholt zu ähnlichen Raum-Zeit-Versetzungen. Wie die argentinische Tageszeitung *Diario de Córdoba* zu berichten wußte, soll im Jahre 1959 ein Geschäftsmann bei hellichtem Tage von Bahía Blanca nach dem mehr als 1500 km Luftlinie entfernten Salta teleportiert worden sein, gerade als er mit seinem Wagen die Heimfahrt antreten wollte. Der Motor des vor seinem Hotel abgestellten Wagens lief schon, als ihm eine seltsame »Wolke« auffiel, die am Boden entlang langsam auf ihn zugekrochen kam. Dann schwanden ihm die Sinne. Als er wieder zu sich kam, stand er ohne seinen Wagen auf einer wenig befahrenen Landstraße unweit von Salta. Ein Lkw-Fahrer nahm sich des völlig verstört wirkenden Mannes an und überstellte ihn wenig später der örtlichen Polizeibehörde. Durch ein kurzes Telefonat mit der Direktion des Hotels in Bahía Blanca konnte die Identität des Versetzten rasch geklärt werden. Sein Wagen stand noch immer mit laufendem Motor auf dem Parkplatz vor dem Hotel. Seit seiner überstürzten »Abreise« aus Bahía Blanca waren offenbar nur wenige Minuten vergangen. Dies entsprach etwa der Zeit, die der hilfsbereite Lkw-Fahrer für die Fahrt zum Polizeirevier gebraucht hatte. Die riesige Strecke zwischen Bahía Blanca und Salta selbst mußte der Ortsversetzte in Nullzeit zurückgelegt haben. Irgendwo in unserer Welt hatte es wohl wieder einmal eine »undichte Stelle« gegeben. Durch diesen Riß im Raum-Zeit-Gefüge wurde ein Ahnungsloser über 1500 km weit teleportiert.

Zufall oder Absicht? Schon von jeher gibt es Menschen, die geheimnisvolle Bewegungen durch Raum und Zeit auf das absichtliche Wirken übernatürlicher Kräfte zurückführen. In seinem Aufsatz »Vision of Isaiah« (»Die Vision des Jesaja«)[49] weiß R. H. Charles über die Entrückung des Propheten Jesaja zu berichten, der – ob real-vollkörperlich oder psychisch-visionär – »zwei Wochen inmitten der Sterne« verbracht haben soll. Nach seiner Rückkehr mußte Jesaja feststellen, daß auf der Erde mittlerweile zweiunddreißig Jahre vergangen waren. Diese Zeitdilatation könnte möglicherweise auf einen in »Nullzeit« erfolgten Dimensionswechsel (den Dimensionskipp) und, wenn man die auf beiden Realitätsebenen verbrachte Zeit zueinander in Beziehung setzt, auf eine zeitliche Realitätsverschiebung im Verhältnis 1 : 832* hindeuten. Henoch, einer der Erzväter des Alten Testamentes – . . . Durch Glauben ward er entrückt, damit er den Tod nicht sehen sollte, und er wurde nicht gefunden, weil Gott ihn entrückt hatte . . . (Hebräer 11, Vers 5) –, und der Prophet Elias (9. Jahrhundert v. Chr.) weilten im Verlaufe ihres Entrücktseins offenbar ebenfalls in zeitneutralen Bereichen.

Im Mittelalter machte man mutwillige Naturgeister – Feen, Elfen und Kobolde – für Orts- und Zeitversetzungsphänomene verantwortlich . . . Dr. Jacques Vallée, ein bekannter französischer Wissenschaftler, der sich seit Jahren ernsthaft mit Ufo-Phänomenen befaßt, meinte unlängst, daß zwischen den Inhalten all dieser

---

* Eine Woche im »entrückten Zustand« entspräche in diesem Fall 832 Wochen auf der Erde.

Sagen und Schilderungen von Ufo-Kontaktlern gewisse Zusammenhänge zu erkennen seien. Hatte man es während der einzelnen Epochen der menschlichen Kulturgeschichte vielleicht immer mit dem gleichen Phänomen zu tun?

Anfang des 20. Jahrhunderts beschäftigte sich der Italiener Dr. Joseph Lapponi im Auftrag des Vatikans mit den Teleportationsfähigkeiten der Pansini-Brüder. Alfredo und Paolo Pansini – damals 8 bzw. 10 Jahre alt – waren verschiedentlich aus verschlossenen Räumen verschwunden und kurze Zeit danach an entfernten Orten wieder aufgetaucht. So verschwanden sie einmal aus dem elterlichen Haus in Ruvo, um eine halbe Stunde später nahe dem 30 km entfernten Barletta in einem Boot auf dem offenen Meer treibend aufgefunden zu werden. Ein anderes Mal verschwanden sie vor Zeugen von einem offenen Platz in Ruvo. Etwa zehn Minuten später will man sie im 20 km entfernten Trani entdeckt haben.

Es ist nur allzu verständlich, wenn man derartigen Berichten zunächst mit Skepsis begegnet. Die meisten der bisher stattgefundenen Versetzungen erfolgten ohnehin spontan, so daß man bei nachträglich durchgeführten Untersuchungen ausschließlich auf Zeugenaussagen angewiesen war. Fehleinschätzungen, Übertreibungen, arglistige Täuschung oder gar Betrug lassen sich in solchen Fällen nun einmal nicht mit absoluter Sicherheit ausschließen. Seit Einführung von elektronischen Test- und Überwachungsgeräten, seit Anwendung ausgeklügelter, von äußeren Einflüssen (z. B. vom Versuchsleiter) unabhängiger Versuchssicherungssysteme ist das Entlarvungsrisiko für Betrüger indes beträchtlich größer geworden.

Travis Walton, der am 5. November 1975 im Apache-Sitgreaves National Forest (Arizona) vor den Augen seiner sechs Holzfällerkumpel von einem Ufo entführt und fünf Tage lang an einem unbekannten Ort festgehalten worden sein soll, unterzog sich erst vor kurzem freiwillig einer Sprachstreßanalyse. Die mit dem neuartigen »Psychological Stress Evaluator« (PSE = Psychologischer Streß-Auswerter) erzielten Ergebnisse bestätigten im großen und ganzen das Resultat früherer Untersuchungen mittels hypnotischer Rückversetzung, Polygraphentests usw.: Walton sagte die Wahrheit.[50]

Das von drei im Ruhestand lebenden früheren Abwehrspezialisten der amerikanischen Armee entwickelte PSE-Gerät ist im Grunde genommen nichts anderes als ein »hochgezüchteter Polygraph« (Lügendetektor). Das Gerät beruht auf der wissenschaftlich anerkannten Theorie, daß sich emotionale Spannungen in elektronisch registrierbaren Veränderungen der Sprachfrequenz ausdrücken. Polizeibeamte, Sicherheitsexperten und private Ermittler sollen mit diesem Verfahren sehr zufrieden sein. Seine Zuverlässigkeit liegt angeblich bei etwa 90 Prozent.

Orts- und Zeitversetzungen sind an keine bestimmten Abwicklungsmuster gebunden. Mitunter werden Personen sogar mitsamt ihrem Fahrzeug von unbekannten Kräften »gepackt« und in der Zeit vorwärts oder rückwärts transportiert. Daß hiervon Betroffene unverhofft und nahezu übergangslos in die Andere Realität hineingleiten können, zeigt ein Fall, der sich vor etlichen Jahren in England zugetragen haben soll.

Ein Mann, der von seiner Arbeitsstelle nach Hause fuhr, ohne dabei von der gewohnten Wegstrecke abzuweichen, sah sich plötzlich in eine ihm völlig unbekannte Gegend versetzt. Rings um ihn herrschte bedrückende Stille. Die Situation war ungewöhnlich und beängstigend. Geistesgegenwärtig schaltete der Mann sein Autoradio ein. Alles, was er vernehmen konnte, war statisches Rauschen. Hatten sämtliche Rundfunkstationen ihre Sendungen eingestellt? Vor einem kleinen Restaurant, das sich »Henry's« nannte, sah er ein uraltes Auto stehen, einen Typ, der offenbar vor der Jahrhundertwende modern war.

An der nächsten Abzweigung erfolgte seine »Rückversetzung« in die Gegenwart. Er verglich die Auswirkung der erneuten Realitätsverschiebung mit einem »Gang durch kaltes Wasser«. Danach war der frühere Zustand wiederhergestellt, und er konnte seine Fahrt ohne weitere Zwischenfälle fortsetzen.

Besonders aufschlußreich erscheint sein Hinweis auf das statische Rauschen im Autoradio. Wäre der Mann nur psychisch aus unserer Zeit verdrängt worden, so hätte das auf die Funktion seines Empfängers überhaupt keinen Einfluß gehabt. So aber muß er sich mitsamt seinem Wagen vorübergehend in der Vergangenheit aufgehalten haben. Halluzinationen oder rein psychisch wahrgenommene Projektionen aus anderen Zeitabschnitten dürften demnach auszuschließen sein.

Wenn Personen nach wochen- oder monatelanger unfreiwilliger Abwesenheit an irgendeinem anderen Ort plötzlich wieder auftauchen, wenn sie über ihren zwischenzeitlichen Aufenthalt kaum Auskunft zu geben vermögen, spricht man häufig nur allzu schnell von Amnesie, einer Gedächtnisstörung mit Erinnerungsausfall.

Wäre es nicht der Mühe wert, sich mit dem Vorleben dieser zeitweilig Verschollenen gründlicher zu befassen, ihren Schicksalsweg bis zur Entstehung der vermeintlichen Erinnerungslücken zurückzuverfolgen?

Der Fall des damals dreiunddreißigjährigen Sidney Walker aus Bairro Gradim, bei São Gonçalo (Brasilien), der am 14. Juni 1966 von einem unbekannten Flugobjekt nach dem 2000 km entfernten Flecken Bairro do Dix-Sept Rosado bei Natal, der Hauptstadt der Provinz Rio Grande do Norte, entführt worden sein soll, dürfte sich wohl schwer mit Amnesie erklären lassen. Es gab nämlich einen Zeugen.

Walker, der in einem nahe seiner Wohnung gelegenen Restaurant ein Päckchen Zigaretten gekauft hatte, war schon wieder auf der Straße, als dem Wirt auffiel, daß ihm beim Herausgeben ein Irrtum unterlaufen war. Er rannte sofort nach draußen, um seinen Kunden über das Versehen aufzuklären und wurde Zeuge eines Vorfalls, den er sein Leben lang nicht vergessen wird. Dicht über Walker schwebte ein seltsames Flugobjekt. Ein Strahlenbündel schien auf ihn gerichtet zu sein. Dann war Walker mit einem Mal verschwunden. Der verängstigte Gastwirt ließ über diesen Vorfall zunächst nichts verlauten, da er befürchten mußte, daß die Polizei seine phantastische Geschichte nicht glauben und ihn streng verhören würde. Als Walkers Familie nach Tagen bangen Wartens Sidney bei der Polizei als vermißt gemeldet hatte, griff auch die brasilianische Tageszeitung *O Dia* den mysteriösen Fall auf und veröffentlichte eine großformatige Suchanzeige. Genau einen Monat nach seinem Verschwinden, am 14. Juli, meldete sich der Vermißte aus Bairro do Dix-Sept Rosado. Die dortige Gesundheitsbehörde veranlaßte den Rücktransport des völlig heruntergekommenen Walker.

Dann erst erfuhren die Leser von *O Dia* von den näheren Umstände seiner »Entführung«. Walker behauptete, auf dem Nachhauseweg von einer unbekannten Kraft erfaßt und nach oben gezogen worden zu sein. Daraufhin habe er das Bewußtsein verloren. Nach einiger Zeit sei er, unter einer Palme liegend, wieder zu sich gekommen und dort von einem älteren Ehepaar gefunden worden, das ihm seine Gastfreundschaft angeboten habe. Er wäre dann einige Wochen bei dem Ehepaar geblieben, um sich von den erlittenen Strapazen zu erholen und seine Erinnerungen aufzufrischen. Unklar ist nur, wo sich Walker aufhielt, bevor er von den alten Leuten gefunden wurde. Sein Gedächtnis wies eine beachtliche Lücke von mehreren Tagen auf. Und damit stellt sich sofort die Frage, ob hier nicht doch ein Fall langanhaltender Amnesie vorliegt. Einiges spricht dafür, anderes wiederum eindeutig dagegen. Walker muß nicht unbedingt von einem Ufo »entführt« worden sein. Es besteht durchaus die Möglichkeit, daß er rein zufällig in ein Kraftfeld höherdimensionaler Ordnung geriet, durch dessen Wirkung er unverzüglich an einen entfernten Ort und sicher auch in der Zeit versetzt wurde (Zeitraffung). Dies würde auch erklären, warum er sich an das Geschehen während der Tage vor seinem Auffinden nicht mehr erinnern konnte. Es gab eben nichts zum Erinnern. *Befindet sich jemand in einem höherdimensionalen Zustand, in dem die Zeit neutralisiert (aufgehoben) ist, so spielt sich für ihn in dieser Situation überhaupt nichts ab.*

Wenn für vorübergehend in den Hyperraum Versetzte unsere Weltzeit aufgehoben ist und mehrere Tage in unserem Universum dort einen Abwicklungszeitraum von »Null« beanspruchen, wenn sich also für die in eine höhere Dimensionalität Gelifteten absolut nichts ereignet, müssen zwangsläufig »Erinnerungslükken« entstehen. An welche Zeit (Vorgänge) sollten sich auch Zeit-neutralisierte erinnern?

Ließe sich »echte« Amnesie nicht ähnlich, etwa als Orts- und Zeitversetzung der Psyche, erklären? Der Körper einer psychisch versetzten Person würde indes ziellos umherirren. Auf Fragen nach dem Woher oder Wohin wüßte sie keine Antwort zu geben. Es gibt zahlreiche überzeugende Beispiele dafür, daß sich die Amnesie-Hypothese der Mediziner nicht in jedem Fall aufrechterhalten läßt. Vor allem dann nicht, wenn anstelle von Personen tote Objekte – Flugzeuge, Schiffe, Kraftfahrzeuge, Geschosse usw. – raumzeitlich versetzt, in unsere Gegenwart hineinteleportiert werden. Und Fälle dieser Art gibt es nicht wenige. So gelangte z. B. die Stadt Neapel am 2. Februar 1958 in den Besitz eines verspäteten Souvenirs aus dem Zweiten Weltkrieg.

Aus heiterem Himmel schlug auf einer der weniger belebten Straßen dieser Stadt eine Artilleriegranate ein, die zum Glück nicht explodierte und auch niemand verletzte. In die Hülle dieser Granate war die Jahreszahl 1942 eingestanzt. Wo und von wem mag sie in den dazwischenliegenden 15 Jahren aufgehalten worden sein?[51]

Während der ersten südafrikanischen Parapsychologie-Konferenz, die im Oktober 1973 in Johannesburg stattfand, berichtete ein aus Durban stammender Zivilingenieur namens L. H. van Loon über die Kurzstrecken-Teleportation eines Objektes, eine räumliche Versetzung, die bewies, daß seine Frau über psychokinetische Fähigkeiten verfügt. In der Niederschrift seines Vortrages heißt es:

»Eine wertvolle Brosche war auf mysteriöse Weise aus ihrem verschlossenen Schmuckkasten verschwunden. Es handelte sich hierbei um ein besonders schönes Stück, das sie als Kind von ihrer Großmutter erhalten hatte, als sie noch in Burma wohnten. Diese Brosche war ihr nicht etwa gestohlen worden, sondern hatte sich tatsächlich auf paranormalem Wege aus dem Behälter ›verflüchtigt‹ [im Original: ›spirited away‹]. Ihre gefühlsbetonte Verbundenheit mit diesem Erinnerungsstück, aber auch die Verärgerung über den ›Psychostreich‹, den man ihr gespielt hatte, versetzte sie offenbar in die richtige Stimmung, die Herbeischaffung des Objekts zu versuchen. Natürlich muß eine Beschreibung ihres Gemütszustandes im entscheidenden Augenblick des Herbeibefehlens der Brosche unvollständig bleiben. Man kann nur sagen, daß sie sich die Brosche mit aller Deutlichkeit vorstellte und daß sie die geistige Kontrolle über die den Stoffverbund beherrschenden psychischen Elemente gewann, so daß sie diese auf eine recht ungewöhnliche Art zur Rematerialisation des verschwundenen Gegenstandes veranlassen konnte. Etwa zwei oder drei Tage nach dem Verschwinden der Brosche ging meine Frau zum Schrank, um sich eine Packung neuer Strümpfe zu holen. Zu ihrer größten Überraschung fand sie die Brosche im Inneren der noch fabrikmäßig verschlossenen Strumpfpackung. Die Nadel der Brosche hatte das Strumpfgewebe gleich an mehreren Stellen durchstochen und hielt auf diese Weise das Ganze eng zusammen.«[52]

In diesem Fall hatte das teleportierte Objekt sogar die Schutzhülle der Strumpfpackung durchdrungen, und zwar ohne diese auch nur im geringsten zu beschädigen. Parapsychologen bezeichnen dieses Phänomen als Penetration.

Die Untersuchung von Teleportations- und Penetrationsvorgängen bereitet den Fachleuten schon allein dadurch große Schwierigkeiten, daß ein Vorgang, der in »Nullzeit« erfolgt, also in unserem Sinne keine Zeit beansprucht, auch nicht vom Auge wahrgenommen werden kann. Hier ist Geschwindigkeit jedoch beileibe »keine Hexerei«, sondern ein nüchternes mathematisch-physikalisches Rechenexempel, das voraussichtlich erst in einigen Jahrzehnten allgemeine Beachtung finden wird.

In England versucht ein Atomphysiker, Professor John B. Hasted, dem Phänomen der Teleportation über Umwege auf die Spur zu kommen. Seine Experimente auf dem Gebiet der Psychokinese führten ihn zu einer merkwürdigen Erkenntnis: Auch im Mikrokosmos, in der Welt der Atome, kommt es, unter Einwirkung psychischer Energien, zu Teleportationen und Penetrationen, die Hasted mit der Existenz von Transituniversen – er spricht ebenfalls von parallelen Universen – in Verbindung bringt. Hier scheinen auch die Wurzeln der Teleportation von Personen und Objekten zu liegen.

In der atomaren und subatomaren Welt bewirken diese Miniteleportationen offenbar Strukturveränderungen und Umschichtungen, die als Deformationen, Brüche und Risse sichtbar werden. Interessant erscheint in diesem Zusammenhang die Feststellung von Professor Elisabeth Rauscher (Universität Berkeley), daß Oberflächen von Bruchstellen, die auf psychokinetischem Wege entstehen, anders beschaffen sind als solche, die aufgrund mechanischer Trennoperationen zustande kommen.

Wie schon erwähnt, setzt sich immer mehr die Auffassung durch, daß Teleportationen und Penetrationen auf Nullzeit-Bewegungen von Objekten durch den Hyperraum (also auf Zeitneutralisation) zurückzuführen sind.[53] Wie aber kommt es zu solchen zeitneutralen Versetzungen? Auf welche Weise kann ein Objekt zum Hyperraum vordringen und im gleichen Augenblick (Nullzeit) orts- und zeitversetzt wieder im Normalraum – unserem Universum – auftauchen? Gibt es weiche Stellen im Raum-Zeit-Gefüge, die unseren physikalischen Gesetzen (nur scheinbar) zuwiderlaufende Prozesse ermöglichen – paraphysikalische Hintertürchen? Es gibt sie, und sie tragen nicht einmal das Kainsmal des Spekulativen.

Wir sprechen vom *Tunneleffekt,* ein nur quantentheoretisch zu verstehender Effekt, demzufolge eine kurzzeitige Verletzung des Energiesatzes, der besagt, daß bei allen Energieumwandlungen der Betrag der Gesamtenergie erhalten bleibt (Energie kann we-

der entstehen noch verlorengehen), denkbar ist. Dieser Tunneleffekt, mit dessen Hilfe man übrigens in der Atomphysik den ra-
dioaktiven Alphazerfall von Atomkernen erklärt, besagt, daß atomare Teilchen auch dann noch durch einen »Potentialberg«
(Energiewall) hindurchtreten können, wenn ihre Bewegungsener-
gie nach der klassischen Mechanik nicht ausreichen würde, um
die beim Anlaufen gegen den Berg auftretenden, abstoßenden
Kräfte zu überwinden. Wenn der Potentialberg nicht zu dick ist,
besteht eine gewisse Wahrscheinlichkeit dafür, daß ein Teilchen
innen bis auf die andere Seite des Berges vordringt. Es tritt dort
aus dem Berg heraus und bewegt sich dann als freies Teilchen weiter. Ein quantentheoretisches Teilchen »tunnelt« demnach durch
den Potentialberg hindurch, was nach den Gesetzen der klassischen Mechanik schlichtweg unmöglich wäre. Nach der klassischen Theorie könnte ein Alphateilchen einfach nicht aus dem
Atomkern heraus. Die Quantenmechanik aber erlaubt ihm, durch
den Energiewall, der es von der »Außenwelt« trennt, hindurchzu-
tunneln.

Ähnliche Vorgänge dürften sich aufgrund natürlicher oder
künstlich herbeigeführter Zeitanomalien auch bei Teleportationen und Penetrationen abspielen. Analog zum Tunneleffekt
könnte es hier infolge psycho- oder biophysikalischer Prozesse zu
einer Durchdringung der »Grenzen« unseres Universums, zum
»Unterlaufen« unseres Raum-Zeit-Gefüges kommen, ohne daß
fundamentale physikalische Gesetze verletzt werden. Auch unser
Makrokosmos ist allem Anschein nach durch höherdimensionale
Energiewälle von der Anderen Realität getrennt. Möglicherweise
können diese »Wälle« schon durch den gezielten (punktuellen)
Einsatz geringer Energien, durch Energieschübe, durchlöchert
werden, um Zeit- und Ortsversetzungen zu realisieren.

Wer glaubt, daß Wissenschaftler von Rang und Namen solche
Hypothesen nicht ernst nähmen, daß sie an ihrer Beweisbarkeit
zweifelten, befindet sich im Irrtum.

Der amerikanische Naturwissenschaftler Ivan Sanderson – Al-

bert Einsteins persönlicher Freund – war schon vor Jahren zu einem vertraulichen Gespräch über Ufos ins amerikanische Verteidigungsministerium gebeten worden. Während einer lebhaft geführten Diskussion mit hohen Beamten des Pentagons wollte Sanderson wissen, ob man ihm einen Gedankenaustausch mit Fachleuten ermöglichen könne, die sich mit Teleportationsexperimen-
ten befaßten. Warum er diese Frage überhaupt stellte und warum
er vermutete, daß militärische Stellen mit solchen Experimenten
beschäftigt seien, ließ sich später nicht mehr ermitteln.

Die Reaktion der Beamten bezeichnete Sanderson als verblüf-
fend. Einer der Herren gab ihm barsch zu verstehen, daß man mit
ihm über dieses Thema nicht zu diskutieren wünsche. Ein anderer
meinte beschwichtigend: »Wie auch immer, wir nennen es nicht
mehr ›Teleportation‹, sondern ganz einfach ›ITF‹.« ITF aber bedeutet soviel wie »augenblickliche Versetzung« [engl.: *instanta-
neous transference*]. Dieser Hinweis läßt die Vermutung aufkommen, daß man in den USA und vielleicht auch in anderen Ländern schon seit langem Teleportationsversuche unternimmt.

Wenn es stimmen sollte, daß die US-Marine bereits Mitte Oktober 1943 den Zerstörer »Eldridge« mit Hilfe starker pulsierender
Magnetfelder 300 km weit, aus dem Hafen von Philadelphia nach
Norfolk (Virginia), teleportieren konnte, wäre die Entwicklung
geeigneter Teleportationstechniken für große Objekte damals
schon in einem fortgeschrittenen Stadium gewesen. Obwohl Jo-
hannes von Buttlar[54] hinter den Schilderungen des in diesem Fall
verwickelten, hochangesehenen Wissenschaftlers Dr. Morris K.
Jessup und seines Informanten Carlos Miguel Allende (alias Carl
M. Allen) nur ein Ränkespiel der CIA vermutet, beharrt Charles
Berlitz auf seinem Standpunkt, daß dieses Experiment tatsächlich
stattgefunden habe. In seinem erst vor kurzem erschienenen Buch
Das Philadelphia-Experiment präsentiert Berlitz einige wichtige
Zeugen, die mit diesem Projekt angeblich zu tun hatten, sowie in-
teressante Einzelheiten über die mit der »Eldridge« durchgeführ-
ten Operationen. Möglicherweise hatte die CIA aber doch ihre

Hände im Spiel. Vielleicht trat sie die Flucht nach vorn an. Einmal, um, wie gelegentlich behauptet wird, die Öffentlichkeit über den wahren Sachverhalt des hiermit auf geheimnisvolle Weise zusammenhängenden Ufo-Phänomens im unklaren zu lassen und zum anderen, um von eigenen Experimenten auf dem Gebiet der kontrollierten spontanen Orts- und Zeitversetzung abzulenken. Sollte diese Vermutung zutreffen, so wäre der CIA zumindest ein Teilerfolg beschieden gewesen. Teleportationsexperimente dieses Ausmaßes müssen nämlich jedem, der mit der Materie nicht hinreichend vertraut ist und dem die Zusammenhänge nicht bekannt sind, zwangsläufig als ein Ding der Unmöglichkeit erscheinen. Wie weit mag die Entwicklung bis jetzt tatsächlich gediehen sein?

Von Funden, die es nicht geben dürfte

Als Mike Mikesell, Wallace Lane und Virginia Maxey am Morgen des 13. Februar 1961 zu den etwa 10 km nordöstlich von Olancha (Kalifornien) gelegenen Coso-Bergen aufbrachen, um dort ihrem Hobby, der Suche nach gewinnträchtigen Geoden*, nachzugehen, konnte niemand ahnen, daß ihnen ein Jahrhundertfund bevorstand. In unmittelbarer Nähe des 1450 m hohen Gipfels, etwa 100 m oberhalb des ausgetrockneten Owens-Sees, fanden die Amateur-Geologen einen runden Stein, den sie, obwohl er Spuren eines fossilen Belages aufwies, zunächst für eine ganz normale Geode hielten. Die eigentliche Überraschung erlebten sie erst am darauffolgenden Tag, als Mikesell den Stein halbierte und dabei seine Diamentsäge ruinierte. Als die beiden Hälften der Geode vor ihm lagen, mußte er feststellen, daß der Stein überhaupt keine Kristalle, sondern etwas völlig Fremdartiges enthielt.

---

* Geode (Druse, Mandel): Blasenhohlraum eines Erdgußgesteins, der mit Kristallen gefüllt sein kann (z. B. mit Achatmandeln).

Unter dem äußeren Belag, der aus gehärtetem Ton und Kies mit fossilen Einschlüssen bestand, fand er eine hexagonale Schicht aus einer unbekannten Substanz, die weicher als Achat oder Jaspis sein mußte. Hierin eingebettet war ein offenbar aus Hartporzellan oder Keramik bestehender Zylinder mit einem Durchmesser von rund 20 mm. In der Mitte dieses Zylinders entdeckte Mikesell einen 2 mm dicken, glänzenden Metallstab, der allem Anschein nach nicht oxidiert war.

Der keramische Zylinder war, wie man bei näherem Betrachten feststellen konnte, von Kupferringen umschlossen, die ebenfalls keine Korrosionsspuren aufwiesen.

Da die drei mit dem ungewöhnlichen Fund zunächst nichts anzufangen wußten, schickten sie die Pseudo-Geode an die Charles Fort Society – eine amerikanische Organisation, die sich mit der Untersuchung wissenschaftlich nicht erklärbarer Phänomene befaßt. Dort will man röntgenologisch festgestellt haben, daß der fossilienüberkrustete Gesteinsbrocken eine Art »mechanische Apparatur« enthält. Der Metallstab war - wie die Röntgenaufnahmen erkennen ließen – an einem Ende doch korrodiert. Das andere Ende war an einer Feder oder »Schnecke« befestigt. Fachleute wollen in dem Coso-Artefakt ein »elektrisches Instrument« erkannt haben. Sie verweisen in diesem Zusammenhang auf die erstaunlich präzise Verarbeitung der benutzten Werkstoffe. Das »Instrument« soll übrigens einer Zündkerze sehr ähnlich gewesen sein. Einige Details, wie z. B. der Federanschluß, sprachen allerdings gegen die Annahme, daß es sich um einen elektrischen Zündmechanismus handle. Während sich Wissenschaftler der verschiedensten Fachdisziplinen über die Zusammensetzung und Aufgabe dieses kleinen »Instruments« noch uneinig waren, hatten Geologen bereits das Alter des betreffenden Gesteinsbrockens ermittelt: 500 000 Jahre![56]

Funde dieser und ähnlicher Art lassen an der Richtigkeit herkömmlicher Entwicklungstheorien erhebliche Zweifel aufkommen. Daß diese berechtigt sind, daß manche sorgsam gehegten

Tabus einer gründlichen Überprüfung bedürfen, kann seit den großartigen Eiszeitfunden in der ersten Hälfte unseres Jahrhunderts kaum noch bestritten werden. Umfangreiches Indizienmaterial zwang die Schularchäologie schon damals zu tiefgreifenden Korrekturen an einer bis dahin mit aller Verbissenheit vertretenen, fehlerhaften Evolutionstheorie. Und diese Tendenz hält weiter an. Über kurz oder lang werden auch eingefleischte Konservative die Existenz unliebsamer, skurriler Funde zugeben und damit weitere Zugeständnisse an die sich bereits deutlich abzeichnende Realität machen müssen. Die Beweise werden immer erdrückender.

Am 10. April 1967 berichteten die großen amerikanischen Tageszeitungen über seltsame Artefakte, die man in der Rocky-Point-Mine nahe Gulman (Colorado) entdeckt hatte. Grubenarbeiter hatten damals etwa 100 m unter der Erdoberfläche in einer Silberader menschliche Knochenreste gefunden, deren Alter, unter Zugrundelegung geologischer Vergleichsmaßstäbe, auf mehrere Millionen Jahre geschätzt wurde. Neben den Knochen fand man eine 10 cm lange Pfeilspitze aus »wärmebehandeltem« Kupfer.

Diese Funde dürfte es nach Auffassung unserer Schularchäologen an jenen Stellen eigentlich nicht geben. Sie passen ganz einfach nicht in das viel zu eng gerahmte Bild von der menschlichen Entwicklungsgeschichte. Niemand wollte damals die »heiße Ware« anfassen . . . Der Schleier des Vergessens senkte sich über dieses interessante Souvenir aus unbekannter »Hand«.

Schon im 19. Jahrhundert berichteten amerikanische und europäische Blätter oft über ähnliche mysteriöse Funde. So fand z. B. eine Mrs. S. W. Culp aus Morrisonville (Illinois) am 9. Juni 1891 beim Kohlenschaufeln in einem gerade zerbrochenen Kohlebrocken eine hübsche, reich verzierte Goldkette. Mrs. Culp nahm zunächst an, irgend jemand habe die Kette aus Versehen auf einer Kohlehalde verloren. Ihre Vermutung sollte sich aber schon wenige Augenblicke später als falsch erweisen. Beim Zerbrechen des Kohlebrockens wurden zunächst die mittleren Glieder, dann erst die beiden tiefer liegenden Enden sichtbar, was besagt, daß die Kette tatsächlich von Anfang an *in der Kohle* enthalten gewesen sein muß. Geologen, Archäologen und Zeitungsreporter wußten mit diesem ungewöhnlichen Fund nichts anzufangen. Der Kohlebrocken mußte zwangsläufig aus einer 300 Millionen Jahre zurückdatierenden Formation stammen, die Oberkarbon genannt wird. Was aber hatte eine von hohem handwerklichen Können zeugende Kette in einem fossilen Kohleklumpen zu suchen? Gab es damals etwa doch schon Menschen? Oder stattete jemand dieser Zeitepoche nur einen kurzen Besuch ab? Von wem stammen diese Artefakte?

Der Übergang vom äffischen Pongiden (dem Immer-noch-Tier) zum Hominiden (Schon-Mensch) vollzog sich, nach Gerhard Heberer, innerhalb eines zeitlich stark ausgedehnten »Tier-Mensch-Übergangsfeldes«. Erst vor etwa einer Million Jahre, im Pleistozän, beschleunigte sich diese Entwicklung über den Vormenschentypen (Prähomininen) hin zum echten Menschen, der als »Adressant« für die hier angeführten Artefakte in Frage kommen könnte.

Ein weiteres »unmögliches« Artefakt – eine 2 Zoll-Metallschraube – wurde 1865 in einem Feldspatbrocken entdeckt, der aus den bei Treasure City (Nevada) gelegenen Abbey-Minen stammte. Obwohl der Schraubenkörper schon längst völlig oxidiert war, hatte sein Gewinde im Feldspat deutliche Spuren hinterlassen. Auch dieser Fund läßt sich mit der heute vorherrschenden Evolutionstheorie nicht vereinbaren: Das Alter des Feldspats wird nämlich von Geologen auf mehrere Millionen Jahre geschätzt.

Im Jahre 1851 brachte ein amerikanischer Geschäftsmann namens Hiram de Witt von einer Reise nach Kalifornien einen faustgroßen Klumpen Goldquarz mit nach Hause, den er einem Freund zeigte. Infolge eines Mißgeschicks entglitt ihm der Quarzbrocken. Er schlug hart auf dem Boden auf, zerbrach in zwei Teile und gab dabei einen leicht korrodierten, aber sonst gut erhaltenen

Nagel frei, dessen Kopf eine äußerst markante Form aufwies. Auf welche Weise mag dieser Nagel, der heutigen Eisenerzeugnissen qualitativ in nichts nachstand, in einen Quarzbrocken geraten sein, der, nach Schätzung von Fachleuten, mehr als eine Million Jahre alt sein mußte?

Es war dies bei weitem nicht das erste Mal, daß Nägel an Stellen gefunden wurden, wo sie nach Ansicht unserer Archäologen eigentlich nicht hingehörten. Schon im Jahre 1845 berichtete Sir David Brewster der »British Association for the Advancement of Science« über einen ähnlichen Fund, der seinerzeit großes Aufsehen erregt hatte.

Im Kindgoodie-Steinbruch (Nordengland) hatte man bei Abbrucharbeiten einen Nagel gefunden, der zur Hälfte in einem Granitblock eingebettet war. Dieser offensichtlich von Menschenhand gefertigte Nagel war zwar stark korrodiert, aber dennoch als solcher ohne weiteres erkennbar.

Besagt dieser Fund etwa, daß es vor mehr als 600 Millionen Jahren Zivilisationen gab, die mit Nägeln oder dergleichen hantierten? Stammte er vielleicht nur von »Durchreisenden« und würde dann die Evolutionstheorie doch wieder stimmen? Immerhin wird das Alter von Granit auf eine Milliarde(!) bis 600 Millionen Jahre geschätzt. Damals aber gab es – wie unsere Paläontologen behaupten – allenfalls Blaualgen, Schwämme und Weichtiere.

Anfang November 1978 ließ mich ein Leser aus Raisdorf bei Kiel wissen, daß er einen Granitbrocken besäße, in dem ein versteinertes Stück Holz eingeschlossen sei. Er habe ihn 1960 bei Bauarbeiten auf seinem Grundstück gefunden. Wörtlich heißt es in dem Schreiben von Herrn S.: »Diesen Stein habe ich Wissenschaftlern der Kieler Universität und 1975, gelegentlich der Ausstellung ›Versteinertes Holz‹, Fachleuten der Hamburger Universität vorgelegt. Resultat: allgemeines Achselzucken.«[57]

Die Ratlosigkeit der Experten braucht niemanden zu verwundern, wenn man bedenkt, daß das Alter des Urgesteins Granit –

wie bereits erwähnt – eine Milliarde bis 600 Millionen Jahre, das des Holzes im günstigsten Fall jedoch nur 300 Millionen Jahre beträgt. Wegen dieser nichtkatalogisierbaren Funde, mit denen unsere Wissenschaftler von Zeit zu Zeit konfrontiert werden, kam es zwischen Vertretern unterschiedlicher Fachdisziplinen schon wiederholt zu erheblichen Meinungsverschiedenheiten. Während die meisten Geologen von der Richtigkeit ihrer Altersbestimmungsmethoden (unter Berücksichtigung gewisser Toleranzen) überzeugt sind, stellen orthodoxe Archäologen die Echtheit der hier erwähnten Objekte immer wieder in Abrede. Ihrer Meinung nach kann und darf es keine menschlichen Skelettreste in Erzadern, keine Goldketten in Kohleklumpen aus dem Karbon und schon gar nicht Nägel im Granitgestein des Präkambriums geben.

Ivan Sanderson befaßte sich lange Zeit intensiv mit dem Phänomen der nicht einzuordnenden Artefakte, die in den USA kurz OOPARTS (*Out Of Place Artifacts,* etwa: »deplacierte Artefakte«) genannt werden. Er überprüfte unter anderem die Wahrscheinlichkeit dreier unorthodoxer Hypothesen, die zur Klärung der Herkunft jener Funde beitragen könnten:

1. Bei OOPARTS handelt es sich um Erzeugnisse einer technisch weit fortgeschrittenen Zivilisation, die schon lange vor der unsrigen die Erde bevölkerte;
2. OOPARTS sind Objekte, die sich irgendwo und/oder irgendwann einmal dematerialisierten und durch Teleportation an einen anderen Ort bzw. in eine andere Zeit versetzt wurden, um dort (an »unmöglichen Stellen«) wieder ihre ursprüngliche Form anzunehmen (sich zu rematerialisieren);
3. OOPARTS gehören zur Hinterlassenschaft von Extraterrestriern, die unserem Planeten in grauer Vorzeit Besuche abstatteten (»Ancient Astronaut«-Idee).[58]

Sanderson selbst soll keine dieser Hypothesen mit besonderem Nachdruck vertreten haben. Vielleicht hielt er sie allesamt für unausgegoren und für wissenschaftlich nicht belegbar.

Die ungewöhnlichen und meist schwer zugänglichen Fundstellen schließen Irrtümer oder betrügerische Machenschaften weitgehend aus. Sie lassen dagegen die Teleportationshypothese (Hypothese 2) – zumindest in einigen Fällen – nicht abwegig erscheinen.

Die während Poltergeistaktivitäten (Spuk) wahrgenommenen und durch Videoaufzeichnungen wiederholt verifizierten Teleportations- und Penetrationsphänomene bilden eine stabile Grundlage für Untersuchungen zur Ermittlung der Herkunft »deplacierter Artefakte«, denn auch hier kommt es bekanntlich zu De- und Rematerialisationserscheinungen, zur Aufhebung raumzeitlicher Bindungen.

Markierte orts- und zeitversetzte Objekte (z. B. Münzen, Schmuck mit Widmung), die zudem noch aus jüngeren, gut überschaubaren Geschichtsepochen stammen, lassen die hier aufgeführten Hypothesen (1) und (3) als unhaltbar erscheinen.

Vor zwölf Jahren berichtete die englische Tageszeitung *Daily Mirror* über einen ungewöhnlichen Pennyregen, der am 7. Dezember 1968 in Ramsgate, Grafschaft Kent, niedergegangen war. Der Kleingeldsegen hielt etwa fünfzehn Minuten an und ließ in kurzen Abständen etwa fünfzig dieser Münzen zusammenkommen. Hausfrauen berichteten, man habe in Wirklichkeit keine der Münzen »fallen« sehen, sondern nur deren Aufprall auf das Pflaster vernommen. Manipulationen eines spendablen Witzboldes dürften ausgeschlossen sein. In unmittelbarer Nähe des monetären »Niederschlagsfeldes« gab es kein Gebäude und keine Erhöhung, von denen herab das Geld hätte geworfen werden können. Auch habe – nach Aussagen zuverlässiger Zeugen – zu dieser Zeit kein Flugzeug die Stadt überflogen. Interessant erscheint dagegen die Feststellung einiger Zuschauer, daß die Münzen vom »Aufprall« verbeult gewesen seien.

Waren die Münzen während ihrer Reise durch die Andere Realität für die Zeugen dieses Vorfalls zunächst unsichtbar und materialisierten sie sich erst bei Bodenberührung? Wem mögen sie abhanden gekommen sein? Dem Milchmann, dem Zeitungsjungen, einer Marktfrau?

Als Mr. und Mrs. McGee an einem sonnigen Oktobernachmittag des Jahres 1958 mit der Pflege ihres Rasens beschäftigt waren, fiel etwas Glitzerndes in einen Abfalleimer, den die beiden zum Aufsammeln des Laubes benutzten. Neugierig leerten sie den Eimer aus. Sie fanden, zu ihrem größten Erstaunen, zwischen Laub und dürrem Gras eine Zwei-Francs-Münze, deren Herkunft ihnen völlig unerklärlich war. Wie die McGees behaupteten, soll sich zum fraglichen Zeitpunkt in der Nähe ihres Anwesens niemand aufgehalten haben; auch wäre in jenem Augenblick ihr Grundstück von keinem Flugzeug überflogen worden.

Im Januar und Februar des Jahres 1901 hatte es in der Wohnung eines Londoner Bürgers namens Steward nicht nur Geldstücke geregnet. Die Kupfermünzen, denen bald weniger brauchbare Dinge, wie Steine, Schrauben, Bolzen, Gasrohre, alte Nägel und dergleichen folgten, schienen von der Decke herabzufallen. Hatte irgend jemand unter Anwendung psychischer Kräfte, rein psychokinetisch eine Eisenwarenhandlung »ausgeräumt«, waren die Objekte durch einen dummen Zufall infolge einer Unachtsamkeit nicht zu Boden, sondern durch einen Riß im Raum-Zeit-Gefüge gefallen?

Im März 1963 war es in Wellington, der Hauptstadt Neuseelands, zu einem ähnlichen Zwischenfall gekommen. Ein Pensionsinhaber und fünfzehn seiner Gäste beobachteten, wie ein Neuseeland-Penny (der in seinen Abmessungen einer Fünfzig-Cent-Münze entspricht) das Verandafenster durchschlug und auf den Fußboden fiel. Sein Erscheinen war der Auftakt zu einem fast acht Stunden dauernden Bombardement, in dessen Verlauf sich wieder einmal nicht nur Münzen, sondern auch Steine materialisierten. Die Pensionsgäste mußten, um nicht verletzt zu werden, vorübergehend in der Küche Schutz suchen. An den beiden darauffolgenden Tagen kam es erneut zu ähnlichen Poltergeist-Manifestationen. Wieder hagelte es Münzen und Steine. Zeitweilig waren es mehr als fünfhundert Personen, die – durch entsprechende Pressemeldungen aufmerksam gemacht – herbeigeeilt kamen, um das ungewöhnliche Spektakel aus nächster Nähe zu beobachten.

Die Polizei setzte Spürhunde ein, um den Auslöser dieser Attacken zu ermitteln und damit dem lästigen Spuk ein Ende zu bereiten. Vergebens. Die Ermittlungen verliefen im Sande. Einen Verursacher, zumindest einen solchen, den man für die angerichteten Schäden hätte haftbar machen können, gab es nicht.

Solche Fälle enthüllen unsere ganze Hilflosigkeit im Umgang mit dem Paranormalen, der Anderen Realität, von der wir, aufgrund unserer unzureichenden Programmierung, immer nur winzige Ausschnitte zu erfassen vermögen.

Wenn, vom Hyperraum aus gesehen, in unserem »in der Zeit erstarrten« Universum Gleichzeitigkeit herrscht, wenn es demnach genau genommen Zeitkategorien, wie Vergangenheit, Gegenwart und Zukunft, gar nicht gibt, müßten eigentlich auch Rückwärts-Teleportationen möglich sein. Es wäre also nicht verwunderlich, wenn sich Dinge aus der Zukunft gelegentlich in die Gegenwart verirrten. Handelte es sich bei dem merkwürdigen »Rad«, das Anfang April 1897 in der Nähe von Battle Creek (Michigan) niederging, vielleicht um ein solches Präsent aus einer anderen Zeit? Ein angesehener Farmer namens George Park und dessen Frau, die dort spazierengingen, sahen mit einem Mal in etwa 30 m Höhe ein glänzendes Objekt auf sich zukommen. Beim Überfliegen des Ehepaares ließ der geheimnisvolle Flugapparat einen Gegenstand fallen, der durch die Wucht seines Aufpralls tief in das offenbar lockere Erdreich eindrang. Am nächsten Morgen legte Park mit der Schaufel einen recht ungewöhnlichen Gegenstand frei: ein aus Aluminium gefertigtes »Rad« mit einem Durchmesser von etwa 1,20 m, das die Form einer Turbine besaß. Er behielt das Aluminium-»Rad« zur Erinnerung an ein Erlebnis, für das damals, vor Erfindung des Motorflugzeugs, niemand eine Erklärung fand.[59]

Seit einigen Jahren fallen in verschiedenen Teilen der Welt hohle Metallkugeln aus der Luft herab. Drei solcher Kugeln wurden 1963 in einem verlassenen Wüstenabschnitt Australiens entdeckt. Ihr Durchmesser betrug etwa 35 cm. Mit diesen hochglanzpolierten Wunderkugeln hatte es seine besondere Bewandtnis. Am 30. April 1963 ließ der australische Versorgungsminister Allen Fairhall Mitglieder des Repräsentantenhauses wissen, daß alle Bemühungen, diese Kugeln zu öffnen, fehlgeschlagen seien. Sie wurden später angeblich der US-Luftwaffe übergeben. Seitdem schweigt man sich über diesen Fall aus.

In Monterrey (Mexiko) und Conway (Arkansas) sollen im Jahre 1967 ähnliche Kugeln aus Titan bzw. Edelstahl gefunden worden sein. Aus Afrika und Argentinien liegen weitere Fundmeldungen vor. Kleinere, farbige Kugeln tauchten in den Jahren 1966 und 1967 auch an vielen Orten Frankreichs auf. Woher kommen sie, welchen Zweck erfüllen sie?

Fachleute wiesen Spekulationen, daß es sich bei den Hohlkugeln um niedergegangene Raketenbauteile gehandelt habe, mit Nachdruck zurück. Diese wären nach ihrem Einsatz unter Wiedereintrittsbedingungen wohl kaum noch derart gut erhalten gewesen.

Mitte der vierziger Jahre – vor und nach dem Zweiten Weltkrieg – wurden in zahlreichen Ländern Europas jene silbrig glänzenden, raketenförmigen Flugobjekte gesichtet, die man wegen ihrer hohen Geschwindigkeit und waghalsigen Wendemanöver »Geisterraketen« nannte. Eine dieser »Raketen« soll im Jahre 1946 über Schweden explodiert und abgestürzt sein. In ihrem Wrack hätten Wissenschaftler eine merkwürdige kleine Röhre gefunden, die ein schachbrettartiges Miniaturbauteil, ähnlich den heute in der Elektronik gebräuchlichen »Chips«, enthalten habe.[60] »Chips« sind integrierte Mikroschaltungen, die wesentlich zur Miniaturisierung elektronischer Bauelemente, so unter anderem zur Entwicklung leistungsfähiger Transistoren, beigetragen haben. Transistoren – das sind elektronische Verstärkerelemente –

wurden aber erst Anfang der fünfziger Jahre entwickelt. Die eigentliche Miniaturisierung elektronischer Bauelemente, ihre Zusammenfassung zu kompakten Baugruppen, setzte noch viel später ein.

Wie kommt es aber dann, daß »Geisterraketen« bereits 1946 (und sicher noch viel früher) mit miniaturisierten elektronischen Geräten ausgerüstet waren? Hatte auch hier wieder einmal die Zukunft die Vergangenheit »eingeholt«? Hatten unsere Urenkel vielleicht automatische *Zeitsonden* auf den Weg geschickt, um das turbulente Geschehen jener Tage zu beobachten?

Zeit gedehnt – Zeit gerafft

Immer dann, wenn Personen auf unvorhergesehene Weise direkt oder indirekt in den Bannkreis des Höherdimensionalen geraten, hat dies seltsame, meist erst später in Erscheinung tretende Zeitanomalien zur Folge. Gemeint sind die häufig miteinander verwechselten Begriffe »Zeitdilatation« (Zeitdehnung) und »Zeitkontraktion« (Zeitraffung).

Benötigt man für eine bestimmte Wegstrecke, ohne Abkürzungen zu benutzen oder die Geschwindigkeit zu erhöhen, viel weniger Zeit als sonst normalerweise, so würde dies für den hiervon unmittelbar Betroffenen eine Raffung der Zeit bedeuten. Dies wäre z. B. bei Teleportationen der Fall, die offenbar überhaupt keine Zeit in Anspruch nehmen. Die Teleportierten erscheinen – wenn nichts Unvorhergesehenes dazwischenkommt – im Augenblick ihres Verschwindens unmittelbar an einem anderen Ort.

Ganz anders verhält es sich, wenn jemand zur Bewältigung einer bestimmten Strecke, ohne Umwege in Anspruch genommen oder die Geschwindigkeit gedrosselt zu haben, plötzlich viel mehr Zeit als sonst benötigt. Es scheint, als habe sich für die betroffene Person die Zeit auf unerklärliche Weise gedehnt. Handelt es sich bei den hieraus resultierenden »Zeitlücken« tatsächlich um psychisch bedingte Erinnerungslücken – gewollte oder ungewollte Gedächtnisblockaden – oder um die zeitdehnende Wirkung eines fremden, höherdimensionalen »Feldes«, das möglicherweise von Zeitfahrern oder Supradimensionalen zum Studium unserer Jetzt-Welt errichtet wurde? Man sollte sich einmal fragen, inwieweit Erlebnisse dieser Art in unserem Sinne *real* sind. So manches läßt darauf schließen, daß diesen Vorgängen auf rein physikalischem Wege ohnehin nicht beizukommen ist. Gerade aus diesem Grund scheint es geboten, Schilderungen von Personen, die »Blitzkontakte« (kurzzeitige Wahrnehmungen von Leuchterscheinungen oder Lichtblitzen) gehabt haben wollen, genauso ernst zu nehmen wie Berichte über Sichtungen massiver Objekte in wachem Zustand. »Blitzkontakte« währen scheinbar nur Bruchteile von Sekunden. Sie beinhalten – schenkt man den Resultaten gezielter hypnotischer Rückversetzungen Glauben – Erlebnispakete, die sich auf Zeiträume von einigen Stunden bis zu mehreren irdischen Tagen erstrecken. In den meisten Fällen wird Kontaktlern überhaupt nicht bewußt, was sich während des auf die Dauer eines vermeintlichen Lichtblitzes (oder Traumes) komprimierten Erlebniszeitraums alles ereignete. Verborgene Kontakte wie diese müßten unentdeckt bleiben, würde sich nicht mancher gelegentlich über erhebliche Fahrzeitüberschreitungen wundern.

Am 25. August 1975, gegen 3.15 Uhr, war Mrs. Sandra Larson mit ihrem Wagen auf der Interstate 94 von Fargo nach Bismarck (North Dakota) unterwegs, um dort noch am gleichen Vormittag eine Prüfung als Grundstücksmaklerin abzulegen. In ihrer Begleitung befanden sich ihre fünfzehnjährige Tochter Jackie und ein Freund der Familie, der hier Larry Mahoney (Pseudonym) genannt wird. Etwa 70 km außerhalb von Fargo vernahm das Trio plötzlich heftige Donnerschläge, denen im gleichen Augenblick ein greller Lichtblitz folgte. Als die drei erschrocken aus dem linken Wagenfenster blickten, sahen sie, wie sich am südlichen Himmel acht bis zehn gleißend helle, kugelförmige Objekte geradlinig hintereinander der vor ihnen liegenden Ebene näherten. Einzelheiten waren nicht zu erkennen. Man bemerkte lediglich, daß alle Kugeln von Rauchwölkchen umgeben waren. Es hatte den Anschein, als ob die kleinen Kugeln aus den jeweils größeren herauskämen. Die Kugelkavalkade kam etwa 15 m vor dem Wagen der Larsons, schätzungsweise 6 m oberhalb eines Wäldchens, zum Stehen. Drei der Kugeln drehten ab und verschwanden blitzschnell am Firmament.

Sandra behauptete später, daß sie beim Anblick der Kugeln etwas Merkwürdiges in ihrem Kopf empfunden habe. Larry, der den Wagen steuerte, meinte: »Als ich die Kugeln erblickte, glaubte ich zunächst, wir würden stillstehen. Es war so, als ob wir mit dem Wagen kaum Fahrt machten. Dabei hatten wir mindestens 50 Meilen [etwa 80 km/h] drauf. Ich hatte das Gefühl, als ob wir eine Sekunde lang ›eingefroren‹ gewesen waren.« Auffällig war auch die Placierung der Wageninsassen nach dieser Sichtung. Jakkie, die zuvor auf dem Vordersitz zwischen ihrer Mutter und Larry gesessen hatte, saß nach dem »kleinen Zwischenfall« plötzlich allein auf dem Rücksitz.

Beim Nachtanken in Tower City machten die Larsons eine merkwürdige Feststellung, die später den Stein ins Rollen brachte. Auf der Tankstellenuhr war es bereits 5.23 Uhr. Man hatte demnach für diesen Teil der Strecke *eine Stunde mehr als sonst* benötigt. Dabei konnte ihr kleines Erlebnis, wenn überhaupt, nur einige Sekunden in Anspruch genommen haben . . .

Wenige Monate später erfuhren zwei angesehene amerikanische Fachwissenschaftler, Dr. Leo Sprinkle, Psychologieprofessor an der Universität von Wyoming, und Professor Allen Hynek, die schon seit Jahren von offizieller Seite in Ufo-Fragen konsultiert werden, von diesem mysteriösen Fall. Sie erlangten die Einwilligung der beiden Frauen, zur Klärung des Vorfalls hypnotische Rückversetzungstechniken anwenden zu dürfen.

Die Sitzungen fanden am 4., 5. und 6. Dezember 1975 sowie am 18. Januar 1976 in Gegenwart von John Coleman, einem Fernseh-

mann aus Chicago, statt. Während der ersten drei Sitzungen taste-
ten sich die beiden Wissenschaftler immer näher an den eigentlichen Kern des Geschehens heran. Sie offenbarten lediglich die
weitgehende Übereinstimmung der Aussagen beider Frauen. Die
vierte und letzte Hypnositzung mit Sandra brachte schließlich den
ersehnten Durchbruch. Nachdem Dr. Sprinkle sie abermals zum
Ausgangspunkt ihrer Sichtung zurückversetzt und sie gefragt hatte, was mit den von ihr gesichteten Ufos gewesen sei, antwortete
sie ohne zu zögern: »Sie landeten!« Sandra ließ die erstaunten
Zuhörer wissen, daß ihr Wagen plötzlich von selbst stehengeblie-
ben sei. Danach habe sie das Bewußtsein verloren. Sie glaubte zu
schweben. Befand sie sich vielleicht unter einer zeitneutralisierenden »Glocke«, die unter anderem eine Veränderung der Gravitationskonstanten zur Folge hatte?

Die während der vierten Hypnositzung zutage geförderten Details lassen erahnen, wie unvorbereitet und hilflos wir solchen bizarren Situationen gegenüberstehen. Der hier auszugshalber wie-
dergegebene Dialog zwischen dem Team Sprinkle/Hynek und
Sandra Larson enthüllt Einzelheiten über ihre unfreiwillige Fahrt-
unterbrechung – Ursache für die »fehlende Stunde«, den Zeitraum, über den die Wageninsassen bis dahin keine Auskunft geben konnten. Mrs. Larson befand sich bei dieser Sitzung in Tief-
trance, einem Zustand, der bewußte Manipulationen seitens der
Befragten ausschließt.

Mrs. Larson: Ich sehe, wie der Wagen zu *ihm* hochgebracht
wird, so als ob er hereingeholt würde.

Sprinkle: Wohin wurde der Wagen befördert?

Mrs. Larson: Wo immer es gewesen war, es war da draußen.

Hynek: Waren die Lichter zu diesem Zeitpunkt noch zu
sehen?

Mrs. Larson: Einige von ihnen.

Hynek: Hatte es den Anschein, als ob sie ihre Brillanz
beibehielten, wurden sie schwächer oder heller?

Mrs. Larson: Ich weiß es nicht. Es ist, als ob mich die Hellig-
              keit jetzt nicht stört.
Sprinkle: Und der Wagen wird zu *ihm* hochgebracht?
Mrs. Larson: Nur etwas weg . . .
Sprinkle: Wie groß ist das Ufo? Größer als ein Haus?
Mrs. Larson: Wie ein großes rundes Haus.
Sprinkle: Steht es auf dem Boden?
Mrs. Larson: Es schwebt einige Meter über dem Boden.

Dann wurde Mrs. Larsons Körper von irgend etwas oder irgend
jemand übernommen. Er soll – wie sie angab – beim Hinein-
schweben in die Maschine starr gewesen sein. An den genauen
Hergang der »Einschiffung« konnte sie sich jedoch nicht mehr
erinnern. Als nächstes sah sie Larry festgeschnallt auf einem senk-
recht an der Wand befestigten Untersuchungstisch liegen. Ihre
Tochter Jackie war nicht anwesend.

Nachdem man Mrs. Larson entkleidet hatte, wurde ihr ganzer
Körper unter Zuhilfenahme eines nicht näher bezeichneten »Instruments« mit einer alkoholartigen Flüssigkeit eingerieben, die
auf ihrer Haut ein Gefühl betäubender Kälte erzeugte. Dann
schabte man mit Hilfe eines »Messers« ihre Nase aus.

Hynek: Sahen Sie zu diesem Zeitpunkt viele Personen?
Mrs. Larson: Offenbar war nur eine mit mir beschäftigt.
Hynek: Hatten Sie dabei Ihre Augen offen?
Mrs. Larson: Ja.
Hynek: Welche Kleidung trug das Wesen?
Mrs. Larson: Vielleicht aus Gummi, wie . . .
Hynek: Wie sah sein Gesicht aus? Etwa wie das eines
              normalen Menschen? Fiel Ihnen irgend etwas
              Fremdartiges an seinem Gesicht auf?
Mrs. Larson: Die stechenden Augen. Sie schienen meine Ge-
              danken zu erraten. Es war, als ob sie meinen
              Kopf öffneten und mein Gehirn untersuchten.[61]

Ihr Rücktransport, wieder im Schwebezustand, erfolgte ihrer Schätzung nach etwa eine halbe Stunde später. Jackie und Larry waren bereits vor ihr eingetroffen. Ihr Wagen mußte von irgend jemand in den Straßengraben bugsiert worden sein. Er stand dort, etwa 60 m von der Stelle entfernt, wo sie angehalten hatten.

Als sie schließlich, noch völlig benommen, die Fahrt nach Bismarck fortsetzten, war ihre Erinnerung an dieses phantastische Abenteuer mit einem Mal wie ausgelöscht.

Hatten alle drei halluziniert, kollektiv geträumt oder die Nachwirkungen eines ganz anderen Schockerlebnisses zu spüren bekommen? Hatten sie alle in diesem Zustand, zur selben Zeit, das gleiche oder ein ähnliches Thema gestreift? Diese Möglichkeit ist nach den Gesetzen des Zufalls mit an Sicherheit grenzender Wahrscheinlichkeit auszuschließen.

Bleibt noch die Betrugshypothese. Mrs. Larsons Aussagen wurden bis zur Stunde ihrer Abfahrt aus Fargo am 26. August sorgfältig überprüft. Sie erwiesen sich, vor allem was die Fahrzeiten anbelangt, selbst in den Details als zutreffend.

Sprinkle und Hynek vertraten nach Beendigung ihrer Untersuchungen einmütig die Auffassung, daß Mrs. Larson und ihre Tochter von der Echtheit ihrer Erlebnisse überzeugt zu sein schienen. Mit anderen Worten: *Beide sagten die Wahrheit.*

Welchen Realitätsstatus aber sollte man diesem Erlebnis zubilligen? Wo hielten sich die drei Personen während der fraglichen Stunde tatsächlich auf? Waren sie von den Fremden eine Stunde lang außerhalb unseres Raum-Zeit-Kontinuums versetzt worden, um sie in aller Ruhe untersuchen zu können? Waren sie dadurch im Vergleich zu ihren Mitmenschen eine Stunde weniger gealtert? Geschah dies alles im hypnotischen Zustand, unter einer höherdimensionalen »Schutzglocke«, unsichtbar für die übrige Welt?

Vieles spricht dafür, daß die drei Personen für die Dauer einer irdischen Stunde aus unserer Zeit »herausgehoben« und anderswohin versetzt worden waren. Unsere Uhren gingen indes um eine Stunde weiter.

Ein ähnlicher Vorfall ereignete sich am 6. Januar 1976 in der Gegend von Hustonville (Kentucky). Drei berufstätige Frauen – Louise Smith, Mona Stafford und Elaine Thomas – die nach einem gemeinsamen Abendessen in einem Restaurant nahe Stanford gegen 23.15 Uhr die Rückfahrt nach Liberty angetreten hatten, sahen sich mit einem Mal von einem Ufo verfolgt, das ihnen wenig später allerlei Unannehmlichkeiten bereiten sollte.

Obwohl Mrs. Smith ihren Fuß vom Gaspedal nahm, um auf diese Weise ihren plötzlich aus unerklärlichen Gründen immer schneller werdenden Wagen abzubremsen, schien die Beschleunigung nur noch zuzunehmen. Zu ihrem Entsetzen mußte sie feststellen, daß die Bremsen versagten.

Als die drei Frauen dann auch noch ein schmerzhaftes Brennen in ihren Augenhöhlen spürten, gerieten sie völlig aus der Fassung. Die rote Kontrollampe am Armaturenbrett leuchtete auf. Der Motor war ausgefallen. Trotzdem raste der Wagen mit unvermindert hoher Geschwindigkeit die Straße entlang. Aber auch mit dieser schien etwas nicht zu stimmen. Sie war ihnen unbegreiflicherweise völlig fremd.

Kurz vor Hustonville schien ihr Orientierungssinn plötzlich wieder zu funktionieren, und Mrs. Smith gewann die Herrschaft über ihren Wagen zurück. Zu Hause angekommen, machten die drei eine erstaunliche Feststellung: Die Fahrt von Stanford nach Liberty hatte 135 Minuten gedauert. Normalerweise benötigt man zur Bewältigung dieser Strecke *nur 45 Minuten.*

APRO – eine amerikanische Ufo-Organisation – erfuhr auf Umwegen von diesem Zwischenfall. Wieder war es Dr. Sprinkle, der das mysteriöse Geschehen durch Anwendung von Hypno-Regressionstechniken und Polygraphentests aufzuhellen versuchte, dem schließlich das Durchbrechen der Gedächtnisblokkaden gelang. Seinen Aufzeichnungen zufolge wurden die drei Frauen auf nicht erkennbare Weise in ein parkendes Ufo transportiert, wo man sie, wie im Fall Larson, gründlich untersuchte. Mrs. Thomas konnte sich an das Aussehen der Ufo-Entitäten noch gut erinnern: 1,20 bis 1,35 m große Humanoide mit dunklen Augen, Hautfarbe grau.

Dr. Sprinkle ist von der Aufrichtigkeit der überprüften Personen und von der Realität ihrer Erlebnisse an Bord des Fahrzeuges fest überzeugt. Ihre »Verletzungen« an Hals, Rücken und Händen, das Brennen in ihren Augenhöhlen – Symptome, die erst nach zwei Tagen nachließen –, schließen nicht aus, daß es sich hierbei um ganz *reale* Folgeerscheinungen der medizinischen »Untersuchung« an Bord der fremden Maschine handelte.

Welcher Beweise bedarf es eigentlich noch, um erkennen zu lassen, daß es mit unserem Wissen um die »vorletzten Dinge« schlecht bestellt sein muß, wenn man Zeitdilatationsphänomene nicht einmal andeutungsweise zu erklären vermag? Auch im vorliegenden Fall geht es wieder einmal um den Realitätsstatus des Erlebten. Sicher waren die drei Frauen ebenso wie die Fremden für jemanden, der sie in unserer Welt suchte, vorübergehend *nicht real*. Was diese in der höheren Dimensionalität, in die man sie zeitweilig versetzt hatte, alles erlebten, war dagegen ebenso *real* wie alltägliches Geschehen in unserem Universum. Das bewiesen allein schon ihre »Verletzungen«.

Das beim relativistischen Raumflug auftretende Zeitdehnungsphänomen erreicht seinen Höhepunkt, wenn die Geschwindigkeit eines Raumfahrzeuges den hypothetischen Wert »unendlich« (∞) annimmt. Dieser Wert entspräche dem *Herauskippen aus unserem Raum-Zeit-Gefüge*, der »zeitweiligen« Versetzung in den raumzeitfreien Hyperraum. Zum besseren Verständnis dieser Feststellung wollen wir uns besagter Extremsituation vom relativistischen Raumflug her nähern.

Wir wissen bereits, daß sich bei sehr hohen Geschwindigkeiten – knapp unter der des Lichtes – die Zeit für den Raumfahrer dehnt. Für Astronauten, die ihr Raumschiff mit entsprechend hohen Werten beschleunigen, vergeht die Zeit langsamer als auf der Erde. Diese Zeitdehnung wird von ihnen selbst allerdings nicht wahrgenommen; sie sind dem gleichen Lebensrhythmus unter-

worfen wie wir. Die Begriffe *Zeitdehnung* (Zeitdilatation) und
Zeitraffung (Zeitkontraktion) kennzeichnen im Grunde genommen ein und dasselbe Phänomen: ein durch relativistische Bewegungen hervorgerufenes zeitliches Übersetzungsverhältnis (die
Beziehung Erdzeit/Bordzeit), das von *einem* Beobachtungspunkt
aus gesehen als Zeitdehnung, vom *anderen* aus als Zeitraffung
oder -schrumpfung erscheint. Könnte man von der Erde aus über
eine Fernseh-Direktleitung ohne Zeitverlust die Vorgänge an
Bord eines mit Fast-Lichtgeschwindigkeit dahineilenden Raumschiffes beobachten, so würden uns die Bewegungsabläufe der
Besatzung zeitlupenartig langsam vorkommen. Für Betrachter
von der Erde aus wären unsere Raumfahrer demnach einer Zeitdehnung ausgesetzt. Umgekehrt verhält es sich nach relativitäts-
theoretischen Überlegungen ebenso.

Je mehr man sich der Lichtgeschwindigkeit (300 000 km/s) nä-
hert, desto stärker wirkt sich die Zeitdehnung aus. Wenige Bord-
jahre entsprechen dann Hunderten, Tausenden oder gar Millionen von Erdjahren. Fliegt ein Raumschiff mit 97 Prozent der
Lichtgeschwindigkeit (etwa 291 000 km/s), so entsprächen 60 irdische Minuten annähernd 15 Bordminuten. Bei 99 Prozent der
Lichtgeschwindigkeit (etwa 297 000 km/s) ist das Verhältnis
noch krasser: 60 Minuten auf der Erde stünden 6 Bordminuten
gegenüber, was einer Zeitdehnung von 10 : 1 gleichkommt.

Abbildung 14 veranschaulicht die Zeitspannenrelationen unterschiedlich beschleunigter Objekte, wobei die Zeitspanne auf
der Erde konstant t_E betragen soll. Die Zeitspanne eines auf der
Erde (oder in Erdnähe) bewegten Objekts – eines Autos, Schiffes
oder Flugzeuges – wurde hier als t_4 bezeichnet. Im erdgebundenen Bereich sind die Abweichungen zwischen Bord- und Erdzeit
so gering, daß man sie praktisch vernachlässigen kann, das bedeutet $t_E \approx t_4$. Anders verhält es sich beim relativistischen Raumflug.
Hier werden, je mehr wir uns der Lichtgeschwindigkeit nähern,
die Bordzeitspannen (t_3, t_2, t_1) im Vergleich zu der Erdzeitspanne
t_E immer kleiner. Die Zeit dehnt sich zugunsten der Raumfahrer.

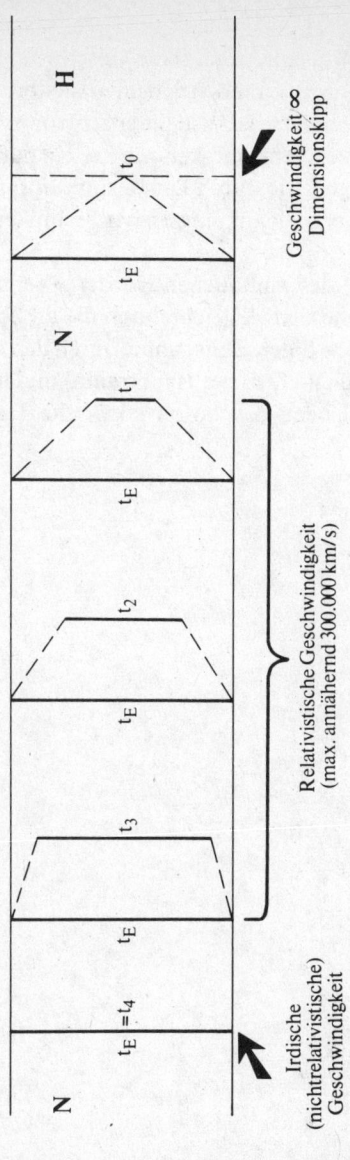

Abb. 14: *Zeitdilatation beim relativistischen Raumflug. Dimensionskipp beim Eintauchen in den Hyperraum. t_E: Zeitspanne auf der Erde; t_4 = Zeitspanne eines langsam bewegten Objekts auf der Erde ($t_E = t_4$); t_1 bis t_3: Zeitspannen an Bord eines Raumfahrzeugs bei immer höheren Beschleunigungen; t_0: Zeitspanne entspricht dem Wert Null im Hyperraum beim Dimensionskipp; N: Normalraum; H: Hyperraum.*

Bei t_0, wenn das Raumschiff zur echten *Zeitreisemaschine* wird und in den Hyperraum eintaucht, wenn seine Geschwindigkeit – symbolisch verstanden – gewissermaßen den unvorstellbar hohen Wert »unendlich« (∞) erreicht, ist, wie bereits zuvor erwähnt, die Zeitdehnung am größten. Anzumerken wäre noch, daß spontane Zeit-/Ortsversetzungen, die durch Dimensionskipp zustande kommen, offenbar auf beschleunigungsfreien Techniken beruhen.

Der genaue Zeitpunkt des Auftauchens in der »Vergangenheit« oder »Zukunft« ließe sich vielleicht durch die an Bord der Zeitmaschine »verbrachte« Eigen-Zeitspanne, durch den dimensionalen Standort (Eintauchtiefe in der Hyperraum) und andere, bislang unbeachtet gebliebene psycho-physikalische Faktoren bestimmen.

V Zeitreisende studieren ihre Vergangenheit

Erzähl mir die Vergangenheit, und ich werde die Zukunft kennen.

Konfuzius

Operation »Historia«

Vieles spricht dafür: Sie weilen schon seit Menschengedenken unter uns – unsere zeitreisenden Nachfahren, deren aufmerksamen Blicken offenbar nichts, was sich im Laufe der Jahrhunderte und Jahrtausende auf der Erde zutrug, verborgen bleibt. Ufos werden nicht erst seit dem Zweiten Weltkrieg oder gar erst seit Kenneth Arnolds legendärer Sichtung von neun riesigen, glühenden Scheiben über dem westlichen Washington am 24. Juni 1947 beobachtet. Unerklärliche, unheimlich anmutende Himmelserscheinungen und Flugobjekte – Fackeln, feurige Kugeln, geheimnisvolle Lichter, Monde, die bei Tage, und Sonnen, die bei Nacht scheinen, Schilde, Scheiben und Phantomschiffe – geistern schon seit Hunderten und Tausenden von Jahren um unseren Planeten und durch die Weltgeschichte.

Offenbar waren sie im alten Ägypten ebenso bekannt wie in Griechenland zur Zeit Alexanders des Großen, im Imperium Romanum wie im Mittelalter, als Fürsten und Bischöfe jeden Versuch einer Interpretation dieses Phänomens schon im Keim erstickten.

Berühmte Schriftsteller und Denker der Antike – Livius, Cassius Dio, Plutarch, Plinius der Ältere, Cicero, Seneca und viele andere, haben diese mysteriösen Himmelserscheinungen, für die es auch damals keine logische Erklärung gab, allegorisch-anschaulich beschrieben. Sie sind Teil eines allumfassenden Geschehens, das die Menschen schon damals zutiefst bewegt haben muß. Daß man sie mit mythologischen Elementen in Verbindung zu bringen suchte, ist nur allzu verständlich.

Schon zu Zeiten des Pharaos Thutmosis III. (um 1468 bis 1436 v. Chr.) beobachtete man unerklärliche Himmelserscheinungen: »Im Jahr 22, dritter Monat des Winters, sechste Stunde des Tages . . . war da ein Ring von Feuer, der vom Himmel herunterkam, . . . er hatte einen Kopf, und aus seinem Munde strömte fauler Atem. Sein Körper war eine Rute [etwa 5 m] lang und eine Rute breit. Er hatte keine Stimme . . . Nachdem ein paar Tage vergangen waren, erschienen immer mehr von diesen Gegenständen am Himmel. Sie strahlten heller als die Sonne, und sie erstreckten sich bis zu den Enden der vier Himmelsrichtungen . . . Mächtig war die Position ihrer Feuerringe . . . Am Abend stiegen diese Feuerringe im Süden höher in den Himmel . . . und was geschah, das mußte in den Annalen des Hauses des Lebens aufgeschrieben werden . . . so daß sie nie vergessen werden würden.«[62]

Was waren das für seltsame »Feuerringe«, die sich vom Himmel herabsenkten und Priester und Gelehrte eines Volkes beeindruckten, das bereits gigantische technische Leistungen vollbracht hatte? Parallelen zu Sichtungsberichten aus unseren Tagen werden erkennbar. Sie offenbaren sich nicht nur in Tausenden gut dokumentierter Augenzeugenberichte einfacher Leute, sondern in noch viel stärkerem Maße auch in den Protokollen erfahrener Piloten, Schiffsoffiziere, Polizeibeamter und Astronomen – qualifizierten Personen, von denen man nicht pauschal behaupten kann, daß sie allesamt an Halluzinationen litten oder aus niedrigen Beweggründen Geschichten erfanden. Die Phänomenologie der Ufos scheint – läßt man das schmückende Beiwerk früherer Sichtungsberichte beiseite – über alle Zeiten hinweg stets annähernd die gleiche zu sein. Geht man einmal davon aus, daß es damals keine Möglichkeit zur exakten Beschreibung der solchen Sichtungen zugrunde liegenden Techniken gab, so wird verständlich, warum sich die Menschen bis weit ins 19. Jahrhundert hinein zur Veranschaulichung des Erlebten eines »technischen« Vokabulars bedienten, das ausschließlich von Begriffen aus dem Alltag geprägt war.

Bei der Re-Interpretation früherer Sichtungsberichte unter Berücksichtigung unseres heutigen wissenschaftlich-technischen Erfahrungsschatzes stellt sich alsbald die Frage nach der Existenz (und Art) eines gemeinsamen »Hauptnenners« für diese durch Jahrhunderte und länger getrennt voneinander aufgetretenen Himmelsphänomene. Ihn zu finden, dürfte nicht ganz einfach sein, bedarf es doch der zusammenhängenden Betrachtung einschlägiger, innerhalb dieser Zeiträume mühsam zusammengetragener Schilderungen aus unterschiedlichen Quellen. Erst dann vermögen wir hinter all diesen seltsamen Phänomenen ein *Prinzip* zu entdecken . . . und weitere Hinweise für die Richtigkeit unserer *Temponauten-Hypothese.*

Innerhalb von drei Jahrtausenden dürften allein durch Kriege und Plünderung unzählige bedeutende Werke mit wertvollen Aufzeichnungen über Ufo-Sichtungen im Altertum verlorengegangen sein. So sind z. B. von den 620 Büchern des großen römischen Universalgenies Marcus Terentius Varro (116–27 v. Chr.) nur zwei erhalten geblieben. Welche Fülle wichtiger Informationen mögen die übrigen Werke dieses Gelehrten enthalten haben? Wir werden es nie erfahren.

Gewiß wüßten wir heute mehr über jene seltsamen Himmelserscheinungen, über die Aktivitäten jener »Fremden« – Personen, die so gar nicht in die damalige Zeit hineinpaßten –, wenn nicht ganze Bibliotheken mutwillig niedergebrannt worden wären. Trotz dieses bedauerlichen Aderlasses blieben noch genügend, wenn auch meist fragmentarische Aufzeichnungen erhalten – Dokumente, die, sorgsam aneinandergereiht, interessante Rückschlüsse auf die Hintergründe der damaligen Ereignisse erlauben. Zahlreiche Fallschilderungen, vorwiegend aus der Feder berühmter Schriftsteller und Gelehrter der Antike, werden selbst Skeptiker nachdenklich stimmen. Auch scheint die Kontinuität, mit der diese Phänomene nunmehr seit mehr als drei Jahrtausenden in Erscheinung treten, Erich von Dänikens Hypothese zu widersprechen, es habe sich bei allen diesen Besuchern ausschließlich um raumfahrende Außerirdische, um irgendwelche ominösen Superzivilisationen aus den Weiten des Alls gehandelt. Irgendwann einmal innerhalb dieser gewaltigen Zeitspanne müßte ihr Interesse an unserem verhältnismäßig unbedeutenden Planeten, von dessen Sorte es sicher noch einige Milliarden allein in unserer Galaxie geben dürfte, erloschen sein. Ihre Besuche scheinen aber gerade in jüngster Zeit eher zuzunehmen.

Die folgende chronologisch geordnete Auswahl von Exzerpten aus klassischen Quellen erhebt keinen Anspruch auf Vollständigkeit. Sie ließe sich beliebig erweitern.

708 v. Chr.

In diesem Jahr, als Rom von der Pest heimgesucht wurde, soll ein »Bronzeschild« vom Himmel gefallen sein. Der Sabiner Numa Pompilius (715–672), angeblich Roms zweiter König, nutzte diesen Vorfall, um die leidende Bevölkerung zum Durchhalten zu bewegen. Er behauptete, die Musen hätten ihm anvertraut, sie sähen in diesem Wunder der Götter ein Omen dafür, daß diese der Stadt ihren besonderen Schutz angedeihen lassen wollten. Der König ordnete die Anfertigung von elf genauen Nachbildungen besagten Schildes an, um das Original vor Diebstahl zu schützen. Die Schilde wurden schließlich den Saliern, den Priestern des Mars, übergeben, die sie bei feierlichen Prozessionen und Tänzen mitführten. Dieses von den Römern religiös verehrte metallische

Himmelsobjekt war offenbar kein Meteorit, sondern ein von Hand gefertigter Gegenstand. Er dürfte wohl kaum aus dem Weltraum stammen, weil Objekte dieser Größe beim Eintritt in die Erdatmosphäre verglühen. Der Schild muß aus niedriger Höhe herabgefallen sein, da er sonst bei Bodenberührung erheblich deformiert worden wäre, was aber anscheinend nicht der Fall war.

Obwohl die Römer sehr abergläubisch waren, hätten sie doch keinesfalls einen gewöhnlichen Schild, wie er zur Ausrüstung der Legionäre gehörte, auf diese Weise verehrt. Plutarch schildert den Schild als »weder rund, noch vollkommen oval, jedoch mit einer gekrümmten Kerbung versehen, deren ›Arme‹ – nach hinten gebogen – oben und unten ineinander übergingen«. Die Römer nannten dieses seltsame Himmelsobjekt wahrscheinlich nur deshalb »Schild«, weil es einem solchen ähnlich sah und sie keine andere Bezeichnung dafür fanden.

461 v. Chr.
Im 5. Jahrhundert befand sich Rom mit seinen Nachbarn, den Etruskern, Latinern und Samniten, nahezu ununterbrochen im Kriegszustand. Diese Kampfhandlungen haben allem Anschein nach auch damals zahlreiche Ufo-Temponauten angelockt, die mitunter nicht nur als Beobachter in Erscheinung traten. Im Jahre 461 soll sich in verschiedenen Gegenden des Römischen Reiches der Himmel öfter blutrot verfärbt haben. Lycosthenes* berichtete, die Menschen wären zu dieser Zeit von schrecklichen Phantomen und unheimlichen Stimmen belästigt worden. Während dieser »Besuche« soll es wiederholt Fleischstücke unterschiedlicher

---

* Conrad Lycosthenes (eig. C. Wolffhart) wurde 1518 im Elsaß geboren. Als Diakon in Basel beschäftigte er sich vor allem mit den Werken bedeutender Schriftsteller der Antike und des Mittelalters; u. a. ergänzte er Julius Obsequens' Chronik über merkwürdige Ereignisse zu Lande, zu Wasser und in der Luft *(Prodigiorum libellum)*. Julius, der im 4. Jahrhundert lebte, berichtet darin über allerlei seltsame Phänomene, die sich zwischen 176 v. Chr. und 16 n. Chr. zugetragen haben sollen.

Größe geregnet haben, die offenbar von in der Luft zerfetzten Vögeln stammten. Die über weite Gebiete niedergegangenen Fleischbrocken sollen lange Zeit ihre natürliche Farbe und Konsistenz beibehalten haben. Die zeitgenössischen Wahrsager vermochten dieses Phänomen nicht zu deuten. In den *Sibyllinischen Büchern** wurde im Zusammenhang hiermit nur ganz allgemein vor Feinden außerhalb und vor Aufständen innerhalb der Stadt gewarnt.[63]

340 v. Chr.

In diesem Jahr versuchten die Römer den Latinern die fruchtbare Campagna zu entreißen. Livius berichtet über eine merkwürdige Begebenheit, die sich zu jener Zeit im Lager der Römer zugetragen haben soll: »Da, in der Stille der Nacht, sollen beide Konsuln von der gleichen »Erscheinung« besucht worden sein. Ein Mann, größer und majestätischer als ein Mensch, eröffnete ihnen, daß der Kommandant der einen Seite sowie die Armee der anderen den Manen und der Mutter Erde geopfert werden müßten.«[64]

[Wer führte hier Regie? Wer trat hier auf, um den Gang der Geschichte, den Lauf des Schicksals zu korrigieren?]

332 v. Chr.

Während der Belagerung von Tyros durch Alexander den Großen kam es offenbar zu einer noch massiveren Beeinflussung von »außen«. Der gelehrte Italiener Alberto Fenoglio berichtet hierüber in *Clypeus Anno 111*, Nr. 2, [zitiert von Johann Gustav Droysen in *Geschichte Alexanders des Großen* (1833)]: »Die Festung wollte sich nicht ergeben. Ihre Wälle waren 15 m hoch und so solide gebaut, daß man sie mit keiner Belagerungsmaschine zerstören konnte. Die Tyrer verfügten über die klügsten Techniker und Erbauer von Kriegsmaschinen der damaligen Zeit. Sie vermochten

---

* Sammlung von Orakelschriften, die im offiziellen Kult Roms eine Rolle spielten und der Sibylle von Cumae zugeschrieben wurden.

sogar Brandpfeile und Geschosse, die durch Katapulte in die
Stadt geschleudert wurden, noch im Fluge aufzufangen. Eines Tages erschienen über dem Lager der Mazedonier plötzlich ›Fliegende Schilde‹, wie man sie nannte. Sie flogen in Dreieckforma-
tion und wurden von einem außerordentlich großen ›Schild‹ an-
geführt. Die anderen waren fast um die Hälfte kleiner.«

Der unbekannte Chronist berichtet, daß sie langsam über Tyros
kreisten, während Tausende von Kriegern auf beiden Seiten im
Kampf innehielten und ihnen voller Erstaunen zuschauten. Plötzlich löste sich von dem größten »Schild« ein Lichtblitz, der die
Wälle traf und sie an dieser Stelle zum Einsturz brachte. Andere
Lichtblitze folgten. Sie zerstörten die Wälle und Türme mühelos,
so, als ob diese »aus Schlamm« bestünden. Auf diese Weise war
der Weg für die Belagerer freigeworden, die sich nun durch die
Breschen drängten. Die »Fliegenden Schilde« aber schwebten solange über der Stadt, bis diese völlig erstürmt war. Dann verschwanden sie ebenso plötzlich, wie sie gekommen waren.[65]

Zu einem anderen Zeitpunkt – bei einer Flußüberquerung –
sollen die gleichen seltsamen Erscheinungen Alexanders Truppe
verwirrt und den Vormarsch vorübergehend behindert haben. Er
selbst sah, wie zwei der »Luftfahrzeuge« wiederholt im Sturzflug
auf seine Armee niedergingen, so daß die Kampfelefanten, Pferde und Soldaten in panischer Angst das Weite suchten. Auch diese Objekte wurden von den Chronisten als große, glänzende und
an ihren Rändern feuersprühende »Silberschilde« bezeichnet,
die vom Himmel herabkamen und nach ihrer Mission wieder
nach dort verschwanden.

234, 223 und 221 v. Chr.

In der Zeit, als die Gallier Italien überfielen, wurden in Rimini
und an anderen Orten mehrmals drei »Monde« gesehen, die aus
unterschiedlichen Richtungen kamen.[63,66,67]

218 v. Chr.
Am Himmel wurden glänzende Phantomschiffe beobachtet. In
Amiternum waren aus der Ferne Erscheinungen von Männern in
glänzender Kleidung zu sehen; sie näherten sich jedoch niemanden.[68]

217 v. Chr.
Die Sonnenscheibe schien sich verengt zu haben. Bei Praeneste
regnete es glühende Steine und bei Arpi erschienen »Schilde« am
Himmel. Offenbar »kämpfte die Sonne mit dem Mond«. Bei Ca-
pernaum gingen bei Tage zwei »Monde« auf. Am Himmel über
Falerii schien ein großer Riß zu klaffen, durch den gleißend helles
Licht drang. Bei Capua hatte man den Eindruck, als ob der Himmel brenne und inmitten eines Regenschauers ein »Mond« nie-
derginge.[69]

175 v. Chr.
Am Himmel schienen zur gleichen Zeit drei »Sonnen« und bei
Lanuvium fielen während der Nacht mehrere »Fackeln« vom
Himmel.[63]

173 v. Chr.
Am Himmel über Lanuvium konnte man eine »große Armada«
beobachten, und bei Priverno bedeckte »graue Wolle« den Boden.[63] 49 v. Chr. soll in Mittelitalien erneut »Wolle« vom Himmel
gefallen sein.
   [Sollte es sich hierbei um die gleiche Substanz handeln, die heute mit Ufo-Sichtungen in Verbindung gebracht wird – um soge-
nanntes »Engelshaar«, eine übelriechende, spinnweben-, watte-
bzw. gallertartige Masse, die beim Berühren verklumpt und sich
dann rasch verflüchtigt? Möglicherweise ist dieses interessante,
weltweit zu beobachtende Phänomen auf paraphysikalische Vorgänge bei der Materialisation von Zeitreisevehikeln zurückzuführen, bei der es unter Umständen zur Absonderung bioplasmati-

scher Masse aus einer anderen Realität kommen könnte. Dieses
Bio- oder Ektoplasma – »Fall-out« aus anderen Seinsbereichen –
wurde, seitdem sich der Nervenarzt Dr. Albert Freiherr von
Schrenck-Notzing zu Anfang unseres Jahrhunderts erstmals wissenschaftlich mit Materialisationsphänomenen befaßte, mehrfach analytisch untersucht. Im Jahre 1912 stellte das »Chemische
Labor von Schwalm« in München fest, daß dieses Material reich
an Albuminen und auch an anderen, jedoch nicht im lebenden
Körper vorkommenden Substanzen ist. Beim Verbrennen dieser
Substanz konnte Stickstoff wie bei eiweißhaltigen Stoffen nachgewiesen werden.

Zu ähnlichen Ergebnissen kam man in den USA und Italien bei
der Untersuchung von »Engelshaar«. Von Außerirdischem oder
gar Übersinnlichem keine Spur!]

154 v. Chr.
Man will gesehen haben, wie die apulische Stadt Compsa von
»Waffen« überflogen wurde.[63]

134, 122 und 113 v. Chr.
An verschiedenen Orten des Römischen Reiches konnte man die
Sonne bei Nacht sehen – ein Phänomen, das als »Nachtsonne«
bezeichnet wurde. Ihr Licht war nur für kurze Zeit sichtbar. [Of-
fenbar handelte es sich um die Lichtstrahlung eines künstlichen
Objektes.][63,70,71]

106 v. Chr.
Vom Himmel her war »Lärm« zu vernehmen. »Wurfspieße« fielen herab, und es regnete Blut. In Rom konnte man eine Fackel
am Himmel sehen.[63]

103 v. Chr.
Am Tage, zwischen der dritten und siebten Stunde, erschien der
»Mond« zusammen mit einem »Stern« . . . In Picenus sah man
drei Sonnen.[63]

100 v. Chr.
Während des Konsulats von Lucius Valerius und Gaius Marius
beobachtete man, wie am abendlichen Himmel ein brennender,
funkensprühender »Schild« von Westen nach Osten raste.[72]

91 v. Chr.
In der Nordregion fegte bei Sonnenuntergang unter fürchterli-
chem Getöse eine Feuerkugel über den Himmel. In Spoletum roll-
te ein goldfarbener Feuerball zu Boden. Als er größer wurde, hob
er wieder von der Erde ab. Er flog nach Osten und gewann derart
an Umfang, daß er bald darauf die Sonne bedeckte.[63]

776 n. Chr.
In diesem Jahr wurden erneut »Fliegende Schilde« gesichtet. In
den von einem Mönch in lateinischer Sprache abgefaßten *Annales Laurissenses* heißt es, daß heidnische Sachsen gegen Karl den
Großen rebelliert und in der Nähe von Aeresburgum* ein Kastell
zerstört hätten. Sie wären dann die Lippe hinabgezogen, um Sigi-
burg** zu belagern. Als die Sachsen die Stadt mit Wurfgeschos-
sen eindeckten und schließlich zum Angriff gegen die zahlenmä-
ßig unterlegenen Christen übergingen, geschah etwas Merkwürdiges: »Die Herrlichkeit Gottes offenbarte sich über der im Fe-
stungsgürtel gelegenen Kirche. Alle, die diesem Ereignis bei-
wohnten – und viele von ihnen leben heute noch – sagten, daß sie
zwei große, rötlich glühende, flammenspeiende Schilde über die
Kirche hinwegziehen sahen. Als die vor der Stadt lagernden Hei-
den dieses Zeichen sahen, gerieten sie sogleich in Verwirrung.
Entsetzt traten sie den Rückzug an . . .« Später sollen sich die
flüchtenden Sachsen Kaiser Karl ergeben und – noch unter dem
Eindruck dieses »Wunders« – um das Taufsakrament gebeten haben.[73]

* Heute Eresburg im Landkreis Brilon.
** Heute Hohensyburg oder Hohe Siegburg; liegt am Zusammenfluß von
  Lenne und Ruhr bei Hagen.

840

Im Mittelalter machten französische Bauern die legendären »Ma-
gonier« für den Verlust von Getreide und Vieh verantwortlich.
Von sogenannten »Wolkenschiffen« aus, in denen sie vor Abwehrmaßnahmen der aufgebrachten Bauern sicher waren, sollen
sie Pflanzen und Tiere vergiftet sowie das Wetter negativ beeinflußt haben. Nach einer Aufzeichnung des Erzbischofs Agobard
von Lyon stürzte im Jahre 840 (nach J. Vallée 812) eines dieser
Schiffe ab. Agobard will erfahren haben, daß seine Insassen – drei
Männer und eine Frau – von dem wütenden Landvolk zu Tode ge-
steinigt wurden. Anderen Quellen entnehmen wir, daß die vier
Personen über Bord gefallen seien.[74]

1557

Im Jahre 1557 wurde Wien von seltsam leuchtenden Objekten
überflogen. In Nürnberg will man zur gleichen Zeit »Fliegende
Drachen« und »Glühende Scheiben« gesehen haben.[75]

3. April 1707

Reverend William Derham beobachtete über Upminster, Essex
(England), kurz nach Sonnenuntergang etwa 15 Minuten lang ein
geheimnisvolles rotes Gebilde, das einer schlanken Pyramide
ähnlich gesehen haben soll.[75]

18. Mai 1710

Gegen 21.45 Uhr sah Ralph Thoresby, Mitglied der Königlichen
Akademie der Wissenschaften, am Himmel über Leeds, York-
shire (England), ein Objekt, das die Form einer Trompete besses-
sen haben soll.[75]

19. März 1718

Gegen 19.45 Uhr sah der Engländer Sir Hans Sloan am westlichen Himmel plötzlich ein »großes Licht« auftauchen. Er verfaß-
te über diese Sichtung einen ausführlichen Bericht, aus dem man

schließen kann, daß Sloan ein künstliches Objekt beobachtet haben muß: »Seine Helligkeit war größer noch als die des Mondes, der zu dieser Zeit bereits hell leuchtend am Himmel stand. Zuerst glaubte ich eine Feuerwerksrakete zu sehen, aber das Objekt bewegte sich auf einer geraden Bahn langsamer als eine Sternschnuppe. Es schien auf eine Höhe unterhalb der des Sternbildes Orion zu sinken. Der lange Strahl in seiner Mitte verzweigte sich, und das ›Meteor‹ nahm die Form einer Birne an . . . Am unteren Ende entstand eine Kugel, die aber kaum die volle Größe des Mondes erreichte. Sie war weiß und blau; ihr Glanz blendete wie die Sonne an einem klaren Tag. Sie war so hell, daß ich meine Augen abwenden mußte. Die Kugel befand sich rund 30 Sekunden lang in Bewegung und verschwand etwa 20 Grad oberhalb des Horizontes. Das Objekt hinterließ eine blasse, rötlichgelbe Spur, die, was den Farbton anbelangt, glühenden Kohlen ähnelte . . . Wie ich hörte, wurde es auch über Oxford und Worcester beobachtet.«[75]

17. März 1735

Ein Londoner namens John Bevis will von seinem Haus aus gegen 20.50 Uhr ein »ungewöhnlich helles Licht« beobachtet haben. Bevis meinte: »Es war ganz anders als ein Nordlicht. Man konnte die Sterne hindurchscheinen sehen. Auch war es kein Komet, denn ich konnte mit Hilfe meines astronomischen Fernrohres keinen Kern entdecken. Innerhalb einer halben Stunde verlor das Zentrum des Objekts an Helligkeit. Daraufhin zerfiel es offensichtlich in zwei strahlende Hälften, deren Leuchtkraft bis gegen 21 Uhr immer schwächer wurde.«[75]

29. August 1738

Gegen 15 Uhr erschien über dem Nordosten Englands ein glühendes Objekt, aus dessen Heck ein Flammenstrahl schoß. Man konnte es über den Grafschaften Somerset, Staffordshire und Derby deutlich wahrnehmen. Es glich einem Feuerkegel, der oben scharf abgewinkelt und am dickeren Ende kugelig war. Die Kugel explodierte mit einem lauten Knall und verging schließlich in einer Stichflamme. Etwa 25 km rund um Reading vernahm man merkwürdige, polternde Geräusche, die mit dieser Explosion offenbar im Zusammenhang standen.[75]

11. Dezember 1741

An diesem Tag wurden über England zahlreiche geheimnisvolle Objekte gesichtet. Lord Beauchamp aus London machte gegen 21.45 Uhr eine interessante Beobachtung: »Ich befand mich auf einem Ausritt in Kensington Gardens, als ich in südlicher Richtung so etwas wie einen Feuerball sah. Das Objekt besaß einen Durchmesser von etwa 20 cm. Die ›Kugel‹ nahm an Umfang zu und hatte schließlich einen Durchmesser von knapp 1,50 m. Sinkend erreichte sie eine Höhe von schätzungsweise 800 m. Sie bewegte sich in östlicher Richtung und schien über Westminster abzustürzen. Auf ihrer Bahn zog sie einen etwa 25 m langen Schweif hinter sich her. Bevor das Objekt endgültig verschwand, zerfiel es in zwei Hälften [wörtlich: Köpfe]. Es hinterließ auf der von ihm zurückgelegten Strecke eine Rauchspur . . .«[75]

16. Dezember 1742

Einem Londoner, dessen Initialen mit C. M. angegeben werden, will gegen 20.40 Uhr über dem St. James's Park ein merkwürdiges »Licht« aufgefallen sein. Er berichtet über sein Erlebnis in den *Philosophical Transactions*: »Ich ging durch den St. James's Park, als hinter den Bäumen und Häusern im Südwesten ein Licht emporstieg, das ich zunächst für eine große Feuerwerksrakete hielt. Bei einem Neigungswinkel von 20 Grad bewegte es sich wellenförmig parallel zum Horizont nach Nordosten. Das Leuchtobjekt schien sehr nahe zu sein und nur langsam voranzukommen. Ich verfolgte es mit meinen Blicken über eine Strecke von etwa einer halben Meile. Durch den Luftreibungswiderstand war ein dünner, nach hinten gerichteter Flammenstrahl entstanden. Von einem der beiden Enden ging, ähnlich wie bei brennender Holzkohle, ein feuriger Glanz aus. Das Objekt glich einem aus Eisenstäben bestehenden Rahmen [Zylinder], der für mich undurchsichtig war ...«[76]

23. Juli 1744

27 Personen wollen an diesem Tag über einem nicht näher bezeichneten Berg in Schottland zwei Stunden lang den »Aufmarsch einer Geisterarmee« beobachtet haben, die sich bei Anbruch der Dämmerung wieder »auflöste«. Einige Zeugen dieses Vorfalls verlangten sogar unter Eid aussagen zu dürfen.[75]

29. Juli 1750

Gegen 19.45 Uhr wurde über den nördlichen Teilen der Britischen Inseln in großer Höhe ein kugelförmiges Leuchtobjekt gesichtet.[75]

10. Mai 1760

Um 10 Uhr kreiste über den Neuenglandstaaten (Nordamerika) ein kugelförmiges Flugobjekt. Es soll ein »Geräusch« verursacht haben, das in zunehmendem Maße lauter wurde.[75]

5. Dezember 1762

Gegen 20.50 Uhr wurde es in ganz Bideford, Devon (England), taghell. Ursache dieses Phänomens war eine schlangenförmige Leuchterscheinung, die sich, aus großer Höhe kommend, langsam nach unten bewegte. Sie wurde etwa 6 Minuten lang beobachtet.[75]

24. Oktober 1769

Ein Objekt, das wie ein »brennendes Haus« aussah, konnte in der Zeit von 19.15 bis 19.45 Uhr über Oxford (England) beobachtet werden.[75]

8. Mai 1775

Die Orte Hertford und Waltham Abbey (England) wurden von einer hell leuchtenden Kugel überflogen; ihre Geschwindigkeit soll sehr gering gewesen sein.[75]

17. Juni 1777

Charles Messier, ein bekannter französischer Astronom (1730–1817), der als erster einen Katalog über Sternhaufen und -nebel herausgab, will an diesem Tag eine große Anzahl »Fliegender Scheiben« beobachtet haben.[75] [Man achte vor allem auf die Bezeichnung »Fliegende Scheiben«, die etwa dem Terminus »Fliegende Untertassen« entspricht.]

18. Juni 1782

Nach Einbruch der Dämmerung wurden Londons Einwohner 15 Minuten lang von einem »rotierenden« Objekt erschreckt, das eine »enorm hohe Geschwindigkeit« besessen haben soll.[75] [Der Hinweis auf Rotationssysteme könnte bedeuten, daß es sich im vorliegenden Fall um eine Maschine zur Erzeugung eines zeitverändernden, paraphysikalischen Feldes, d. h. um eine echte *Zeitreisemaschine* handelte; s. a. Kapitel VI.]

10. September 1798

Aus einer über Alnwick, Northumberland (England), schwebenden Wolke tauchte gegen 20.40 Uhr plötzlich ein zylinderförmiges Objekt auf, das rasch in zwei »halbmondförmige« Teile zerfiel. Diesen entströmten gleißende Lichtbänder.[75]

12. Oktober 1808

Pinerolo im italienischen Piemont wurde an diesem Tag von leuchtenden Scheiben überflogen.[77]

7. September 1820

Über Embrun im Südosten Frankreichs waren ganze Formationen fliegender Objekte zu sehen. Sie überflogen die Stadt geradlinig, beschrieben einen Winkel von 90 Grad und entfernten sich ebenfalls im Formationsflug.[77]

11. Mai 1845

Signor Capocci vom Capodimonte-Observatorium bei Neapel beobachtete zahlreiche glänzende Scheiben, die von Westen nach Osten flogen. Einige sahen wie Sterne aus, andere besaßen leuchtende Schweife.[77]

18. Juli 1845

Aus den Gewässern des Atlantiks sollen, nach Aussagen zuverlässiger Zeugen, plötzlich drei hell leuchtende Scheiben hervorgeschossen sein. Von dem englischen Schiff »Victoria« aus will man sie in einer Entfernung von nur einer halben Seemeile 10 Minuten lang beobachtet haben. Sie sollen fünfmal so groß wie der Mond und durch »glühende Bänder« miteinander verbunden gewesen sein. Die Leuchterscheinung wurde von zahlreichen, bis zu 1500 km voneinander entfernten Beobachtern wahrgenommen.[77]

1. September 1851

Ein englischer Amateurastronom, Reverend W. Read, will von seinem Standort in London aus den Vorbeiflug Tausender von leuchtenden Scheiben beobachtet haben. Die Objekte hätten sich in sehr großer Höhe befunden. Ihre Geschwindigkeit sei unterschiedlich gewesen. Die Sichtung dauerte insgesamt sechs Stunden (von 9.30 bis 15.30 Uhr).

C. B. Chalmers, Mitglied der Königlichen Akademie der Wissenschaften, gab an, eine ähnliche »Prozession« gesehen zu haben. Die von ihm wahrgenommenen Objekte hätten eine ovale Form besessen, was jedoch auf unterschiedlichen Beobachtungswinkeln beruhen könne.[77]

5. Oktober 1877

Mehrere Nächte hintereinander wurde Wales von acht seltsam leuchtenden Objekten überflogen, die offenbar den Verlauf der Küstenlinie aufzeichneten. Ihre Operationen endeten jedesmal damit, daß sie sich zur offenen See hin entfernten.[77]

20. August 1880

Von einem Mitglied der Französischen Akademie der Wissenschaften, Monsieur Trecul, wurde ein »weißgoldenes, zigarrenförmiges Objekt mit spitz zulaufenden Enden« beobachtet. Trecul will auch ein kleineres Objekt gesehen haben, das sich funkensprühend vom »Mutterschiff« entfernt habe.[77]

23. Dezember 1909

Über Worcester (Massachusetts) tauchte ein unbekanntes leuchtendes Objekt auf, das mit einem starken Scheinwerfer den Himmel abtastete. Es entfernte sich, kehrte jedoch zwei Stunden später zurück und wurde von mehreren tausend Menschen deutlich wahrgenommen. Nach einer gewissen Zeit drehte es nach Osten ab und verschwand über der See.[77]

Gewiß müssen nicht allen hier geschilderten Sichtungen unbedingt *Ufo- bzw. Zeitfahreraktivitäten* zugrunde liegen. Einige Fälle dürften sich mehr auf selten vorkommende Naturerscheinungen, auf Täuschungen, ja, sogar auf Zweckmanipulationen zurückführen lassen. Die Kontinuität aber, mit der sich uns gleichartige Erscheinungsbilder über Jahrhunderte und Jahrtausende präsentieren, muß selbst Skeptiker nachdenklich stimmen. Sie ist jedenfalls nicht zu übersehen und wohl kaum zufällig.

Wer diese Phänomene ausschließlich extraterrestrisch zu deuten versucht, liegt sicherlich falsch. Eine nahezu lückenlose Überwachung der Erde durch Extraterrestrier schon seit Jahrtausenden wäre nicht nur aus ökonomischen, sondern – wie bereits dargelegt – auch aus astrophysikalischen und logistischen Gründen absolut undurchführbar, selbst wenn »überlichtschnelle« Antriebe zur Verfügung stünden. Als aktuelle, realistischere Alternative bietet sich zwangsläufig die *Zeitfahrerhypothese* an, die durch manche aufschlußreiche Details – nicht zuletzt durch das über Jahrtausende bekundete Interesse der »Fremd-Entitäten« an historischen Ereignissen – weiter gefestigt wird.

Und nicht nur hierdurch. Es gibt erste Anzeichen dafür, daß durch direkte oder indirekte Einflußnahme aus der Zukunft – sei es durch präkognitiv empfangene Informationen, durch das Wirken von »Zeitvarianten« (also Menschen, die, verbunden durch eine gemeinsame Psyche, zu unterschiedlichen Zeitperioden zugleich existieren*) und/oder auch durch unsere zeitreisenden Enkel – die wissenschaftlich-technische Entwicklung der Menschheit zu allen Zeiten angemessen gefördert bzw. in bestimmte Bahnen gelenkt wurde.

Woher bezogen die Menschen in der Antike beispielsweise ihre Kenntnisse über die Wirkung und nutzbringende Anwendung des elektrischen Stroms? Wer unterrichtete sie in der Herstellung von Trockenbatterien, von Galvanisiergeräten und elektrischen Lampen? Verdanken unsere Vorfahren ihre Kenntnisse etwa den »Göttern aus der Zukunft« – und nicht so sehr den Astronautengöttern eines Erich von Däniken?

Nach einer Aufzeichnung des Historikers Josephus Goriondes soll Alexander der Große während seines Feldzuges gegen die Perser (ab 334 v. Chr.) auf einer der in der Nähe der persischen Küste gelegenen Inseln Menschen vorgefunden haben, die sich von rohem Fisch ernährten und einen dem Griechischen verwandten Dialekt sprachen. Sie hätten behauptet, daß Adams Urenkel Kenan einst auf ihrer Insel bestattet worden sei. Nach einer dort umlaufenden Sage habe vor der Sintflut über Kenans Grab ein hoher Turm gethront, der offenbar mit einem elektrischen Si-

* Vgl. Seite 32 ff.

cherungssystem ausgestattet war. Jeder, der sich dem Grab genähert habe, soll durch einen von der Turmspitze ausgesandten Blitzstrahl tödlich getroffen worden sein. Wer war dieser Kenan? Vielleicht ein verirrter Zeitfahrer oder ein in der Zeit Gestrandeter, der seine letzte Ruhestätte durch eine elektronisch gesteuerte Laserkanone zu schützen wußte?

Wilhelm König, ein österreichischer Archäologe, der mehrere Jahre lang für das Irakische Museum in Bagdad tätig war, entdeckte 1936 am Hügel Rabua einen seltsamen Gegenstand, den er zunächst für ein Kultobjekt der Parther hielt, jenem euroasiatischen Reitervolk, das sich um 250 v. Chr. am Ostufer des Kaspischen Meeres niederließ. König beschrieb seinen Fund als »vasenartiges Gefäß« aus hellgelbem Ton, in dem mittels Bitumen oder Asphalt ein Kupferzylinder befestigt ist (Abbildung 15). Die

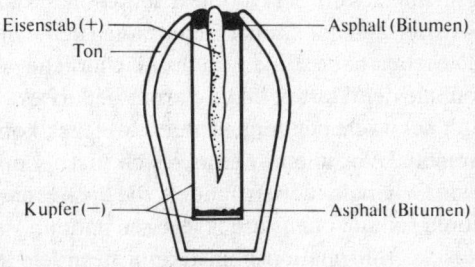

Abb. 15: *Die Batterie von Rabua.*

Höhe der »Terrakottavase« beträgt 18 cm. Der Zylinder, dessen eine Öffnung durch eine mittels Asbest fixierte Kupferscheibe verschlossen ist, besitzt eine Höhe von 12,5 cm und einen Durchmesser von 3,75 cm. Im Inneren des Kupferzylinders fand man damals ein vollständig korrodiertes Eisenstäbchen, dessen oberes Ende etwa einen Zentimeter über den Gefäßrand ragte. Es war von einer gelbgrauen Korrosionsschicht überzogen, was auf die

Wirkung eines bleiartigen Elektrolyten zurückgeführt werden könnte. Das Eisenstäbchen wurde durch einen Asphaltstöpsel am Herausfallen gehindert. Später erfuhr König von einem Berliner Kollegen, daß deutsche Wissenschaftler bei Grabungsarbeiten in der Nähe von Ktesiphon (Irak) ähnliche Artefakte entdeckt hatten. Königs Interesse war geweckt. Ihn faszinierte die unorthodoxe Idee, es könne sich bei all diesen Funden um die Überreste von Trockenbatterien handeln. Sofort machte er sich ans Experimentieren. Nach Einfüllen eines neuen Elektrolyten – er benutzte Kupfersulfat – funktionierten einige der ihm zur Verfügung gestellten Batterien einwandfrei. Sie gaben Spannungen zwischen 1,5 und 2 Volt ab. Der Beweis war erbracht. In seinem Grabungsbericht konnte König daher erklären, daß die vermeintlichen »Kultgegenstände« in Wirklichkeit galvanische Elemente (Trockenbatterien) seien.

Kritiker meinten, Königs Hypothese sei schon deshalb unhaltbar, weil es in der Zeit vor Christi Geburt noch keine Spannungsmeßgeräte gegeben habe. Eine geradezu lächerliches Argument, das sich mühelos entkräften läßt. Warum bedarf es denn beim Umgang mit schwachen Energien irgendwelcher komplizierter Meßinstrumente? Vor allem, wenn es sich hierbei nur um den Nachbau von Originalbatterien handelt, die die »Fremden« vielleicht bei ihren Exkursionen zurückgelassen hatten.

Das irakische Informationsministerium beendete schließlich den jahrelangen Streit um die Echtheit der Funde mit folgender offizieller Verlautbarung: »Im Jahre 1936 wurde im Gebiet von Rabua, östlich von Bagdad, eine Batterie gefunden, die aus der Zeit von 227 bis 126 v. Chr. stammt. Die Batterie wird im Irakischen Museum von Bagdad ausgestellt, und sie gilt als älteste Trockenbatterie, die bisher gefunden worden ist.«

In alten Schriften finden sich zahlreiche Hinweise auf geheimnisvolle Lichtquellen – Lampen, die weder Öl noch Docht benötigten, die weder Rauch noch Ruß hinterließen und Hunderte von Jahren ununterbrochen in Betrieb gewesen waren. Über ihr Funk-

tionsprinzip wissen wir nichts. Die Erfinder dieser energiefreund-
lichen Superleuchten zogen es offenbar vor, ihr Geheimnis mit ins
Grab zu nehmen.

Als man zu Anfang des 14. Jahrhunderts das in der Nähe von
Rom gelegene Grabmal des Pallas öffnete, fand man dort eine
»Laterne«, die den Bestattungsraum mehr als 2000 Jahre mit
Licht versorgt haben soll. War für ihren Betrieb etwa kein Sauer-
stoff erforderlich? In Pausanias' *Beschreibung Griechenlands* (2.
Jahrhundert) lesen wir, daß es im Tempel der Minerva eine Lichtquelle gab, die ein Jahr lang wartungsfrei brannte. Der heilige Au-
gustinus (354–430) wußte zu berichten, daß die alten Ägypter in
einem Isis-Tempel eine Lampe aufbewahrten, die Wind und Wasser nicht auszulöschen vermochten.

Trotz alledem hören wir heute immer noch, daß vor 1854, dem
Jahr, als Heinrich Goebel die Glühlampe erfand, der Menschheit
für Beleuchtungszwecke ausschließlich Kerzen, Fackeln und Öl-
lampen zur Verfügung standen, die Rauch entwickelten und fetti-
ge Rußrückstände hinterließen. Warum aber entdeckte man weder in Pyramiden noch in den unterirdischen Grabkammern der
Pharaonen im Tal der Könige Rauch- und Rußspuren?

Gelegentlich wurde die Vermutung geäußert, die alten Ägypter
hätten, um die Grabkammern mit Sonnenlicht zu versorgen, ein
kompliziertes Sammellinsen- und Spiegelsystem unterhalten.
Diese Hypothese erscheint weit hergeholt, fand man doch bislang
nicht den geringsten Hinweis auf die frühere Existenz einer solchen Beleuchtungseinrichtung. Hinzu kommt, daß die verwinkel-
te Lage verschiedener Grabkammern die Installation eines derartigen Lichtumlenksystems unmöglich gemacht hätte. Kannten die
Erbauer der Pyramiden möglicherweise schon Verfahren zur Herstellung rauchloser Leuchten? Verdankten sie die Bauanleitung
für diese energiesparenden Beleuchtungskörper vielleicht jenen
humanoiden »Fremden«, die mit ihren »unmöglichen« raum-
zeitfressenden Vehikeln durch die Jahrhunderte geistern?

Oder waren es doch Erich von Dänikens hellhäutige, bärtige

Kulturbringer aus anderen Sternsystemen, die seiner Meinung nach vor Tausenden von Jahren einmal hier waren und sich heute erneut um Kontakte mit der Erdbevölkerung bemühen. Warum wurden dann diese früheren Kontakte, von denen Däniken in allen seinen Büchern eifrig berichtet, für lange Zeit unterbrochen? Nur um sie nach einer uns nicht einleuchtenden, astro-psychologischen Taktik jetzt mühsam wieder aufzubauen? Wie vage Dänikens Vorstellungen von Ufos tatsächlich sind, erhellt aus seinem Buch *Beweise – Lokaltermin in fünf Kontinenten*, in dem er wörtlich anführt: »Um die Spekulationen um alle gesichteten Ufos dieser Welt aus meiner Sicht abzuschließen, möchte ich sagen: nichts GENAUES weiß man nicht, doch ALLES ist möglich.« Alles ... also auch die Zeitreise-Hypothese? Mehr noch, Däniken zweifelt selbst an der außerirdischen Herkunft dieser Ufos. In seiner »Beweis«-Führung heißt es nur wenige Zeilen zuvor: »Weshalb nehmen die Ufos, *sofern sie außerirdischer Herkunft* sind, keine *offizielle* Landung vor?«[78] Wir jedenfalls glauben es zu wissen. Unseren zeitreisenden Enkeln, jenen *Ufo-Temponauten*, dürfte herzlich wenig an offiziellen Empfängen, dafür mehr an einem gründlichen Studium unserer Geschichte vor Ort, an Konfliktanalysen, an einer allmählichen »sanften« Beeinflussung wissenschaftlicher, kultureller, sozialer und anderer Parameter gelegen sein. Ein Hinweis für derartige Beeinflussungen aus der Zukunft könnten u. a. die zuvor erwähnten galvanischen Elemente sein.

Das Vorhandensein von Trockenbatterien würde auch erklären, warum man sich schon vor mehr als 2000 Jahren galvanotechnischer Verfahren bedienen konnte. Für die Herstellung galvanischer Überzüge, aber auch für sogenannte galvanoplastische Arbeiten benötigt man nämlich Gleichstromquellen, die bei Stromstärken zwischen 0,5 und 5 Ampère Spannungen zwischen 0,5 und 2 Volt abzugeben vermögen. In Parallelschaltung hätte man mit den in Persien und im Irak gefundenen Batterien ohne weiteres galvanotechnisch arbeiten können.

Bereits im 19. Jahrhundert will der große französische Archäologe Auguste Mariette bei Ausgrabungsarbeiten in der Nähe von Giseh (Ägypten) verschiedene galvanisierte Gegenstände entdeckt haben. Mariette beschreibt diese Artefakte im *Grand Dictionnaire Universal du 19ème Siècle* als »Goldschmuck, dessen Dünnheit und Leichtigkeit den Schluß zulassen, daß die Stücke durch Elektroplattieren hergestellt worden sind«.

Unter Elektroplattieren (Galvanostegie) versteht man heute die Erzeugung von zumeist sehr dünnen, schützenden und verschönernden Silber-, Gold-, Nickel- und anderen Überzügen auf weniger wertvollen Unterlagen (z. B. auf Aluminium) – ein Verfahren, das eine Gleichstromquelle voraussetzt. Gab es aber vor mehr als 2000 Jahren überhaupt schon Leichtmetallerzeugnisse? Und wie stand es mit der Verarbeitung hochschmelzender Metalle, mit Legierungstechniken?

In Peru fand man vor einigen Jahren wertvolle Schmuck- und andere Gegenstände aus Platin, die noch aus der Zeit vor der Gründung des Inkareiches (12. Jahrhundert) stammten. Platin aber läßt sich bekanntlich nur in geschmolzenem Zustand, d. h. bei rund 1770 Grad C, weiterverarbeiten. Hierzu bedarf es auf alle Fälle eines Knallgasgebläses oder eines Induktionsofens. Das Schmelzen und Gießen erfolgt zweckmäßigerweise unter Luftabschluß, d. h. unter Schutzgas oder im Vakuum. Welche technischen Hilfsmittel standen den damaligen Künstlern zur Verfügung, um derart hohe Temperaturen zu erzeugen? Leistete auch in diesem Fall jemand »Entwicklungshilfe«, verursachten die »Fremden« aus der Zukunft bewußt »Widersprüche«, um uns ganz dezent auf ihre allgegenwärtige Existenz aufmerksam zu machen?

Vor nicht allzu langer Zeit entdeckten chinesische Archäologen im Grab von General Chou-Chu, der während der Chin-Dynastie (265–316) eine bedeutende Persönlichkeit gewesen sein muß, eine filigranverzierte Gürtelschnalle, die später von Mitarbeitern eines der Akademie der Wissenschaften angegliederten Instituts für angewandte Physik untersucht wurde. Erstaunt stellten die chinesischen Wissenschaftler fest, daß die Schnalle aus einer Legierung bestand, die 5 Prozent Mangan, 10 Prozent Kupfer und 85 Prozent Aluminium enthielt. 85 Prozent Aluminium? Wußte man damals schon über die Gewinnung von Aluminium, über alle hiermit verbundenen komplizierten Aufbereitungs- und Elektrolyseverfahren sowie über Legierungstechniken Bescheid? Besaß man das für die Reindarstellung von Aluminium notwendige Know-how? Verfügte man über Elektrolyseöfen und -zellen, über das unentbehrliche Ausgangsmaterial Bauxit sowie über genügend elektrische Energie? Immerhin bedarf es gewaltiger Energiemengen, um die Schmelzfluß-Elektrolyse in Gang zu halten. Für die Erzeugung von nur einem Kilogramm Aluminium hat man etwa 17 Kilowatt pro Stunde aufzuwenden. Es ist kaum anzunehmen, daß die – gewiß sehr erfindungsreichen – Chinesen schon über derart komplizierte Anlagen verfügten.

Auch auf dem Gebiet der Diagnostik – der ärztlichen Kunst, Krankheiten richtig zu erkennen – gibt es einige Ungereimtheiten. Inder und Chinesen scheinen schon vor nahezu 2500 Jahren Vorrichtungen zur Sichtbarmachung menschlicher Organe besessen zu haben. In alten Überlieferungen heißt es, daß ein indischer Arzt namens Jivaka, der den Titel »König der Doktoren« führte, zum Durchleuchten des Körpers einen »Edelstein« (vielleicht eine Art Kristall) benutzte. Stellte sich ein Patient vor den »Edelstein«, dann (wörtlich) »durchleuchtete dieser den Körper wie eine Lampe, die Gegenstände erhellt, so daß man die wahre Natur seiner Krankheit erkennen konnte«. Dreihundert Jahre nach Jivakas Auftritt will man in Hien-Yangs Palast zu Shensi (China) einen kostbaren »Spiegel« entdeckt haben, der »die Knochen des menschlichen Körpers sichtbar machte«. Von dem rechteckigen »Spiegel« mit den Abmessungen 1,20 mal 1,50 m sei beiderseitig ein »seltsames Licht« ausgegangen. Kein Hindernis habe den Blick auf die inneren Organe verwehrt.

Am 25. September 1972 eröffnete Dr. François Perrin – früher

Vorsitzender der französischen Hochkommission für Atomenergie – den verdutzten Mitgliedern der Französischen Akademie der Wissenschaften, in grauer Vorzeit habe sich auf afrikanischem Boden offenbar so etwas wie eine Kettenreaktion abgespielt. Gemeint war die neu entdeckte Uranmine bei Oklo, etwa 70 km nordwestlich von Franceville in Gabun, Westafrika.

Perrin hatte von Mitarbeitern des französischen Urananreicherungszentrums erfahren, daß in dem dort geförderten Uranerz auffallend wenig Uran 235 enthalten sei. Uran-Lagerstätten in aller Welt weisen in der Regel einen U 235-Anteil von durchschnittlich 0,715 Prozent auf. In Oklo beträgt der Anteil an diesem Isotop dagegen nur 0,621 Prozent. Für Perrin gab es nur eine Erklärung: Das fehlende U 235 war im Verlauf einer Kettenreaktion aufgebraucht worden. Als dann Wissenschaftler des französischen Atomforschungszentrums Cadarache im Erz der Oklo-Mine noch Spuren von vier für Kernspaltungsprozesse typische Elemente, nämlich Neodym, Samarium, Europium und Cer entdeckten, schien dies Perrins Hypothese weiter zu erhärten. Er war übrigens der Meinung, daß die antediluvianische Kettenreaktion ganz natürliche Ursachen hatte. Da das Alter der Uranlager von Oklo auf etwa 1,7 Milliarden Jahre geschätzt wird, glaubt Dr. Perrin, daß die Reaktion eben zu jener Zeit stattfand, zumal das Material damals in seiner reinsten Form vorlag.

Glenn T. Seaborg, Chemie-Nobelpreisträger und ehemaliger Vorsitzender der US-Atomenergiekommission, meldete Bedenken an. Eine Kettenreaktion setze zunächst einmal ideale »Brenn«-Bedingungen voraus. So benötige man zum Abbremsen der freiwerdenden (thermischen) Neutronen* und damit zur Auf-

---

* »Thermische« Neutronen, die sich als elektrisch neutrale Teilchen in der Materie weitgehend ungehindert bewegen, verlassen den Brennstoff, geraten in den Moderatorbereich und werden dort durch ständiges Zusammenstoßen mit Moderatorkernen abgebremst, bis sie die mittlere Energie des Moderators erreichen. Die »thermischen« Neutronen können dann im Brennstoff weitere Spaltungen bewirken.

rechterhaltung der Kettenreaktion einen Moderator, wie z. B. normales oder schweres Wasser, Graphit oder auch Beryllium. Das für derartige Zwecke benutzte Wasser muß außerordentlich rein sein. Selbst noch so winzige Verunreinigungen würden den Kernbrennstoff vergiften und die Reaktion zum Stillstand bringen. Hochreines Wasser aber gibt es nirgendwo in der Natur; man muß es künstlich erzeugen. Auch habe das in Oklo gefundene Uranerz zu keiner Zeit so viel U 235 enthalten, um eine natürliche Reaktion anlaufen zu lassen. Selbst wenn die heutigen Lagerstätten vor der Kettenreaktion entstanden sein sollten, läge – wegen der geringen Zerfallsrate von U 235 – der Anteil an spaltbarem Material mit nur 3 Prozent weit unter dem kritischen Wert, der erforderlich wäre, um eine solche natürliche Spaltung zu induzieren. Dennoch müssen sich dort früher einmal Kernspaltungsprozesse abgespielt haben, über die unsere Geschichtsbücher nichts, aber auch gar nichts zu berichten wissen. Folglich mußte das Ausgangsmaterial viel mehr U 235 als üblich enthalten haben. Wenn aber die Kettenreaktion keine natürliche Ursache haben konnte, sollte man annehmen, daß sie von irgend jemand *künstlich* ausgelöst wurde. Die Möglichkeit, daß die in Oklo festgestellten atomphysikalischen Anomalien ebenfalls auf technologische Eingriffe aus der Zukunft zurückzuführen sind, auf Experimente, mit denen unsere zeitreisenden Enkel vielleicht ihre eigene Vergangenheit – unsere Gegenwart – zu »bewältigen« versuchten, ist nicht von der Hand zu weisen.

Zu allen Zeiten gab es jene geheimnisvollen »Instruktoren«, scheinbar aus dem Nichts kommende Fabel- und Überwesen, die in ihrer Eigenschaft als Lehrer, Gesetzgeber und Kulturbringer den Gang der Geschichte und die Geschicke der Völker oft über Jahrtausende nachhaltig beeinflußten. Bei den Etruskern war es Tages, ein Wesen göttlicher Herkunft, das – so Cicero –, als Tarchon König war, nahe der Stadt Tarquinia »der Erde entsprungen« sei. Ein Bauer entdeckte Tages beim Pflügen, gerade als er eine tiefe Furche zu ziehen begann. Das Wesen – ein Kind mit

grauen Haaren und der Weisheit eines alten Mannes – eröffnete
dem Bauern, daß es von Tinia, der obersten Gottheit geschickt
worden sei, um die etruskischen Herrscher in der Gesetzgebung,
in Religion und in der Kunst des Wahrsagens zu unterrichten. Tages diktierte den Auguren die *Libri Tagetici*, eine Art Bibel, die
fortan das Leben der Etrusker von der Wiege bis zur Bahre bestimmte. Tages wurde von etruskischen Künstlern meist als kleiner Junge mit einer Glatze oder als bärtiger Zwerg dargestellt.

Im alten Ägypten verehrte man Osiris als oberste Gottheit, als
Überbringer von Kultur und Religion. Von ihm wurde behauptet,
daß er vierzig Tage nach seinem Tode als »Geistwesen« aufer-
standen und in den Himmel aufgefahren sei. Ähnlich sahen die
Babylonier in Oannes – einem dem Meer entstiegenen Fischmen-
schen – den Überbringer ihrer Zivilisation.

In neuerer Zeit machen andere, ebenso mysteriöse, jedoch
mehr im Irdischen verwurzelte »Wesen« von sich reden: weltge-
wandte Alleskönner, Erfinder, Alchimisten und Adepten. Einige
von ihnen sollen – so die Überlieferung – das Geheimnis der ewigen Jugend gekannt und einen zeitlosen Status besessen haben.
Im Wissen um die letzten Dinge schienen sie ihren Zeitgenossen
weit voraus gewesen zu sein. Waren sie vielleicht nur klüger als alle anderen, sahen sie aufgrund gewisser Tendenzen bestimmte
Entwicklungen voraus oder besaßen sie eindeutig präkognitive
Fähigkeiten?

Möglicherweise haben wir es in einigen Fällen sogar mit echten
»Zeitvarianten« zu tun. Setzen wir in unserem Universum, von
höherdimensionaler Warte aus gesehen, *Gleichzeitigkeit* voraus,
so erscheint diese Idee gar nicht so abwegig. Vielleicht korrespondieren, unter Inanspruchnahme des alles verbindenden Hyperraumes, einzelne »Teile« ein und derselben Psyche ständig miteinander. Auf diese Weise könnte z. B. das Wissen und Können
eines Menschen aus dem 21. Jahrhundert die Arbeit mancher mit-
telalterlichen Adepten befruchtet haben. So auch ließen sich
eventuell die zukunftsvisionären Leistungen eines Leonardo da

Vinci erklären, der schon um 1485 Projektile konstruierte, die
selbst im Detail den Gesetzen der Aerodynamik gehorchten.[79]

Während der Regierungszeit König Ludwigs IX. (1226–1270)
lebte in Frankreich ein Rabbi namens Jechiel, ein namhafter Kabbalist und Naturwissenschaftler, der offenbar in das Geheimnis
der Elektrizität und ihrer Beherrschung eingeweiht war. Über eine
seiner bedeutendsten Erfindungen heißt es bei Eliphas Lévi (Al-
phonse-Louis Constant), einem der produktivsten esoterischen
Schriftsteller Frankreichs: »Kam die Nacht, so erschien ein glänzender Stern in der Wohnung Jechiels. Das Licht war so hell, daß
man es, ohne geblendet zu werden, nicht ertragen konnte, und es
strahlte in den Farben des Regenbogens. Nie sah man es schwächer werden noch erlöschen, und man wußte, daß es weder mit
Öl, noch einem damals bekannten Brennstoff genährt wurde.«[80]

Neugierige und Bösewichte wußte sich der schlaue Rabbi
durch eine Art Elektroschock-Sicherung vom Leibe zu halten.
Versuchte ein Unbefugter in Jechiels Haus einzudringen, so
drückte dieser auf einen »Nagel« [Kontakt?], der einen Strom-
kreis schloß und den Türklopfer unter Spannung setzte. Beim Berühren des Klopfers wurden Zudringliche von einem schmerzen-
den, bläulichen Funken getroffen und in die Flucht geschlagen.
Es müssen schon sehr hohe Spannungen gewesen sein, die eine
derart nachhaltige Schockwirkung auszulösen vermochten.

Vor Einführung des Transformators erzeugte man hohe Spannungen mit Hilfe eines Funkeninduktors, der im wesentlichen aus
einem Weicheisen-Kern, zwei Spulen mit unterschiedlichen
Wicklungszahlen und einem Unterbrecher bestand. Mit solchen
Induktoren ließen sich bei Funkenschlagweiten von etwa einem
Meter, Spannungen bis zu einigen Kilovolt erzeugen. Man darf
annehmen, daß Jechiel mit Techniken vertraut war, die weit über
das Wissen und die Erfahrungen seiner Zeit hinausgriffen. Wer
vermittelte ihm diese Kenntnisse? Waren es ebenfalls unsere
durch Raum und Zeit vagabundierenden Nachfahren?

Die Liste der echten und unechten Wundertäter, Magier, Adepten, Seher und Kabbalisten ist endlos lang. Sie reicht von Albertus Magnus (um 1193–1280), einem Dominikaner mit erstaunlichen naturwissenschaftlichen Kenntnissen, und Johannes Trithemius (1462–1516), Abt des Benediktinerklosters Sponheim bei Kreuznach, der sich dem Studium der Geheimwissenschaften widmete, bis ins 18. Jahrhundert, deren schillerndste Persönlichkeit, der Graf von Saint-Germain (um 1710–1784), über tausend Jahre alt gewesen sein will. Ein Scharlatan oder ein Zeitreisender? In ihr finden wir Namen wie Agrippa von Nettesheim und Paracelsus, Emanuel Swedenborg und Franz Anton Mesmer verzeichnet. Sie alle besaßen überdurchschnittliche Kenntnisse und Fähigkeiten, die auf Informationen beruht haben müssen, wie sie damals von keiner wissenschaftlichen Institution vermittelt wurden. Die Quellen, aus denen »Eingeweihte« und Genies früherer Jahrhunderte ihr Wissen schöpften, sind – von den Schriften der *Kabbala* genannten jüdischen Geheimlehre des Mittelalters einmal abgesehen – so gut wie unbekannt. Entspringen sie etwa mehr der Zukunft als der Vergangenheit? Hatte man sich diese Kenntnisse präkognitiv (medial) angeeignet, oder waren es stets Zeitreisende, die unseren Vorfahren ihr Wissen und ihre Fertigkeiten »vermachten«?

Die Zukunft hat uns eingeholt

»Kontakler« – das sind Menschen, die während sogenannter »Begegnungen der dritten Art« mit Ufonauten zusammengetroffen sein wollen – behaupten in nahezu allen Fällen, humanoide Wesen gesehen zu haben. Zwar bestehen hinsichtlich der Körpergröße und -form, der Hautfarbe und Physiognomie gewisse Unterschiede; unbenommen hiervon bleibt jedoch der Gesamteindruck, daß es sich bei den meisten Entitäten dieser Art um menschenähnliche Lebensformen handelt. Jacques Vallée, der sich mit achtzig Kontaktfällen befaßt hat, die in der Zeit von 1909 bis

1960 in zwölf Ländern stattfanden, stellte fest, daß von insgesamt 153 beobachteten Ufonauten nur 44 eine ausgesprochen zwergenhafte Statur (Größe etwa 1 m) besaßen. Alle übrigen Wesen entsprachen, was Größe, Gestalt und Verhalten anbelangt, etwa menschlichen »Normen«. Starke Abweichungen von heutigen Körper-»Normen« – sofern man von solchen sprechen kann – lassen sich möglicherweise auf natürliche oder künstliche, durch negative Umwelteinflüsse, Strahlenverseuchung oder kosmische Katastrophen ausgelöste Mutationen zurückführen. Es sei auch daran erinnert, daß die Durchschnittsgröße des ausgewachsenen Europäers vor 400 Jahren noch etwa 1,60 m betrug. Für die irdische Abkunft der Ufo-Temponauten spricht auch so manches andere. Sofern nicht Telepathie im Spiel ist, erfolgt die Verständigung mit Kontaklern meist auf höchst undramatische Weise: Man unterhält sich in einer unserer Kultursprachen. Daß es dabei zu Artikulationsschwierigkeiten kommt, ist verständlich. Möglicherweise trennen uns Jahrhunderte oder gar Jahrtausende voneinander – Zeiträume, in denen es zwangsläufig zu Sprach-»Mutationen« kommt. Auch eine Unterhaltung zwischen einem Menschen unserer Tage mit einem Zeitgenossen Luthers oder gar Karls des Großen würde kaum zu überwindende Verständigungsschwierigkeiten mit sich bringen.

Die Beschaffenheit der Kleidung läßt ebenfalls Rückschlüsse auf die Herkunft der »Fremden« zu. Sichtungsberichte, in denen von völlig fremdartigen, exotischen Bekleidungsstücken die Rede ist, scheint es in der gesamten Ufo-Literatur nicht zu geben. Auch daraus kann man schließen, daß wir es bei Ufonauten mit »humanoiden Lebensformen« – eben unseren Nachfahren – zu tun haben. An ihrer Kleidung ist in vielen Fällen eine zweckmäßige Weiterentwicklung unserer Mode ablesbar.

In diesem Zusammenhang gewinnen Wandmalereien an Bedeutung, die von einem archäologisch interessierten Buschpiloten namens Percy Trezise in der Nähe von Laura, im australischen Bundesstaat Queensland, entdeckt wurden. Er fand 1977 unter einem langen, überhängenden Felsband eine prähistorische »Gemäldegalerie« von 33 m Länge und 2,70 m Höhe, die 397 gut erhaltene Einzelzeichnungen umfaßt.[82] Eines dieser mit Hilfe der Radiokarbon-Methode überprüften und auf rund 13 000 Jahre geschätzten Gemälde wirkt geradezu sensationell. Vor einem Emu und neben einer langarmigen Geisterfigur, die in Australien »Quinkan« genannt wird, erkennt man – völlig fehl am Platz – eine weiße menschliche Gestalt in Shorts und Trikot. Australiens Ureinwohner sahen anders aus, und europäische Sportkleidung war damals wohl kaum in Mode. Wer aber mag dann dem Steinzeit-Picasso Modell gestanden haben?

Wandmalereien mit »unzeitgemäßen Extras« sind, wenn überhaupt, natürlich nur Indizienbeweise, winzige Mosaiksteinchen, die unser Temponauten-Puzzle allenfalls ergänzen helfen. Ihnen fehlt das für eine echte Beweisführung wichtige Merkmal »Action«, der dramatische Handlungsablauf, ohne den unsere *Zeitreise-Hypothese* unverständlich bliebe.

Beispiele für Direktkontakte mit »Zeitfremden«, mit Menschen aus offenbar anderen Realitäten, gibt es zur Genüge. Besonders interessant erscheint ein Fall, der sich im Winter 1936 in Detroit zugetragen haben soll. In dem Mittelklasse-Hotel »Uncle Sam« war ein vornehmer Herr abgestiegen, der vorgab, einen Autounfall gehabt zu haben. Der Mann wartete angeblich auf einen Freund, der ihm weiterhelfen sollte. Spät abends läutete der Gast mehrmals nach der Bedienung, ohne eine Antwort zu erhalten. Schließlich trat er aus seinem Zimmer und rief: »Ist denn das die Möglichkeit. Hört denn niemand da unten die Klingel?« Das Serviermädchen entschuldigte sich, sie habe gerade Stammgäste zu bedienen. Alles, was der Mann darauf noch antworten konnte, war: »Gut, aber wenigstens . . .«. Dann wurde es plötzlich stockdunkel. In diesem Augenblick stieß die Bedienung einen markerschütternden Schrei aus, denn der Mann, den sie sah, leuchtete im Dunkel intensiv blau. Der Fremde rannte die Treppe hinunter. Er raste quer durch den Saal und stürmte in die Nacht hinaus. Der

Hotelbesitzer versuchte ihn zurückzuhalten, erhielt aber einen elektrischen Schlag.

Als die entsetzten Gäste aus ihrer Erstarrung erwachten, rannten sie in das Zimmer des seltsamen Mannes. Sie fanden dort nur belangloses Zeug: einen Mantel, einen Anzug und einen Koffer. Dann aber entdeckte man einen Brief, den der Mann gerade begonnen hatte: »Lieber Harry, ich bin gestern hier angekommen, in der Hoffnung Dich anzutreffen. Es tut mir leid, Dich zu belästigen, aber ich bitte Dich, sofort hierherzukommen, sobald Du wieder zurück bist. Vielleicht kannst Du mir helfen. *Sonst muß ich für immer in einer Welt leben, die nicht die meine ist.* Ich bin . . .«[83]

Nach Angaben eines Gastes war der Fremde im Sommer des gleichen Jahres schon einmal in New York gesehen worden, auch damals angeblich von bläulichem Licht umhüllt. In jener Dezembernacht verschwand er für immer. Ein Zeitreisender? War er das Opfer eines Zeitreise-Experimentes geworden? Hatte er den »Einstieg« in seine Realzeit nicht mehr geschafft, mußte er von seinen »Zeitgenossen« mühsam aus dem Jahr 1936 geborgen werden?

Im Jahre 1919 behauptete ein Mann namens John Andruss, unter Verwendung einer bestimmten Substanz, aus Wasser Treibstoff herstellen zu können. Eine schier unglaubliche Behauptung, wenn man an die Folgen einer solchen Erfindung denkt. Andruss wirkte mit seinen Darlegungen derart überzeugend, daß das britische Kabinett einen aus zwei Engländern und einem Amerikaner bestehenden Expertenausschuß mit der Überprüfung des Sachverhaltes betraute. Das Gutachten fiel positiv aus und brachte dem mysteriösen Erfinder einen Vorschuß von 250 000 Pfund ein. Alle an diesem Projekt Beteiligten waren davon überzeugt, daß Andruss bereits unwiderlegbare Beweise für die Richtigkeit seiner Behauptung habe. Dennoch entschloß man sich zur Durchführung weiterer Versuche unter erschwerten Kontrollbedingungen, um letzte Zweifel auszuräumen. Zu erwähnen wäre noch, daß das mit der Untersuchung betraute Gremium über jeden Verdacht der Konspiration und Korruption erhaben war.

Für einen dieser Versuche charterte man ein Motorboot, dessen Tank ganz gewöhnliches Meerwasser enthielt. Dann trat Andruss in Aktion. Er schüttete einen Becher seiner Geheimmixtur in den Tank und startete die Maschine. Der Motor lief wie geschmiert, das Expertenteam war begeistert. Ein letzter, entscheidender Versuch mit einem Rennwagen fand in Abwesenheit von Andruss auf der Avus von Indianapolis statt. Auch dieses Experiment verlief zur völligen Zufriedenheit der Fachleute. John Andruss aber war verschwunden. Die Behörden tappten im dunkeln. Man konnte nicht ausschließen, daß er einem Mordanschlag zum Opfer gefallen war. Andruss blieb, trotz intensiven Suchens, unauffindbar. Sein spurloses Verschwinden erscheint rätselhaft. Oder gibt es doch etwa eine Erklärung – eine unkonventionelle, über die man nicht gern spricht? Vielleicht war Andruss ein gestrandeter Zeitfahrer, dem nach einer abenteuerlichen Odyssee im Jahre 1919 schließlich doch noch die Rückkehr in seine Basisepoche gelang. Die Tatsache, daß es sich im vorliegenden Fall um eine umwälzende Erfindung handelte, könnte für diese Hypothese sprechen. Vielleicht holte man ihn »heim«, um gewisse »Fehlentwicklungen« zu vermeiden.[84]

Die amerikanische Luftwaffe scheint an Berichten über physische Kontakte mit Ufo-Temponauten, vor allem an detaillierten Beschreibungen ihrer Antriebsaggregate und Transportsysteme, außerordentlich interessiert zu sein.

In der Nacht vom 29. zum 30. Januar 1965 wollen mehrere Einwohner des Seebades Monterey (Kalifornien) über der Bucht, die diesen Ort mit dem vorgelagerten Pacific Grove verbindet, ein hellleuchtendes, kugelförmiges Objekt gesehen haben. Gegen 2 Uhr verließ der Fernsehtechniker Sidney Padrick seine Reparaturwerkstatt, um sich vor dem Schlafen noch ein wenig die Beine zu vertreten. Nahe dem Manresa-Strand, genau gegenüber dem Ort Monterey, vernahm er plötzlich ein durchdringendes Summen, das von einer seltsamen Maschine herrührte, die »wie zwei dicke, umgekehrt aufeinanderliegende Untertassen« ausgesehen haben soll. Zu Tode erschrocken suchte Padrick sein Heil in der Flucht. Da hörte er eine Stimme hinter sich: »Wir kommen nicht in feindlicher Absicht, wir wollen dir kein Leid zufügen und heißen dich an Bord willkommen.« Der Apparat landete, eine Tür glitt auf, und Padrick, der sein Mißtrauen überwunden hatte und stehen geblieben war, betrat verwirrt einen kleinen Raum, wo ihm ein sehr blaß aussehender Mann mittlerer Größe mit spitzer Nase, spitzem Kinn und ungewöhnlich langen Fingern, deren Nägel maniküt zu sein schienen, entgegentrat. Er nannte sich Zeeno, ein Name, der dem griechischen Wort *xeno* ähnelt, was soviel wie »Fremder« bedeutet. Zeeno war nicht allein. Bald lernte Padrick auch die anderen Besatzungsmitglieder kennen.

Er beschrieb die Bekleidung der Fremden später in allen Einzelheiten: »Sie trugen zweiteilige Anzüge, ohne Knöpfe oder Reißverschlüsse, soweit ich dies beobachten konnte . . . Es hatte den Anschein, als ob ihre Schuhe nicht an den Knöcheln endeten, sondern sich bis zur Taille erstreckten, so etwa wie bei Ski-Anzügen für Kinder. Die Schuhe hatten Sohlen und Absätze wie bei uns. Ich vernahm deutlich ihre tappenden Schritte auf dem gummiartigen Boden. Ihre Kragen liefen vorn V-förmig zu, ihre Halstücher waren mit einer hübschen Borte verziert. Sie waren auch farbig, aber ich weiß nicht mehr, um welche Farbe es sich handelte, denn eine solche hatte ich zuvor noch nie zu sehen bekommen . . . sie war viel schöner als alle, die wir kennen . . .«

Padrick will zusammen mit diesen Leuten einen kurzen Flug unternommen haben. Zum Schluß sei er an der gleichen Stelle, wo man ihn aufgenommen habe, wieder abgesetzt worden. Unmittelbar danach will er diesen Vorfall einem Verbindungsoffizier der US-Luftwaffe gemeldet haben. Daraufhin sei er drei Stunden lang von Offizieren der nahegelegenen Hamilton Air Force Base vernommen worden. Er kann sich heute noch gut an jenes, für beide Seiten offenbar sehr aufschlußreiche Gespräch erinnern: »Sie baten mich um eine genaue Schilderung des Geschehens. Ich erzählte ihnen den Hergang in allen Einzelheiten. Sie erfuhren es von mir als erste. Es gab gewisse Details, über die ich in der Öffentlichkeit nichts verlauten lassen solle ... Die Herren von der Air Force verboten mir zu sagen, daß diesen Leuten der Begriff ›Geld‹ völlig fremd sei. Auch über Typ und Form des Fahrzeuges solle ich besser schweigen, da man sie [die Air Force] der Verletzung der militärischen Aufsichtspflicht beschuldigen könne ... Ich weiß, die Offiziere glaubten mir; sie betrieben kurze Zeit nach dem Zwischenfall in dieser Gegend eifrig Nachforschungen.«[42]

Man soll Padrick zu verstehen gegeben haben, daß die Maschine mittels Lichtwellen bzw. auf elektromagnetischem Wege angetrieben werde. Auch hierüber verbot man ihm zu sprechen. Padrick, der von der Luftwaffe weniger Verbote als Aufklärung erwartet hatte, ließ sich nicht einschüchtern und wandte sich mit seinem Fall an die Öffentlichkeit. Anzumerken wäre noch, daß er in seinem Bekannten- und Freundeskreis als äußerst seriös und zuverlässig galt. Er habe sich nie durch erfundene Geschichten hervorgetan und Publicity gesucht.

Durch diese und ähnliche Schilderungen von Kontaktlern – detaillierte Berichte, durch die die »menschliche Note« der Ufonauten hervorgekehrt wird – aufmerksam geworden, hat man auch in den USA Überlegungen angestellt, ob es sich bei Ufos möglicherweise um *Zeitreisefahrzeuge* handeln könnte.

John A. Keel, ein bekannter amerikanischer Autor, der sich schon seit vielen Jahren u. a. mit grenzwissenschaftlichen Themen befaßt, schließt jetzt ebenfalls nicht aus, daß es sich zumindest bei einigen der Ufonauten um *echte Zeitreisende* handelt. Seine Überlegungen gipfeln in folgenden Feststellungen: »Ich denke, diese Dinge dringen höchstwahrscheinlich zu unterschiedlichen Zeitperioden in unsere Realität ein. Möglicherweise handelt es sich stets um ein und dasselbe Objekt, das in die Zeit hinein- bzw. aus ihr herausmanövriert wird. So könnte z. B. ein Ufo während der Blütezeit des Römischen Weltreiches in unsere Realität eindringen, dann wieder aus ihr herausschlüpfen, um gleich darauf im Jahre 1967 in unserer heutigen Welt zu erscheinen ... Im gewissen Sinne scheinen sie [die Ufo-Temponauten] zeitlos zu sein . . .«[10]

Am frühen Morgen des 12. Juni 1790 beobachtete die Bevölkerung von Alençon (Frankreich), wie eine riesige Kugel mit schlingernden Bewegungen auf einem nahegelegenen Hügel niederging. Der Aufprall muß ziemlich heftig gewesen sein. Bäume und Sträucher wurden entwurzelt. Ein Flächenbrand brach aus. Zahlreiche Zeugen – eine Gruppe einheimischer Bauern, zwei Bürgermeister, drei weitere Vertreter der Obrigkeit und ein Arzt – erstatteten einem eilends aus Paris herbeigeholten Polizeiinspektor namens Liabeuf ausführlichen Bericht:

»Als eine große Menschenmenge um das Objekt versammelt war, öffnete sich eine Art Tür. Ein Mensch wie wir trat heraus, nur daß er anders gekleidet war. Seine Kleider schienen am Körper eng anzuliegen. Als er die vielen Leute erblickte, murmelte er etwas Unverständliches und flüchtete in ein benachbartes Waldstück.«

Ängstlich wichen die Bauern zurück. Es war vielleicht ihr Glück, denn wenige Augenblicke später explodierte das Objekt »lautlos«. Zurück blieb ein feines Pulver, das bald darauf vom Wind fortgetrieben wurde. Vergeblich suchte man den ganzen Wald nach dem geheimnisvollen »Fremden« ab. Er war und blieb verschwunden.[74]

Die Stetigkeit, mit der seltsam gekleidete Entitäten und Fabelwesen durch die Jahrhunderte geistern und die große Zahl übereinstimmender Erscheinungsmerkmale, sollten uns hellhörig werden lassen. Es kann doch kein Zufall sein, daß Menschen unterschiedlicher Kulturkreise über Jahrtausende hinweg so viele identische Beobachtungen aufzeichnen und weitergeben.

Aus der Regentschaft Pippins des Kurzen (714–768) wird über unerklärliche »Lufterscheinungen« berichtet, die man vor allem in Frankreich beobachtet haben will. Eliphas Lévi schrieb: »Die Luft war voll menschlicher Gestalten, der Himmel spiegelte Täuschungen von Palästen, Gärten, bewegten Fluten, Schiffen mit windgeblähten Segeln, von Heeren in Schlachtenordnung. Die Atmosphäre glich einem großen Traum. Alle konnten die Einzelheiten dieser phantastischen Gemälde sehen und unterscheiden.« Weiter heißt es: »Nun gab es keinen Zweifel mehr, die Sylphen und Salamander des Zedechias* suchten ihre alten Herren; man vermengte sie den Träumen, und viele glaubten von Luftgeistern entführt zu werden. Man sprach nur noch von Reisen in das Land der Luftgeister wie man heute von ›lebenden Möbeln‹ und fluidalen Erscheinungen spricht. Die besten Köpfe wurden von diesem Wahn ergriffen, so daß schließlich die Kirche eingreifen mußte.«[80]

Sylphen also nannte man sie damals – Luftgeister. Waren es die Ufo-Temponauten von heute? Sollten damals alle Menschen – Bauern, Edelleute, Wissenschaftler – nur einer »Massenerkrankung an Visionen« (Lévi), schlicht einer kollektiven, permanenten Halluzination erlegen sein?

Jedenfalls griffen die Hüter der öffentlichen Ordnung und Moral unbarmherzig ein, um die Menschheit vor der teuflischen Kunst der Luftgeister zu »schützen«. Viele »Fremde« fielen der Verfolgungskampagne durch Kirche und Staat zum Opfer. In Garinets *Geschichte der Magie in Frankreich* heißt es: »Unbekannte, denen man auf dem Lande begegnete, wurden angeklagt, vom Himmel gestiegen zu sein, und erbarmungslos getötet. Mehrere Tobsüchtige gestanden, von Dämonen und Sylphen entführt worden zu sein, andere, die hiermit schon geprahlt, wollten oder konnten es nicht mehr leugnen; man verbrannte sie, warf sie ins Wasser, ja, es ist kaum glaublich, wie viele so im Königreich umkamen . . .«[85]

Schlechte Zeiten für Zeitreisende . . . Das tragische Ende einer lang anhaltenden Sichtungswelle schildert Lévi so: »In Ermangelung von Sylphen ließ man die Strafen diejenigen treffen, die sie gesehen haben wollten, bis man sie endlich nicht mehr sah. Die

---

* Kabbalist während der Regentschaft Pippins des Kurzen (8. Jahrhundert).

Luftschiffe kehrten in den Hafen des Vergessens heim, und niemand behauptete mehr, am Himmel gereist zu sein.«[80]

Robert Charroux berichtet in seinem Buch *Vergessene Welten* unter der Überschrift »Das Luftschiff von Cloera« über einen interessanten »Sichtungsfall«, der sich um 950 n. Chr., nach anderen Quellen in den Jahren 1211 oder 1270, ja, sogar bereits im 3. Jahrhundert n. Chr. in Cloera, Irland, nach Angaben anderer Autoren aber auch in Bristol bzw. in Gravesend, Kent (beide England) zugetragen haben soll. »Das irische Manuskript *Konungs Skiggsa* aus dem Jahre 950 berichtete diese außergewöhnliche Geschichte: ›Eines Sonntags, als die Einwohner bei der Messe waren, geschah in der kleinen Ortschaft Cloera ein Wunder. Ein großer metallischer Anker, der an einer Kette hing, kam vom Himmel herunter. Einer seiner Arme war mit einem sehr spitzen Schnabel versehen und bohrte sich in den hölzernen Pfosten des Kirchentors. Die Gläubigen liefen sofort heraus und sahen am Himmel, am anderen Ende der Kette, ein Schiff, das auf einem imaginären Ozean zu schwimmen schien. An Bord dieses Schiffes beugten sich die Männer über die Reling und schienen zu beobachten, was auf dem Grunde des Wassers vor sich ging. Da sahen die Einwohner von Cloera einen Seemann auf den Schiffsrand steigen und in die Luft springen, die für ihn Wasser sein mußte. Rund um den Taucher sah man einen feurigen Strahlenkranz. Der Mann wollte ganz ohne Zweifel den Anker wieder losmachen. Als er am Boden angelangt war, umringten ihn die Gläubigen, um ihn gefangenzunehmen, aber der Pfarrer verbot, ihn zu berühren, aus Angst vor einem Verbrechen oder einer Freveltat. Der Taucher schien nicht zu bemerken, was um ihn vorging. Er versuchte den Anker freizubekommen, doch als es ihm nicht gelang, entschwebte er auf sonderbare Weise zu seinem Schiff, und zwar wieder mit den Bewegungen eines Schwimmers. Dann kappte die Besatzung die Ankerkette, und das freigekommene Luftschiff segelte davon und entschwand den Blicken. Aber der Anker blieb jahrhundertelang im Tor stecken und bezeugte das Wunder.‹«[86]

Ob es sich – vorausgesetzt, daß dieser Bericht auf Tatsachen beruht – hierbei um Außerirdische, Zeitreisende oder auch um Entitäten aus einem mit unserer Welt zufällig überlappenden Paralleluniversum handelt, mag dahingestellt bleiben. Interessant erscheint die Verhaltensweise der »Fremden«, die uns einmal mehr an die gleitenden und zeitlupenartigen Bewegungen mancher unserer Ufonauten erinnert. Auch an ihnen – den Realitätsverschobenen – zeigt sich das Phänomen der Zeitdehnung. Solange sie sich durch Vermindern ihrer Schwingungsfrequenz noch nicht voll und ganz auf unsere Realität eingestellt haben, vermögen sie uns – wie hier beschrieben – offenbar nicht zu erkennen.

Herren in Schwarz

Seit einigen Jahren kommt es in den USA, aber auch andernorts, häufig zu merkwürdigen Begegnungen zwischen Personen, die – gewollt oder ungewollt – auf irgendeine Weise mit der Ufo-Szene in Berührung kamen und geheimnisvollen Fremden mit dunklem Teint und südländischen Gesichtszügen, die für ihre »Geschäftsreisen« meist schwarze Luxuslimousinen bevorzugen. *Men in black*, von Insidern bereits mit der Abkürzung MIB etikettiert, ein meist kleines Team schwarzgekleideter »Inquisitoren«, drahtige Typen wie aus dem Bilderbuch, scheinen für amerikanische Ufo-Forscher und -Beobachter allmählich zu einem Alptraum zu werden. Sie geben sich nach Vorzeigen fragwürdiger Legitimationen häufig als Luftwaffenoffiziere in Zivil oder als Regierungsbevollmächtigte aus und fordern, unter Androhung von Repressalien, Ufo-Zeugen zum Schweigen auf. Eventuell vorhandene Dokumentationen, Fotos, Filme und Sichtungsberichte werden unter fadenscheinigen Gründen unquittiert beschlagnahmt – alles Methoden, die man selbst findigen CIA-Beamten nicht zutrauen würde. Diese Herren in Schwarz tauchen überall und ohne Voranmeldung auf. Nichts bleibt ihnen verborgen. Sie scheinen über alles und jeden informiert zu sein: über den Inhalt von Safes, über vertrauliche Telefonate, ja, sogar über die nächsten Schritte übereifriger Ufo-Forscher, die irgendein heißes Eisen aufgegriffen haben. Bleiben die telefonischen oder persönlich zugestellten Warnungen der MIB ohne Erfolg, wird ihnen das verlangte Beweismaterial vorenthalten, so scheuen sie auch nicht vor Einbrüchen, Brandstiftung und Schlimmerem zurück.

Der amerikanische Autor Gray Barker vermutet schon seit einiger Zeit hinter dem Erscheinen der Dunkelhäutigen eine wohldurchdachte, weltweite Kampagne der CIA zur Beschaffung von Informationen über Ufo-Antriebs- und sonstige Techniken. Ihr Besitz würde den USA gegenüber dem Ostblock eine bislang noch nie dagewesene strategische Überlegenheit verschaffen. Barker sieht auch befreundete ausländische Nachrichtendienste an der Sammlung einschlägiger Informationen und Beweisstücke beteiligt. Wenn dem so wäre, wenn sich CIA-Beamte bei illegalen Beschaffungsaktionen solcher geradezu grotesk theatralisch anmutender Maskeraden bedient hätten, käme dies immerhin einer höchstoffiziellen Anerkennung des Ufo-Phänomens seitens amerikanischer Regierungsstellen gleich.

Blenden wir noch einmal zurück: Über erste bekannt gewordene Kontakte eines gewissen Albert K. Bender aus Bridgeport (Connecticut) mit MIB berichtete Gray Barker bereits 1967 in seinem Buch *They Knew Too Much About Flying Saucers* (»Sie wußten zu viel über ›Fliegende Untertassen‹«). Im Jahre 1952 hatte Bender das International Flying Saucer Bureau (IFSB) gegründet, das die Auswertung von Ufo-Informationen auf globaler Ebene zum Ziel hatte. Sein besonderes Interesse galt dem Sinn und Ursprung dieses Phänomens. Doch schon im Oktober 1953 setzte das Mitteilungsblatt des IFSB seine Leser davon in Kenntnis, daß die Organisation aufgelöst werde. Das Erstaunlichste an dieser Nachricht aber war die Begründung für diesen Schritt: »Das ›Geheimnis‹ der ›Fliegenden Untertassen‹ kann nicht länger als solches betrachtet werden. Ihr Ursprung ist bereits bekannt; jegliche Informationen hierüber werden aber auf Anordnung einer höheren ›Informationsquelle‹ zurückgehalten. Wir würden zwar gern die ganze ›Geschichte‹ veröffentlichen, müssen aber, aufgrund der besonderen Natur dieser Informationen, leider auf deren Abdruck verzichten. Wir raten allen in der Ufo-Forschung Engagierten, bei ihren zukünftigen Ermittlungen Vorsicht walten zu lassen.«[87]

Was war geschehen?

Bender machte Barker und dessen Mitarbeiter gegenüber damals gewisse Andeutungen, die von diesen auch heute noch als sensationell empfunden werden. Er hatte aufgrund einer im Büro der Organisation eingegangenen Information eine Theorie aufgestellt, die zur Klärung des gesamten Ufo-Geschehens geeignet war. Wenige Tage nachdem er diese einer von ihm nicht näher bezeichneten »dritten Stelle« unterbreitet hatte, erhielt er den unangemeldeten Besuch von drei schwarzgekleideten Herren, denen seine Theorie in allen Einzelheiten bekannt war und die ihm von sich aus Zusatzinformationen anboten. Für den Fall, daß er sein Wissen öffentlich preisgeben würde, drohte man ihm allerdings mit Repressalien.

Etwa zur gleichen Zeit waren August C. Roberts und seine Kameraden auf einem nahe New York gelegenen Beobachtungsturm als Flugmeldeposten im Einsatz. Es herrschte Krisenstimmung. Die westliche Welt erwartete damals fast stündlich den Ausbruch eines offenen Konfliktes zwischen der UdSSR und Amerika. Das Zivilverteidigungsamt hatte in aller Eile überall im Lande solche Beobachtungstürme errichten und diese mit Freiwilligen besetzen lassen, um einem etwaigen feindlichen Überraschungsangriff vorzubeugen.

In der Nacht vom 27. zum 28. Juli 1952 bemerkten die Männer über dem Empire State Building plötzlich eine sonderbare, rötlich glühende Leuchterscheinung, die von keinem Flugzeug herrühren konnte. Sie meldeten diese Beobachtung sofort ihrer vorgesetzten Dienststelle. Die Bestätigung ihrer Sichtung mittels Radar ließ nicht lange auf sich warten. Roberts, dessen Kamera stets griffbereit war, fertigte von dieser sonderbaren Erscheinung rasch ein paar Fotos an. Da er – von einem seiner Kameraden gewarnt – damit rechnen mußte, daß die Bilder später als Luftwaffeneigentum beschlagnahmt würden, verstaute er einige der noch nicht entwickelten Negative in einem lichtundurchlässigen Beutel, den er in seiner Wohnung unter einer Matratze versteckte. Seine Befürchtungen sollten sich schon kurze Zeit später als richtig erweisen. Zwei Polizeibeamte des nahegelegenen Reviers erschienen vor seiner Wohnungstür und forderten die Herausgabe sämtlicher Fotos. Roberts kam der Aufforderung zögernd nach. Während eines anschließenden Verhörs im Polizeihauptquartier unterstellte man Roberts, er habe Fälschungen vorgelegt, eine Behauptung, die später von einem Fotospezialisten der Polizeieinheit widerlegt werden konnte. Diese Bilder erschienen dann zwar mit Genehmigung örtlicher Behörden im *Jersey Journal*; die Fotos wurden dem Eigentümer danach aber nicht zurückgegeben.

Verärgert über das ungerechte Verhalten seiner vorgesetzten Dienststelle und der Polizei, fertigte Roberts von dem versteckten Negativmaterial sofort einige Vergrößerungen an, die er bei nächstbester Gelegenheit an Interessenten veräußern wollte. Er brauchte nicht lange zu warten. Unmittelbar nach Fertigstellung der Bilder – sie waren noch feucht – sprach ein Fremder bei ihm vor, der sich als Mitarbeiter des bekannten Massachusetts Institute of Technology (MIT) ausgab und am Erwerb seiner Ufo-Fotos interessiert war. Roberts war maßlos verblüfft – hatte er doch in dieser Angelegenheit bis jetzt ausschließlich mit der örtlichen Polizeibehörde und Redakteuren des *Jersey Journal* zu tun gehabt. Der Fremde versuchte Roberts über dessen Ufo-Beobachtungen auszuhorchen, mußte aber bald feststellen, daß dieser – bis auf sein eigenes Erlebnis – an Ufo-Phänomenen völlig uninteressiert war. Er erwarb schließlich eines der Bilder zum Preis von 10 Dollar. Beim Verlassen der Wohnung händigte er Roberts einen zusammengefalteten Notizzettel merkwürdigen Inhalts aus, der auf einen Buchtitel schließen ließ: »*Altai-Himalaya* von Nikolai Roerich, Seiten 361/362.«

Roberts, der dem Besucher sofort nacheilte, um Näheres in Erfahrung zu bringen, konnte ihn weder vor dem Haus noch auf der Straße ausfindig machen. Dabei waren seit dem Aufbruch des Fremden erst wenige Sekunden vergangen. Welchen Weg mochte er eingeschlagen haben?

Bald danach suchte Roberts die New Yorker Stadtbibliothek auf, um nach dem Buchtitel zu forschen, auf den ihn der Fremde hingewiesen hatte. Er lieh das Werk aus und las auf den angegebenen Seiten, daß der russische Maler und Forschungsreisende Roerich während seiner Himalaya-Expedition im Jahre 1925 einmal ein ovales, silbrig schimmerndes Objekt am Himmel gesehen habe: »Am 5. August geschah etwas Bemerkenswertes: Wir befanden uns in einem Camp im Kukunor-Distrikt in der Nähe der Humboldt-Kette. Um etwa halb 9 Uhr früh sahen unsere Expeditionsteilnehmer einen erstaunlich großen schwarzen Adler, der über uns flog. Sieben von uns beobachteten diesen ungewöhnlichen Vogel. In diesem Augenblick rief einer der Leute: ›Da ist etwas weit oberhalb des Vogels!‹ Er brüllte dies vor Erstaunen laut heraus. Wir alle sahen in Nord-Süd-Richtung etwas Großes, Leuchtendes, das die Sonnenstrahlen reflektierte ... wie eine große Scheibe, die sich mit hoher Geschwindigkeit fortbewegte. Indem es unser Lager überquerte, wechselte das Ding seine Richtung von Süd nach Südwest, und wir sahen, wie es am azurblauen Himmel verschwand. Wir hatten sogar Zeit, zu unseren Ferngläsern zu greifen, und wir sahen ziemlich deutlich, daß es eine ovale und glänzende Oberfläche besaß. Eine Seite glänzte in der Sonne.«

Was wollte der Fremde Roberts dadurch zu verstehen geben? Lag es in seiner Absicht, auf etwaige Analogien zwischen seinem Fall und Roerichs Erlebnis aufmerksam zu machen, um so diskret die Unhaltbarkeit der extraterrestrischen Hypothese (die Beobachtung der Erde durch *Außerirdische* schon seit Jahrhunderten) darzulegen?

Edgar R. Jarrold, ein australischer Ufo-Forscher, Leiter des Australian Flying Saucer Bureau (AFSB), wurde – nach eigenen Angaben – eines Tages von einem Fremden aufgesucht, der ihn, vor Preisgabe sensationeller Informationen über die Herkunft der Ufos, zum Schweigen verpflichtet haben soll. Von diesem Tage an war Jarrold wie umgewandelt. Das Thema »Ufo« schien ihn kaum noch zu berühren. Freunden gegenüber soll er sich nur vage über den Besuch des merkwürdigen Informanten geäußert haben. Vielleicht war gerade sein Schweigen ein verhängnisvoller Fehler, vielleicht hatte der Fremde mittlerweile »kalte Füße« bekommen. In einem Sydneyer Supermarkt zog sich Jarrold bei einem Sturz auf einer Rolltreppe so schwere Verletzungen zu, daß er an deren Folgen wenig später starb. Seine letzten zusammenhanglos gestammelten Worte bezogen sich auf einen schwarzgekleideten Fremden, der ihm beim Betreten der Treppe einen kräftigen Stoß versetzt habe. Diesen Mann aber konnte die Polizei nie ausfindig machen.

Daß die Geheimdienste in aller Welt rüde Praktiken anwenden, um in den Besitz von Informationen zu gelangen oder mißliebige Personen auszuschalten, ist bekannt. Dennoch steht die MIB-CIA-Hypothese auf ziemlich schwachen Füßen, denn:

1. Warum sollten sich Abwehrdienste einer höchst auffälligen Maskerade in Schwarz bedienen?

2. Weshalb eigentlich sollten als MIB getarnte CIA-Agenten behaupten, im Regierungsauftrag zu handeln, wenn sie andererseits alles daran setzen, ihre wahre Identität zu verbergen?

3. Wie erklärt man sich das unwirklich anmutende, auffallend stereotype Verhalten dieser angeblichen CIA-Agenten?

4. Auf welche Weise entziehen sich diese Pseudo-Agenten unserem Zugriff? Beherrscht die CIA bereits Dematerialisationstechniken?

Die extraterrestrische Hypothese – bei den MIB handele es sich um Außerirdische – scheint ebenso unhaltbar. Stellt man nämlich die Anzahl der allein in unserer Milchstraße beheimateten Sonnen und Planeten den Hunderten verifizierter Ufo-Sichtungen pro Jahr gegenüber, kennt man die Größenordnungen innerhalb unseres galaktischen Systems, in dem sich unsere Erde mikrobenhaft winzig und entsprechend unbedeutend ausnimmt, so wird man mit einem Mal gewahr, daß die »Herren vom anderen Stern« und all die »grünen Männchen« ganz einfach an den Relationen innerhalb unserer Galaxie, an der Realität ihrer schätzungsweise 100 Milliarden (!) Fixsterne und höchstwahrscheinlich 18 Milliarden planetarischer Systeme (nach Professor Dr. Willy Ley) scheitern müssen.

Nehmen wir trotzdem einmal an, daß einige Superzivilisationen innerhalb unserer Galaxie sogenannte »exotische« Antriebssysteme, wie Gravitationsschleudern, Energiestrahler und Teleportationseinrichtungen, d. h. Vehikel für Hyperraumsprünge, entwickelt hätten, so würden sich dadurch unsere Aussichten, von *Fremd-Entitäten* zufällig entdeckt zu werden, kaum verbessern. Das Ganze ist fraglos ein statistisches Rechenexempel. Die Wahrscheinlichkeit der Existenz einer großen Anzahl von Superzivilisationen, die über derart phantastische Antriebssysteme verfügen, ist denkbar gering. Der amerikanische Exobiologe Professor Carl Sagan rechnet immerhin mit etwa einer Million solcher hochentwickelter Zivilisationen allein in unserer Milchstraße. Sie müßten sich – setzt man gleichartige Entwicklungschancen voraus – statistisch gesehen, zwangsläufig über unsere gesamte Galaxie verteilen. Ihre Verbreitung über einen derart großen Raum – er umfaßt etwa 200 Milliarden Sonnenmassen – würde bedeuten, daß wir aufgrund der extrem aufgelockerten Verteilung technischer Intelligenzen als unbedeutender Planet einer verhältnismäßig kleinen Sonne ganz einfach unentdeckt bleiben müßten. Sollte auch nur ein einziges Ufo pro Jahr die Erde besuchen, so müßte, nach Professor Sagan, jede dieser hypothetischen raumfahrenden Superzivilisationen jährlich 10 000 Fernraumschiffe losschikken. Auch Superzivilisationen wären durch derart aufwendige,

verhältnismäßig wenig Erfolg versprechende Experimente über-
fordert. Von der Erde abgestrahlte Radiosignale und atomare
Versuchsexplosionen dürften sie kaum zur permanenten Überwachung unseres Planeten animieren.

Gegen die extraterrestrische Hypothese spricht weiter die Tatsache, daß bislang wesentlich mehr »weiche«, d. h. leuchtende
oder auch transparent bis semitransparent erscheinende Objekte
gesichtet wurden als metallisch massiv wirkende Gebilde. Viele
dieser »weichen« Erscheinungen verändern während der Beobachtung ihre Größe und Form. Hinzu kommen die häufig wahrgenommenen Materialisations- und Dematerialisationsphäno-
mene, Vorgänge, die auf eine Beherrschung der Dimensionen, also auch auf die der Zeit, hinzuweisen scheinen.

Abwehrbeamte der amerikanischen Luftwaffe müssen schon
Ende der vierziger Jahre erkannt haben, daß die Unterhaltung einer »extraterrestrischen Luftflotte« in der aus der Zahl der Ufo-
Sichtungen pro Jahr geschätzten Größenordnung völlig unmöglich wäre. Zu keiner Zeit gab es irgendwelche Zweifel an der Zuverlässigkeit mehrfach überprüfter Zeugen. Nicht nur einzelne Piloten, sondern ganze Schiffsbesatzungen hatten nichtidentifizier-
bare Flugobjekte beobachten und den zuständigen Abwehrstel-
len zum Teil technisch gut fundierte Beschreibungen übermitteln
können. Dem eigentlichen Problem aber war offenbar nicht beizukommen. Was hatte man nun wirklich gesehen? Es waren Objekte, die mit wahnwitzigen Geschwindigkeiten dahinschossen,
ohne ersichtliche Bremsmanöver auf der Stelle anhielten oder aus
dem Stand heraus auf mehrfache Schallgeschwindigkeit be-
schleunigten, allen Gesetzen der Schwerkraft zuwiderlaufende
Flugoperationen durchführten, urplötzlich auftauchten und
ebenso übergangslos wieder im Nichts verschwanden. Welchen
Sinn sollte eine extraterrestrische Superschau wie diese haben, zumal sie anscheinend schon seit Jahrhunderten mit wechselnder
Besetzung und Statisterie über die irdische Bühne geht?

Mancher Anhänger der »Hardware«-Hypothese (Ufos sind

extraterrestrische Raumfahrzeuge) mag sich verbittert gefragt haben, warum Dr. Condon in seiner umstrittenen *Colorado-Studie*[88] – finanziert von der amerikanischen Regierung – verlauten ließ, er habe keinen Hinweis auf extraterrestrische Ursprünge dieses Phänomens, ja, nicht einmal eine ernstzunehmende Zensur von Ufo-Meldungen seitens amerikanischer Regierungsstellen feststellen können.

Die Ufo-Szene umfaßt jedoch nicht nur physikalische Anomalien, sondern bekanntlich auch echte ASW- und PK-Phänomene. Sie ist Teil einer für uns unsichtbaren, anderen Welt (eben jener Anderen Realität), in der paranormales Geschehen ganz normale Züge trägt, von der aus unser materielles Universum als Schattenwelt erscheinen muß. In ihr erfolgt die völlige Umkehrung der materiellen Wertigkeit allen Seins: Vermeintlich Reales wird in Irreales und dieses wiederum in eine für uns verständliche Realität verkehrt. Durch die an manchen Stellen in unsere Welt hineinwirkenden *primordialen Kräfte* (Wilhelm Reich), durch die Manipulation von Raum, Zeit und Materie, kommt es gelegentlich zu Realitätsverzerrungen, denen wir aufgrund unseres beschränkten Vorstellungsvermögens absolut hilflos gegenüberstehen. Dies gilt vor allem für das Erkennen des Verursachers all dieser Phänomene. Manche erblicken in ihnen das Wirken höherdimensionaler Wesen, Entitäten, die sich noch am ehesten als »Engel« oder »Dämonen« umschreiben lassen. Der amerikanische Evangelist Billy Graham sieht in ihnen Wesen »höherer Ordnung«, eine »himmlische Streitmacht«, über deren Wirken schon vor zweieinhalbtausend Jahren in der Bibel berichtet worden sei.

Der vor kurzem emeritierte Professor Dr. J. Allen Hynek, bis zu seiner Pensionierung Vorsitzender des Department of Astronomy und Direktor des Astro-Forschungszentrums der Northwestern University (Chicago), der jahrelang für die US Air Force als meistkonsultierter Spezialist für Ufo-Fragen tätig war, hängt ähnlichen Überlegungen nach. Gegenüber einem Mitarbeiter des US-Magazins *Ufo-Report* äußerte er 1976: »In jüngster Zeit distanziere ich mich immer mehr von dem Gedanken, daß Ufos ›materielle‹ *extraterrestrische Raumfahrzeuge* seien. Es gibt zu viele Dinge, die gegen diese Theorie sprechen ... Ich denke, wir sollten das vorhandene Beweismaterial erneut überprüfen und mehr in unserer unmittelbaren Umgebung Ausschau halten.« Als ihm der Interviewer T. G. Beckley die Frage vorlegte, ob Ufos aus einem anderen Raum-Zeit-Kontinuum, einer höheren Dimensionalität stammen könnten, wiederholte der einstige Mitarbeiter des *Project Blue Book*, daß er zumindest die extraterrestrische Theorie jetzt als »naiv« betrachte.[26]

Der renommierte britische Astrophysiker Professor Fred Hoyle hatte sich, schon einige Jahre früher, auf einer Pressekonferenz angeblich noch deutlicher ausgedrückt:

»Der Mensch ist nur ein ›Pfand‹ im großen Spiel fremder Geist-Entitäten, die jeden Schritt der Menschheit überwachen; diese Fremden stammen aus einem anderen Universum, das sich aus fünf Dimensionen zusammensetzt. Die Gesetze ihrer Chemie und Physik unterscheiden sich ganz wesentlich von den unsrigen. Sie haben die hinderliche Raum-Zeit-Barriere zu überwinden gelernt. Die Unterscheidungsmerkmale zwischen diesen superintelligenten Entitäten und uns sind derart kraß, daß sie sich nach der irdischen Terminologie nicht beschreiben lassen. Sie unterliegen wahrscheinlich auch nicht den physikalischen Restriktionen eines Körpers, und man sollte sie eher als ›reine Intelligenz‹ bezeichnen. Sie können sich in Sekundenschnelle an jeden beliebigen Ort des Universums begeben. Diese Fremden sind überall: am Himmel, im Wasser und auf dem Lande. Sie befinden sich schon seit Äonen hier und haben wahrscheinlich die Evolution des Homo sapiens überwacht. Alles was der Mensch schuf, ist auf gesteuerte ›Eingriffe‹ seitens dieser intelligenten Kräfte zurückzuführen.«[10]

Professor Wheeler will die Andere Realität mehr quantenphysikalisch verstanden wissen und meint: »Genaugenommen ist unsere Welt ein ›Schmarotzer‹-Universum. Was wir ›physikalische

Realität‹ zu nennen pflegen, stellt sich im großen und ganzen als Pappmaché-Konstruktion unserer Phantasie heraus, mit der die Leerräume zwischen den ›Eisenträgern‹ unserer Beobachtungen ausgefüllt sind. Diese Beobachtungen sind die einzige Realität. Solange wir nicht erkennen, warum unser Universum in dieser Form existiert, haben wir noch gar nichts begriffen ... Wir werden erst dann die Einfachheit des Universums verstehen lernen, wenn wir uns seiner Fremdartigkeit bewußt sind.«

Gleiches gilt wohl auch für die Entschleierung des Ufo-Mysteriums. Hier stellt sich zwangsläufig die Frage: Haben wir es – zumindest in einigen Fällen – vielleicht mit »nichtstofflichen« Entitäten zu tun, die einer höheren Dimensionalität angehören (sog. Ultraterrestriern) oder ausschließlich mit »physikalischen« Wesen, die sich aufgrund fortentwickelter Transporttechniken durch die Dimensionen, also auch durch die Zeit, zu bewegen vermögen – mit Temponauten? Vielleicht koexistieren in der Anderen Realität, ihrem Operationsraum, beide Spezies. Es könnte gut sein, daß wir im Verlauf unserer geistigen, intellektuellen und biologischen Entwicklung mit unterschiedlichen Intelligenztypen konfrontiert werden. Kontakte paranormaler Art mit Höherdimensionalen brauchen Begegnungen mit unseren zeitreisenden Nachfahren, die sich des Hyperraumes als »Sprungbrett« zu anderen Zeitabschnitten bedienen, nicht auszuschließen.

Der Orientalist und Ufo-Forscher Gordon Creighton – ein früherer Mitarbeiter des britischen Außenministeriums – hält es ebenfalls für ausgeschlossen, daß Ufos extraterrestrischen Ursprungs sind und begründet seine Vermutung mit dem häufigen Auftreten dieses Phänomens. Er glaubt, daß die mit interstellaren Reisen verbundenen logistischen Aufgaben selbst von technisch weit fortgeschrittenen Zivilisationen nicht bewältigt werden könnten. Gleichzeitig vermutet er hinter dem Ufo-Geschehen mehr das Wirken von Wesen aus einem anderen Raum-Zeit-Kontinuum. Die Art, wie sich diese »Ultraterrestrier« – deren höherdimensionales Universum mit dem unsrigen auf unvorstellbare

Weise »verschachtelt« sei – uns näherten, ließe darauf schließen, daß sie sich ganz einfach in unsere Ebene hineinprojizierten. Creighton charakterisiert unsere Hilflosigkeit gegenüber den Fremd-Dimensionalen mit folgenden Worten: »Ich glaube, daß *es* sich mit unserem Wortschatz eben ganz einfach nicht beschreiben läßt. Wir belegen *es* mit umschreibenden Wortkonstruktionen, wie ›Dimensionen‹ oder ›Raum-Zeit-Kontinuum‹, weil wir *es* nicht mit unserem Verstand erfassen können. Ich selbst bevorzuge den Ausdruck ›wechselnde Realität‹ und glaube, daß es eine ganze Serie solcher Realitäten gibt. Einige dieser Entitäten dürften sich auf einer viel höheren Schwingungsebene als wir oder doch zumindest auf einer gehobenen Zwischenebene aufhalten. Andere wiederum könnten mit ihren Eigenschwingungen tiefer als wir angesiedelt sein. Es mag da so etwas wie eine ›dämonische Realität‹ geben. Aus beiden Richtungen wären ›Einfälle‹ in unsere Welt möglich.«[89]

Creighton, der als Diplomat enge Beziehungen zum britischen Geheimdienst und zur CIA unterhält, gelangte – nach eigenen Angaben – allmählich zu der Überzeugung, daß die Großmächte über diese Hypothese sehr wohl unterrichtet sind, mehr noch, daß sie sich schon seit langem mit der wissenschaftlichen Auswertung verifizierter Sichtungen befassen. Ihre in der Öffentlichkeit zur Schau getragene Frustration und Gleichgültigkeit gegenüber den sich in aller Welt mehrenden Ufo-Manifestationen sowie ihre Verschleierungstaktiken dienten offenbar nur einem Ziel: der ungestörten Durchführung geheimer Versuche zur Entwicklung von Techniken, die den jetzigen weit voraus sind. Welch abenteuerliche Wege hierbei beschritten werden, zeigt die von der amerikanischen Regierung dem Massachusetts Institute of Technology in Auftrag gegebene Entwicklung von *Partikel-Strahlwaffen* für die Luftabwehr. Einschlägige Berichte[91] – soweit sie der Öffentlichkeit überhaupt zugänglich sind – lesen sich wie Science-fiction-Romane der frühen sechziger Jahre ... Man wähnt sich um Hunderte von Jahren in die Zukunft versetzt.

Von der Entwicklung furchteinflößender, gut funktionierender Partikel-Strahlwaffen* bis hin zur *Zeitmanipulation* ist es möglicherweise gar nicht einmal so weit. Hört man vielleicht deshalb kaum etwas von Experimenten zur Beeinflussung des *Zeitfeldes* – von Experimenten mit der Zeit –, weil diese zu den bestgehüteten Geheimnissen der Gegenwart zählen? Gibt es etwa schon konkrete Hinweise darauf, daß die in Gang gesetzte Entwicklung zum gewünschten Erfolg führen wird? *Hat* sie möglicherweise bereits zum Erfolg geführt?

Man kennt zahlreiche Berichte über sogenannte *Begegnungen der dritten Art* (US-Terminologie: »Close Encounters of the Third Kind«, kurz: CE III), direkte Kontakte mit humanoiden Wesen, deren Verhaltensweise und Transporttechniken (Fahrzeuge) die Vermutung nahelegen, daß es sich bei ihnen weniger um Außerirdische, sondern höchstwahrscheinlich um Menschen aus einer anderen, zukünftigen Zeitperiode handelt. Eine solche unheimliche Begegnung trug sich in der Nacht vom 6. zum 7. November 1957 auf der Vista del Mar, einer in der Nähe von Playa del Rey (Kalifornien) vorbeiführenden Landstraße, zu. Es begann damit, daß die Zündung dreier Kraftfahrzeuge gleichzeitig aussetzte. Als die Fahrer Richard Kehoe, Ronald Burke und Joe Thomas ihre Wagen verlassen hatten, um die Ursache des plötzlichen Motorversagens festzustellen, erblickten sie am nahegelege-

---

* Anlagen zur Erzeugung stabilisierter Strahlen aus Kernteilchen (meist Protonen), die das stoffliche Gefüge von Objekten zerstören. Durch winzige Atomexplosionen wird Impulsenergie freigesetzt, die Wasserstoff-Protonen in gebündelten Strahlen auf annähernd Lichtgeschwindigkeit beschleunigt. Im Gegensatz zu gebündelten Laserstrahlen vermögen Partikelstrahlen Nebel, Wolken und Regen zu durchdringen. Ihre Instabilität und ihre Eigenschaft, sich durch Magnetfelder ablenken zu lassen, erweisen sich als nachteilig. Die US-Navy soll im Rahmen des Programms »Chair Heritage« allein im Rechnungsjahr 1978 6 Mio. Dollar für die Entwicklung von Strahlwaffen ausgegeben haben. Es wird behauptet, daß die UdSSR dieses Waffensystem bereits erproben würde.[90]

nen Strand eine von blauem Dunst eingehüllte, eiförmige Maschine. Von dem mysteriösen Objekt her näherten sich der Fahrergruppe zwei Fremde. Die drei Männer wurden von ihnen in schlecht verständlichem Englisch angesprochen. Nach Angaben von Kehoe sollen die etwa 1,60 m großen Männer mit schwarzen Lederhosen und farbigen Wollpullovern bekleidet gewesen sein. Ihre Haut sei gelblich-grün gewesen. Sie sollen einen hilflosen Eindruck gemacht und Fragen wie »Wo sind wir hingeraten?« und »Welche Zeit ist es?« gestellt haben. Bevor sich die drei verdutzten Autofahrer gefaßt hatten und die Fremden über ihre Herkunft befragen konnten, befanden sich diese schon wieder auf dem Rückweg. Unmittelbar nach dem Start der Maschine seien ihre Wagen wieder angesprungen.

Am 2. November 1966 fuhren zwei Arbeiter auf der Interstate 77 von ihrer Arbeitsstelle in Marietta (Ohio) in Richtung Point Pleasant. Als sie sich Parkersburg (West-Virginia) näherten, sahen sie mit einem Mal, wie vor ihnen am Straßenrand ein längliches Objekt niederging. Sie stoppten ihren Wagen, um das eiförmige Ding besser betrachten zu können. Nach Angaben der beiden soll dem Objekt ein ganz normal aussehender, schwarzgekleideter Mann entstiegen sein, der sie mit einem breiten Grinsen nach ihrem Woher und Wohin und »nach der Zeit« gefragt habe. Nach einer kurzen, ziemlich einsilbig verlaufenden Unterhaltung startete der Fremde mit seinem seltsamen Gefährt vor den Augen der verblüfften Männer und entschwand binnen weniger Sekunden ihren Blicken.

Die Frage nach der Zeit taucht in vielen Kontaktlerberichten auf. Das charakteristische Verhaltensmuster der Fremden könnte möglicherweise bedeuten, daß sie hin und wieder ihren Bordchronometern nicht ganz trauen, daß sie die Richtigkeit eigener Messungen bestätigt haben möchten. Vielleicht sind es auch mißglückte Zeitsprünge, Abweichungen von der programmierten Zielzeit, die den Temponauten gelegentlich zu Rückfragen nötigen, zu Kontakten wider Willen.

Auf jeden Fall müssen schon sehr triftige Gründe dafür vorliegen, daß uns allem Anschein nach technisch haushoch überlege-
ne Wesen in einsamen Gegenden wildfremde Personen anhalten,
um sich nach der »Zeit« zu erkundigen. Irgendwie scheint ihr
Zeitsinn ein ganz anderer zu sein, scheinen ihre Zeitabläufe mit
den unsrigen nicht immer übereinzustimmen. Wenn sie tatsächlich aus einer anderen Zeit stammen und nur eben einmal einen
improvisierten kurzen Abstecher in die Vergangenheit – in unsere
Gegenwart – machten, wären ihre merkwürdigen Fragen durchaus verständlich: keine Verbindung zur »Leitstelle«, die in unserer Zukunft existiert, keine einwandfreie Orientierungsmöglich-
keit am Zielort (besser: zur Zielzeit) in der »Vergangenheit« (unserem »Jetzt«).

Eine Geschäftsfrau aus Gallipoli (Ohio) will an einem Novem-
berabend des Jahres 1967 beim Betreten des neben ihrer Firma gelegenen Parkplatzes die lautlose Landung eines zylindrischen Objekts beobachtet haben, dem zwei schwarzgekleidete, uniformier-
te Männer entstiegen seien. Ihre Gesichtsfarbe wäre dunkelbraun
gewesen, und sie hätten hochgezogene Backenknochen besessen.
Die erschrockene Dame glaubte zunächst an einen Überfall,
mußte aber dann, sichtlich erleichtert, feststellen, daß die beiden
Fremden nur neugierig waren. Sie wollten u. a. wissen, wie sie heiße, woher sie stamme und mit welcher Tätigkeit sie ihr Geld ver-
diene. Wörtlich meinte die Befragte: »Manchmal konnte ich die
beiden kaum verstehen. Sie hatten Fistelstimmen; ihre Sprache
war mehr eine Art Singsang. Es klang so, als ob man Schallplatten
mit zu hoher Geschwindigkeit abspielen würde. Und immer wieder erkundigten sie sich nach der Zeit. Sie fragten zwei- oder dreimal: ›Welche Zeit haben Sie?‹«[92]

Diese Entitäten scheinen mit der Anpassung an unser Zeitmu-
ster nicht immer zurechtzukommen. Wie anders sollte man sonst
ihre »Sprachschwierigkeiten« verstehen, die Art, wie sie ihre Fragen in fast unverständlicher Weise herunterrasseln? Vielleicht
sprechen sie nur deshalb schneller als wir, weil sich ihr Leben – da,

wo sie herkommen – in anderen Zeitkategorien abspielt oder weil ihr Zeitgefühl durch Zeitreisen unter Inanspruchnahme des Hyperraums völlig durcheinander geraten ist. Passen sie sich dann gezwungenermaßen unserem Zeit- und Artikulationsrhythmus an, so wird dies von uns als »Singsang« empfunden, ein Phänomen, über das schon weltweit berichtet wurde.

In den vorangegangenen Kapiteln befaßten wir uns mit der Zeit und ihrer möglichen Manipulation, mit Bewegungen in der Zeit, mit Begriffen wie »Zeitsinn«, »Zeitrhythmus, »Zeitneutralisierung«, »Nullzeit«, »Zeitanomalien« (Raum-Zeit-Fallen) usw., ohne jedoch auf wesentliche Merkmale, auf die Qualität dieses vermeintlichen Abstraktums eingegangen zu sein. Eine exaktere Betrachtung – vor allem der Unterschiede zwischen *subjektiver* und *objektiver Zeit* – erscheint angebracht, um die in der Folge beschriebenen Experimente mit bzw. in der Zeit und ihre Auswirkungen besser verstehen zu können.

Analyse einer Dimension

Der Mensch betrachtet den »Ablauf der Zeit«, die Vergänglichkeit aller Dinge, mit Staunen und Sorge zugleich. Mit Staunen, weil ihm aufgrund der nur-räumlichen Orientierung und Beschaffenheit seines materiellen Leibes das vierdimensionale Mysterium »Zeit« im Grunde »unfaßbar« bleibt, mit Sorge und Furcht, weil er im körperlichen Prozeß des Alterns und des Zerfalls das »Ende seiner Zeit« herannahen sieht – ein grauenvolles raumzeitliches Vakuum. Schon Platon widersprach mit Nachdruck dieser heute nicht mehr haltbaren Auffassung von der »nachtodlichen« Nichtexistenz des Menschen. Er sah im Tod die Loslösung unserer freien, beweglichen, unkörperlichen Komponenten vom körperlichen Teil, dem Leib, und meinte, daß die Zeit keineswegs ein Element der Bereiche sei, die jenseits der konkreten, sinnlich erfaßbaren Welt liegen. Was wir als »Zeit« bezeichnen, ist nach

Platons Worten nur der »bewegte, unwirkliche Abglanz der Ewigkeit«.[93] Ewigkeit aber bedeutet nichts anderes als Gleichzeitigkeit. Und diese wiederum schließt eine *Abfolge* von Ereignissen, wie wir sie zu erleben glauben, aber auch den absoluten Tod aus.

Buddha verglich die Zeit mit einem Wagenrad. Jeder Punkt des Radreifens, der mit dem Boden in Berührung komme, entspräche einem »Jetzt«. Die ununterbrochene, sich stets wiederholende Folge von Jetzt-Punkten – das Rad in seiner Gesamtheit – symbolisiert demnach das Prinzip der Zeit, eine Dimension, die bis zum Ende des 19. Jahrhunderts physikalisch tabu war. Bis dahin lag nämlich der gesamten Naturwissenschaft und Technik die von Euklid begründete, gegenständliche Geometrie zugrunde. Euklid von Alexandria (etwa 365–300 v. Chr.), einer der bedeutendsten und einflußreichsten Mathematiker aller Zeiten, vermittelte in seinen *Stoicheia* – den »Elementen der Mathematik« – eine Zusammenfassung des mathematischen Wissens der damaligen Zeit. Diese Mathematik wurde in der Sprache der Geometrie geschrieben, einer Geometrie, die den Begriff »Zeit« nicht kennt, weil sie im überschaubaren dreidimensionalen Bereich angesiedelt ist.

Erst die von Einstein und Minkowski entwickelten Relativitäts- und Gravitationstheorien haben gezeigt, daß man, um zu einer sinnvollen Darstellung der neuen physikalischen Erkenntnisse zu gelangen, zu allgemeinen Geometrien übergehen muß. Und diese schließen Abläufe in der Zeit – Bewegungen dreidimensionaler Strukturen (materieller Körper) in der überall existierenden Zeit – mit ein.

Wie wir bereits feststellten, ist der Begriff Zeit vieldeutig. Er umfaßt zwei streng voneinander zu trennende Zeitkategorien: *subjektive* und *objektive Zeit.*

Unter »subjektiver« Zeit verstehen wir eine Zeitqualität, die ausschließlich vom menschlichen Bewußtsein wahrgenommen (besser: empfunden) wird. Sie existiert unabhängig von Meßinstrumenten jedweder Art und scheint, je nach Bewußtseinszustand, einmal langsamer, ein anderes Mal schneller zu vergehen. Die »objektive«, physikalische Zeit wird hingegen von mechanischen oder elektronischen Meßinstrumenten (Uhren, Schwingquarzen usw.) registriert.

Noch zu Beginn unseres Jahrhunderts glaubte man, daß diese »objektive« Zeit unabhängig von unserem Zeitempfinden mit gleichbleibender Geschwindigkeit »ablaufe«, was jedoch durch Einsteins spezielle Relativitätstheorie widerlegt wurde.

Vom »subjektiven« Zeitempfinden (oder Zeitsinn, Zeitbewußtsein) wissen wir, daß es zu ganz erheblichen Fehleinschätzungen fähig ist. Der von physikalischen Zeitmessungen befreite »Zeitsinn« wird von ständig ins Bewußtsein und in unbewußte Kanäle unserer Psyche einfließenden Informationen und Eindrücken geprägt. Wird diese Informationsflut – z. B. während des Schlafes – unterbrochen, so kommt es in der Folge zu Fehleinschätzungen unseres Zeitsinnes.

Da unser Tagesbewußtsein während des Schlafes die Aufnahme von externen Informationen verweigert, gibt es für den Schlafenden auch keine objektiven Zeitvergleichsmöglichkeiten. Sein Zeitsinn ist blockiert – für den Schläfer herrscht (subjektiv gesehen) *Nullzeit*. Der Schlafende bedarf, um die Dauer seiner Abwesenheit von der »Außenwelt« feststellen zu können, normalerweise einer Uhr mit Wecksignal.

Viele Menschen, die z. B. aus beruflichen Gründen täglich zu einer bestimmten Uhrzeit wach werden müssen, haben im Laufe der Zeit einen von äußeren Einflüssen unabhängigen, offenbar im Unbewußten verankerten Weckmechanismus entwickelt. Für diese »innere Uhr«, die das Tempo unserer Aktivitäten bestimmt und Zeitempfindungen auslöst, sind nach Meinung der Mediziner gewisse Enzyme* verantwortlich.[94] Heute kennt man bereits

---

* Hochmolekulare Eiweißstoffe, die in spezifischer Weise den Ablauf chemischer Umsetzungen beschleunigt zum Gleichgewichtszustand führen (Biokatalysatoren der Organismen).

Dutzende solcher innerer »Schrittmacher«. Der Zeitsinn einer Person steht offenbar im umgekehrten Verhältnis zu dem von »Schrittmachern« vorgegebenen Tempo. So erscheinen z. B. aus der Sicht des Arztes die Aktivitäten eines Fieberkranken hektisch-beschleunigt. Der Kranke selbst aber glaubt Vorgänge um sich herum langsamer als normal ablaufen zu sehen (zeitlupenartig) und unterliegt hiermit der Selbsttäuschung. Tauchen in kaltem Wasser löst gegenteilige Reaktionen aus. Beim Abkühlen auf Werte niedriger als die der normalen Körpertemperatur läßt das Arbeitstempo des Tauchers nach. Gleichzeitig wird sein Zeitsinn derart angeregt, daß ihm Aktivitäten anderer Personen beschleunigt vorkommen.

Daß der Zeitsinn auch durch eine entsprechende Konditionierung, durch Drogen und Alkohol beeinflußt wird, ist nichts Neues. Unter Alkoholeinwirkung scheinen die biologischen »Schrittmacher« langsamer zu wirken. Daher ist das Reaktionsvermögen eines Trinkers schlechter als das eines nüchternen Menschen. Für den Trinker vergeht die Zeit schneller.

Die Zeit erscheint uns unverhältnismäßig lang, wenn wir auf etwas warten, und erstaunlich kurz, wenn unser Tag mit einer Vielzahl von Beschäftigungen ausgefüllt ist. Ein bei schlechtem Wetter ausschließlich zu Hause verbrachtes Wochenende scheint länger zu währen als ein erlebnisreicher Kurzurlaub gleicher Dauer. Zurückblickend verhält es sich jedoch gerade umgekehrt. Das ereignisarme Wochenende kommt uns kürzer als das ereignisreiche vor, da es kaum etwas Erinnernswertes enthält. Wir übergehen es ganz einfach. Die aktionsgeladenen Tage des Urlaubs scheinen hingegen viel mehr Zeit in Anspruch genommen zu haben.

Dies alles sind subjektive Zeitempfindungen, an die wir uns seit frühester Kindheit gewöhnen – unrichtige Einschätzungen unserer Bewegungen in der Zeit, die mit der Realität nur wenig gemeinsam haben. Während ein Kleinkind schon nach wenigen Wochen über eine ausgeprägte Raumvorstellung verfügt, dauert es erfahrungsgemäß etliche Jahre, bis der heranwachsende

Mensch anhand herkömmlicher, im Prinzip veralteter mechanistischer Zeitmodelle (Kalender, Uhren) ein halbwegs befriedigendes, irdischen Verhältnissen adäquates Zeitbewußtsein entwickelt hat. Derart »altmodische« Zeitklischees aber haben sich im Bereich des Paranormalen – vor allem bei der Suche nach Funktionsmodellen für Präkognition (Vorauswissen) –, beim relativistischen Raumflug und bei den bereits erwähnten sowie den noch zu erörternden hyperphysikalischen Bewegungen in der Zeit als absolut unbrauchbar erwiesen.

So mancher vergleicht auch heute noch die Zeit mit einem kontinuierlich dahinfließenden Gewässer, einem Strom, der die in ihm enthaltenen Ereignisse und Schicksale an uns vorbeispült. Dieser überkommenen Auffassung muß entschieden widersprochen werden. Obwohl der sowjetische Astrophysiker Nikolai Kozyrew der Zeit (als Sonderfall) sogar energetische Qualitäten zuspricht, ist diese doch zunächst eine Dimension, wie alle anderen uns bekannten Dimensionen. Sie existiert seit Anbeginn der Welt (soweit es einen solchen überhaupt gibt); sie braucht nicht erst zu »entstehen« und wird auch dann noch vorhanden sein, wenn unser Universum längst zu Staub zerfallen ist. Wir sind es, Kompositionen aus Materie, Geist und Bewußtsein, die sich durch den unauflösbaren Verbund von Raum und Zeit, unser Raum-Zeit-Kontinuum, hindurchquälen.

Die unmittelbare Ankoppelung der Dimension »Zeit« an die Technik der Zeitmessung (Uhren), die unsachgemäße Vermengung beider Begriffe (Zeit und Uhrzeit), ist eines der Haupthindernisse auf dem Weg zur Entwicklung eines qualifizierten Zeitbewußtseins. Bei der Zeitmessung ermittelt man lediglich die Pausen (Intervalle) zwischen zwei nicht gleichzeitigen Ereignissen. Diese Intervalle sollen den Augenblick des *Jetzt* anzeigen, was bedeutet, daß die übrige Zeit davor und danach ebenso portioniert werden kann. Daß diese Art der Zeitmessung nicht auf alle Abläufe in unserem Universum übertragbar ist, gilt durch neue Erkenntnisse in nahezu allen Disziplinen der Physik als erwiesen.

Gerade Einsteins spezieller Relativitätstheorie verdanken wir eine Fülle neuer raumzeitlicher Erkenntnisse, die, zusammengefaßt, das Wesen der großen Unbekannten »Zeit« endlich transparenter werden lassen. Sie sagen, was die vierte Dimension anbelangt, im wesentlichen folgendes aus:

● Raum und Zeit sind Dimensionen, keine materiellen Dinge; sie sind unzerstörbar.

● Nichts kann im Raum existieren, was nicht zugleich in der Zeit vorhanden ist und umgekehrt.

● Die Zeitkoordinate (die sogenannte vierte Dimension) ist weder eine Gerade noch ein Kreis. Sie gleicht vielmehr einer in sich selbst zurücklaufenden Spirale (symbolisiert einen endlosen Verlauf). Diese Feststellung schließt auch die Frage nach einem möglichen Anfang und Ende der Zeit aus; sie beinhaltet vielmehr die Gleichzeitigkeit allen Geschehens.

● Die Zeit ist vom Standort des Beobachters, den er zu einem bestimmten Zeitpunkt einnimmt, abhängig. Jedes Bezugssystem besitzt seine eigene spezifische Zeit, was z. B. bei Betrachtung weit entfernter Sternsysteme verständlich wird. Somit besitzt irgendein beliebiger Bezugspunkt im Raum-Zeit-Kontinuum (z. B. ein anderer Planet in unserer Milchstraße) die gleiche Realität wie unser »Hier« und »Jetzt«.

● Bei Geschwindigkeiten knapp unterhalb der des Lichtes (relativistische Geschwindigkeit) kommt es, wie bereits dargelegt, zu einer Erscheinung, die »Zeitdilatation« genannt wird. Bewegte Uhren (Raumschiff als riesige Uhr gedacht) gehen demnach langsamer.

● Die Annahme, daß die »Zeitgeschwindigkeit« konstant sei, beruht auf einem Trugschluß. Sie wird rhythmisch (durch regelmäßige Bewegungen) gemessen. Verlangsamt man diesen Rhythmus, so verlangsamt sich hierdurch auch die »Zeit«.

● »Zeitabläufe« sind relativ, und sie hängen von der Größe des hierin verwickelten Objekts ab. An großen Massen nehmen

»Zeitabläufe« mehr Zeit als an kleinen in Anspruch. Zeitprozesse vollziehen sich im unendlich Großen langsamer als im unendlich Kleinen. Das Alter von Galaxien zählt nach vielen Milliarden von Jahren, das von Kernteilchen dagegen nur nach Bruchteilen von Sekunden (bei Mesonen* bis zu 10^{-15} Sekunden).

Die Schwierigkeit, die Zeit qualitativ und quantitativ korrekt zu erfassen, beruht auf einem echten Mangel an Objektivität, was nach Niels Bohr darauf zurückzuführen ist, daß »wir im großen Existenzdrama gleichermaßen Zuschauer und Akteure sind«. So wird zur Feststellung des jeweiligen »zeitlichen Standortes« heute immer noch zwischen Vergangenheit, Gegenwart und Zukunft unterschieden, obwohl wir genau wissen, daß, von einem höherdimensionalen Betrachtungsort aus, überall in unserem Universum Gleichzeitigkeit herrscht, daß es in unserem Leben allenfalls fließende Übergänge gibt.

Dennoch wäre es grundfalsch, der *Vergangenheit* etwa eine Art Phantomstatus verleihen zu wollen, werden doch in jeder Sekunde sämtliche Aktivitäten der physikalischen und geistigen Welt auf irgendeine Weise registriert. Ein Baum setzt z. B. Jahresringe an, die nicht nur Rückschlüsse auf dessen Alter, sondern auch auf frühere klimatische Verhältnisse zulassen. Archäologische Funde geben über den Lebensstil vergangener Kulturen, über deren Aufstieg und Niedergang Aufschluß, Gemälde und Tonwerke künden vom schöpferischen Wirken früherer Meister usw.

Gegenwart und Zukunft bauen auf dem Fundament des Vergangenen auf. Die Vergangenheit kann schon deshalb nicht unreal sein, weil Realität – unser Heute – nicht aus Unrealem entsteht, genausowenig, wie sich ein Etwas aus einem Nichts bildet. Auch sind die Erinnerungen an das Gestern genauso greifbar wie

---

* Elementarteilchen, die durch ihre Bindekräfte für den Zusammenhalt von Neutronen und Protonen im Atomkern sorgen.

die Erfahrungen von heute. Vergangenes hat also irgendwo auf der Zeitkoordinate seinen Platz. Die Realität des Vergangenen anzuzweifeln hieße umgekehrt die Realität der Gegenwart, die auf vergangenen Ereignissen aufbaut, in Frage zu stellen.

Wenn auch, wie allgemein angenommen, die *Zukunft* völlig ungewiß oder zumindest noch nicht ausgeformt ist, gibt es doch genügend Hinweise dafür (und die Erfahrung scheint dies zu bestätigen), daß gewisse Ereigniseintritte unausweichlich, gewissermaßen »vorprogrammiert« sind, wie z. B. der Tod eines jeden Menschen.

Es kann einfach nicht sein, daß sich die Zeit von der Gegenwart her in eine Nichtexistenz erstreckt. Schon deshalb nicht, weil in unserem, in die vierte Dimension gekrümmten Universum immer etwas geschieht, weil sonst, wäre es anders, der *Entropiesatz** seine Gültigkeit verlieren würde.

Die letzten Meter eines auf einer Filmspule aufgewickelten Streifens können recht anschaulich die Zukunft versinnbildlichen. Auch dieser Teil des Filmes (die Zukunft) existiert bereits, nur daß die einzelnen Bildabschnitte noch nicht auf die Leinwand (in unsere Welt) projiziert wurden.

In der Zukunft materialisieren sich die Möglichkeiten von heute. Die Zukunft bildet den Nährboden, auf dem diese Möglichkeiten wachsen und gedeihen. Sie kann niemals ein Vakuum sein, da sie auf der Gegenwart aufbaut, in der sich zukunftsbestimmende Ereignisse abspielen. Wer »Zukunft« sagt, meint zunächst zahllose Pseudozukünfte. Doch nur eine dieser in unsere Welt projizierten Zukünfte hat die Chance (in unserem Sinne), »real« zu werden. Dieses breite Angebot an Möglichkeiten, dieser Fächer aus Pseudozukünften könnte für hypothetische Zeitreisende bedeu-

---

* Auch 2. Hauptsatz der Thermodynamik: In der Natur geht der unwahrscheinliche Zustand der Ordnung in den wahrscheinlichen der Unordnung über (bestimmte Vorgänge verlaufen immer nur in eine Richtung).

ten, daß sogenannte *Zeitparadoxa* (durch Zeitreisen verursachte Widersprüche) doch vermeidbar sind.

Zahllose Varianten zukünftiger Ereignisse existieren allem Anschein nach bereits *jetzt* schon, gewissermaßen als Projektionen realisierbarer Möglichkeiten, wohl mehr als etwas Unausgeformtes. Wir alle kennen den Ausspruch: »Große Ereignisse werfen ihre Schatten voraus.« Derartigen »Schatten« – Projektionen aus der Zukunft – begegnen wir auf Schritt und Tritt. Wenden wir uns jetzt dem Vergangenheit und Zukunft verbindenden Element, dem Phantom *Gegenwart* zu. Real erscheinen uns einzig und allein die hypothetischen Momente des Überganges vom Vergangenen zum Gegenwärtigen und von da zum Zukünftigen, winzige Zeitfragmente, die wir gleich noch physikalisch präzisieren wollen.

Unser Leben umfaßt, wie das Wagenrad-Beispiel zu Beginn dieses Kapitels veranschaulichen sollte, die Abfolge zahlloser *Jetzt*-Punkte. Es gleicht einem Film aus Milliarden von Einzelbildern, einem kontinuierlich ablaufenden Streifen, der selbst im Moment des sogenannten Ablebens weiterspult, indem er sozusagen automatisch von »Normal-Acht« auf »Super-Acht« (die höherdimensionale Fortexistenz) umschaltet.

Was wir als *Jetzt* bezeichnen, wird schon im nächsten Augenblick zur Vergangenheit, und was in diesem Moment noch als Zukunft gilt, ist wenig später schon Gegenwart. Ein *Jetzt* läßt sich, einfach ausgedrückt, als wandelbarer Punkt zwischen zwei nicht meßbar langen Schenkeln – der Vergangenheit und Zukunft – definieren. Zukünftiges und Vergangenes erstrecken sich entlang dieser *Zeitlinie* (Weltlinie) von jenem »wandelnden Fixpunkt« aus, vorwärts bzw. rückwärts, hin zu den fernen Gestaden unseres Universums, um sich dort irgendwo im Nebel des Höherdimensionalen, für uns nicht mehr Wahrnehmbaren, zu verlieren.

Schon die alten Inder versuchten, den flüchtigen Augenblick, den wir als *Jetzt* bezeichnen, dadurch weiter einzuengen, daß sie die Sekunde in 300 Millionen Teile unterteilten – Einheiten, die der Lebensdauer von Kernteilchen erstaunlich nahekommen. In jüngster Zeit sind, zumindest theoretisch, noch viel kleinere Zeiteinheiten – sogenannte »Zeitatome« – im Gespräch: die *Chronone*. Die Idee, die der Ermittlung der Größenordnung eines solchen »Zeit-Atoms« (auch »Zeitquant«) zugrunde liegt, darf als genial bezeichnet werden. Man teilt den Durchmesser des kleinsten bekannten Materieteilchens, d. h. die kleinste meßbare Wegstrecke von etwa 10^{-14} cm durch die höchste in unserem Universum erreichbare Geschwindigkeit (die des Lichtes, etwa $3 \cdot 10^{10}$ cm/s) und erhält auf diese Weise die vorläufig kleinste, physikalisch definierbare Zeiteinheit von 10^{-24} Sekunden, einen Dezimalbruch mit 23 Nullen hinter dem Komma. Die experimentellen Werte für die mittlere Lebensdauer der kurzlebigsten Elementarteilchen-Resonanzen (ρ-Mesonen) unterstützen die Hypothese von der Existenz eines Zeitquants (Chronons). Daß dieses Quant bei etwa 10^{-24} Sekunden liegen muß, wurde auch durch Experimente mit schweren Protonen (Masse $m_p = 1{,}673 \cdot 10^{-24}$ g) nachgewiesen. Hierbei wurde ein Zeitintervall festgestellt, das mit dem für die Lebensdauer von ρ-Mesonen gegebenen Wert nahezu identisch ist.

Ohne diese kleinsten Zeiteinheiten – winzige *Jetzt*-Punkte entlang der Zeitlinie – würden wir die Orientierung innerhalb des komplizierten Zeitgefüges schnell verlieren. Die Erfassung und Unterscheidung von *Jetzt*-Punkten ist nur dann möglich, wenn man einige vor, andere wiederum nach einem *Jetzt* anordnet. Ereignisse, die nach der »Gegenwart« eintreten, bezeichnet man gewohnheitsmäßig als »Zukunft«, solche, die davorliegen, als Vergangenheit. Hätten wir nicht den völlig willkürlich gewählten Bezugspunkt *Jetzt*, so könnten wir tatsächlich nicht zwischen Vergangenheit und Zukunft unterscheiden.

Sir Arthur Eddington beschrieb einmal die Bewegung von Objekten in unserem Raum-Zeit-Kontinuum recht anschaulich: »Die Aufteilung in Vergangenheit und Zukunft ist mit unseren Vorstellungen von Ursache und freiem Willen eng verwandt. Innerhalb eines genau festliegenden Schemas vermag man Vergangenheit und Zukunft ausgeformt vor sich liegen zu sehen. Beide sind in gleichem Maße der Erforschung zugängig, wie z. B. weit voneinander entfernte Sektoren innerhalb unseres Universums. Ereignisse treten nicht ein, sie existieren bereits und wir bewegen uns lediglich auf sie zu.«[95]

Wenn diese relativistische Vorstellung von *Zeit* und *Ereignissen* zutreffen sollte, wäre es tatsächlich sinnlos, zwischen Gegenwart, Vergangenheit und Zukunft zu unterscheiden. Was aber haben nun *Vorgänge in der Zeit* mit dem physikalischen Begriff »Zeit« zu tun? Diese Vorgänge verkörpern doch keinesfalls die Zeit an sich; sie sind offenbar nur an sie gebunden, durch ihre »Räumlichkeit« mit ihr verschachtelt. Eines steht fest: Ohne diese Aktivitäten *in* der Zeit – meist biologische Abläufe (Veränderungen) – könnten wir das, was gemeinhin als »Zeit« bezeichnet wird, überhaupt nicht wahrnehmen. Der Faktor »Zeit« erhält erst durch gewisse Relationen, durch ständiges Vergleichen mit anderen Bezugsgrößen, einen Sinn. So wird denn im Alltag alles, was sich »im Laufe der Zeit« ereignet, zwangsläufig mit dieser gleichgesetzt. Die Zeit aber ist, ihrem eigentlichen Wesen nach, offenbar etwas ganz anderes – etwas, das durch Anpassung an unterschiedliche Systeme äußerst vielgestaltig in Erscheinung zu treten vermag. Es wird notwendig sein, daß wir aufgrund der hier aufgezeigten Interpretationsmängel einschlägige Zeit-Theorien neu überdenken und uns von überlieferten falschen oder einengenden Zeitvorstellungen trennen. Dies gilt unter anderem für den Richtungssinn der Zeit. Eine dieser offenbar falschen Vorstellungen besteht nämlich in der Annahme, daß alle Bewegungen in der Zeit stets vorwärts gerichtet sein müßten, wobei zu fragen wäre, was unter einem zeitlichen Vorwärts oder Rückwärts überhaupt zu verstehen ist. Rückwärtsbewegungen in der Zeit, die, wie zunächst angenommen wird, Überlichtgeschwindigkeit voraussetzen, hielt man – vor allem wegen zu erwartender Paradoxa – bislang für ausgeschlossen. Als Gerald Feinberg im Jahre 1967 die

Existenz überlichtschneller Teilchen, sogenannter *Tachyonen* postulierte,[96] geriet die Hypothese von der einseitigen Ausrichtung des Zeitpfeiles ins Wanken . . .

Gibt es tatsächlich solche Partikeln, die, sich rückwärts bewegend, aus der Zukunft zu uns kommen . . . »zeitreisende« Elementarteilchen, die die Kausalität außer Kraft setzen? Darf es sein, daß die *Wirkung vor der Ursache* kommt? Würde dann unser physikalisches Weltbild immer noch stimmen?

Rückwärts-Zeit

1932 entdeckte der Physiker Professor Carl David Anderson vom California Institute of Technology in Pasadena in der kosmischen Höhenstrahlung ein seltsames Elementarteilchen, mit dem er zunächst nichts anzufangen wußte. Es besaß im unbewegten Zustand die Masse eines Elektrons, war jedoch im Gegensatz zu diesem elektrisch *positiv* geladen. Anderson hatte erstmals etwas aufgespürt, das, genau genommen, in unserem Universum nichts zu suchen hatte: ein Antiteilchen, das man aufgrund seiner umgekehrten elektrischen Ladung *Positron* nannte. Dieses sogenannte Anti-Elektron, das man in Nebelkammern* sichtbar machen konnte, ließ sich später sogar künstlich erzeugen. Beschießt man nämlich Atomkerne mit Photonen, d. h. mit Lichtquanten, deren Gesamtenergie mehr als eine Million Elektronenvolt (MeV) beträgt, so entstehen hierbei sowohl Elektronen als auch Positronen.

Als Antiteilchen ist dem Positron, dem Zwilling des Elektrons, nur eine kurze Lebensdauer beschieden. Die Begegnung der Zwillinge verläuft tödlich. Sobald sich Elektron und Positron auch nur nahekommen, wandeln sich ihre Massen blitzartig in Strahlung

---

* Man benutzt sie, um den Weg hochenergetischer Teilchen sichtbar zu machen. Die Teilchenspur wird durch Kondensation von übersättigtem Dampf an den Ionen gebildet, die beim Durchgang geladener Teilchen durch das Gas erzeugt werden.

um. In diesem stärksten Zerstörungsprozeß, den man überhaupt kennt, wird hundertmal mehr Energie frei, als z. B. bei der im Inneren der Sonne stattfindenden Kernfusion, dem Verschmelzen von Atomkernen. Dieses gegenseitige Auslöschen von Materie und Antimaterie hat etwas Unheimliches an sich. Der Vorgang bedarf, im Gegensatz zur Kernfusion, keiner Zündtemperatur von mehreren Millionen Grad Celsius. Der Vernichtungsprozeß vollzieht sich nach der von Einstein für die wechselseitige Umwandlung von Masse in Energie aufgestellten Beziehung $E = m \cdot c^2$ in »kaltem« Zustand. Ein schleichendes Inferno.

Die Positronen sollten wenige Jahre nach ihrer Entdeckung für eine weitere Überraschung sorgen. Ausgesprochen sensationell wirkte Richard Feynmans Feststellung, daß sich Positronen unter gewissen Bedingungen in der Zeit rückwärtsbewegen. Im Bereich subatomarer Teilchen würde es demnach zu einer kurzzeitigen Umkehrung des Zeit-Richtungspfeiles kommen. Feynman, Professor für theoretische Physik am gleichen Institut wie C. D. Anderson, wurde für diese Entdeckung sowohl mit der Einstein-Medaille als auch (1965) mit dem Nobelpreis ausgezeichnet.

Nach dem geglückten Nachweis von Anti-Elektronen (Positronen) setzte weltweit die Jagd nach weiteren Antiteilchen, nach Antiprotonen und -neutronen, Antineutrinos, nach Antimaterie schlechthin, ein. Mit Hilfe eines vom Max-Planck-Institut für Kernphysik entwickelten neuartigen Spektrometers konnten Heidelberger Kernphysiker am Protonensynchrotron-Beschleuniger in Genf nachweisen, daß bei einer Energie von etwa 1940 MeV Protonen und Antiprotonen sogar verhältnismäßig lange stabil bleiben, bevor sie wieder auseinanderfliegen. Materie und Antimaterie brauchen sich demnach nicht sofort und in jedem Fall gegenseitig auszulöschen. Es scheint kernphysikalische Bedingungen zu geben, die eine vorübergehende, friedliche Koexistenz der beiden ungleichen Teilchenspezies nicht ausschließen.

Sowjetischen Wissenschaftlern soll mit Hilfe eines Teilchenbeschleunigers sogar der Nachweis von Antihelium-Atomen gelungen sein. Zwei Positronen in einer »Positronenschale« um einen Kern aus zwei Antiprotonen und zwei Antineutronen ergeben ein solches Antihelium-Atom.

Ein um ein Antiproton kreisendes Positron bildet ein Antiwasserstoff-Atom. Und so könnte man (theoretisch) zu allen Elementen die entsprechenden Antielemente konzipieren, nur müßten diese, wegen der vertauschten Ladung, spiegelbildlich gesehen werden.

Inzwischen geht die Antiteilchen-Safari munter weiter. Wenn Professor Bogdan Povhs* Vermutung, im Mikrokosmos gäbe es Mechanismen, die eine sofortige Vernichtung von Materie und Antimaterie verhinderten, zutreffen sollte, dürften wir damit rechnen, daß unseren Kernphysikern schon bald die Isolierung noch größerer Antimaterie-Einheiten gelingen wird.[97]

Darf man aus der irdischen Präsenz von Antiteilchen und Antiatomen auf die Existenz von Universen schließen, die sich ausschließlich aus Antimaterie zusammensetzen? Naturwissenschaftler und Philosophen sind heute mehr denn je davon überzeugt, daß es derartige *Antiwelten* gibt – spiegelverkehrte Universen, die sich von unserer Welt physikalisch nur durch ihre entgegengesetzte Ladung und durch einen umgekehrten Zeitrichtungspfeil unterscheiden. Manche vermuten sie weit außerhalb unseres Universums, andere wiederum wollen sie in unserer unmittelbaren Nachbarschaft angesiedelt wissen. An den Grenzen unseres Sonnensystems endet die Möglichkeit, exakte Informationen über die Existenz von Antimaterie zu erhalten. Der unserem System am nächsten gelegene Stern – Proxima Centauri – könnte indes bereits ein Anti-Stern sein. Außerhalb unseres Sonnensystems sind der Spekulation keine Grenzen gesetzt. Vielleicht gibt es zu jeder Galaxie eine entsprechende *Anti-Galaxie.* Vielleicht besteht unser Universum je zur Hälfte aus Materie und Antimaterie . . . Möglicherweise liegen, wie bereits angedeutet, Anti-

* Mitarbeiter des Europäischen Kernforschungszentrums (CERN) in Genf.

materie-Welten jenseits der Schwarzen Löcher, jenen Öffnungen zum Hyperraum, denen man aufgrund gewisser Anomalien ohnehin einen physikalischen Sonderstatus einzuräumen hat.

Einige Astrophysiker vermuten, daß zwischen Materie- und Antimaterie-Welten eine »superheiße Trennschicht« existiert, die eine gegenseitige Vernichtung dieser Universen ausschließt. Vielleicht bedarf es nicht einmal einer solchen energetischen Trennschicht. Es wäre durchaus denkbar, daß die Zeitdimension eine ähnliche Trennfunktion erfüllt und beide Universen gegeneinander verriegelt.

Platon war mit seiner Idee vom pulsierenden Universum, dessen Zeitpfeil periodisch die Richtung ändert, Gerald Feinbergs Tachyonen-Hypothese, die das Phänomen der *Rückwärts-Zeit* beinhaltet, genau um 2 400 Jahre voraus. Er vermutete (in seinem Werk *Politikos*), daß die Entwicklung in unserer Welt am Ende eines jeden Zyklus zum Stillstand käme und dann umgekehrt verlaufe. In einem solchen *Rückwärts-Universum* müßten die Toten auferstehen und die zum Leben Erweckten immer jünger werden. Nachdem sie ihre Kindheit in umgekehrter Folge durchlaufen hätten, würde ihre Existenz dadurch ausgelöscht, daß sie schließlich wieder im Mutterleib verschwänden.

Feinberg konnte mit seiner verwegenen Tachyonen-Hypothese, die bereits zuvor kurz erwähnt wurde, Platons Idee vom Rückwärts-Universum weiter präzisieren, modifizieren und in Einsteins relativistisches Weltbild einbeziehen. Mit seinem aufsehenerregenden Artikel *Possibility of Faster-than-Light-Particles* (»Möglichkeit überlichtschneller Teilchen«)[96] löste er in der Fachwelt eine lebhafte Diskussion über jene Teilchen aus, die allem Anschein nach einem anderen Universum und einem (von uns aus gesehen) umgekehrt orientierten Zeitsystem angehören. Konnte es sein, daß es Teilchen gibt, die, aus der Zukunft kommend, tatsächlich in die Vergangenheit reisen, und das nicht nur kurzzeitig, wie die Positronen? Zweifel wurden geäußert. Sollte die geniale Tachyonen-Hypothese zu guter Letzt doch noch an der Relativitätstheorie scheitern, die besagt, daß ein gewöhnliches Teilchen nahe der Lichtgeschwindigkeit eine unendlich große Masse bekommt, daß es niemals die »Lichtmauer« zu überschreiten, ja, nicht einmal zu erreichen vermag?

Ein Ausweg aus diesem Dilemma bot sich in der Klassifizierung der Elementarteilchen nach Geschwindigkeitskategorien:

Tardyonen (Klasse I) sind Teilchen, die sich stets langsamer als das Licht fortbewegen (Kernbauteilchen, Elektronen). Je mehr sich Teilchen dieser Kategorie der Lichtgeschwindigkeit nähern, desto größer wird ihre Energie;

Luxonen (Klasse II) Hierzu gehören Photonen, Neutrinos und Gravitonen, hypothetische Träger des Schwerkraftfeldes. Sie bewegen sich stets mit Lichtgeschwindigkeit, können aber dennoch unterschiedliche Energien annehmen;

Tachyonen (Klasse III) Für einen Beobachter in unserem Bezugssystem ist ihre Geschwindigkeit größer als die des Lichts. Beläßt man sie in ihrem spiegelverkehrten System, erkennt man die in ihrer Welt herrschenden umgekehrten Gesetzmäßigkeiten an, so sind sie nicht nur mit der Relativitätstheorie vereinbar, sondern ergänzen diese sogar.

Die Masse (Energie) der Tachyonen ist reell, d. h. tatsächlich vorhanden, solange diese sich mit Überlichtgeschwindigkeit bewegen. Von unserem Universum aus gesehen besitzen sie jedoch negative Energie und keine wirkliche Masse. Theoretisch verhalten sie sich genau umgekehrt wie Teilchen der Klasse I: Sie büßen mit zunehmender Geschwindigkeit an Energie ein (Abbildung 16). Bei unendlich hoher Geschwindigkeit (Wert ∞) nimmt ihre Energie schließlich den Wert Null an. Sie verkörpern in diesem Zustand einen meßbaren Impuls, d. h. ein Produkt aus Masse und Geschwindigkeit.

An der »Lichtmauer« sinkt die Tachyonen-Geschwindigkeit auf Null (sie entspricht dann der Lichtgeschwindigkeit); die Ta-

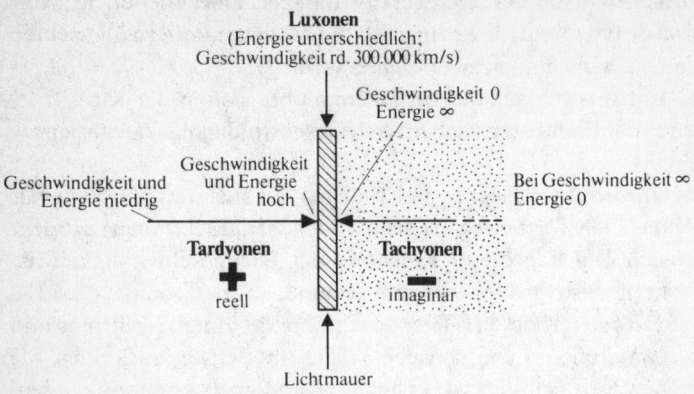

Abb. 16: *Verhaltensmuster subatomarer Teilchen. Vergleich zwischen Tardyonen, Luxonen und Tachyonen.*

chyonen-Energie erreicht hier den Wert »unendlich« (Wert ∞). Es scheint, als besäßen die Tachyonen von ihrer (für uns nicht realen) Seite her ebenfalls keine Chance, die »Lichtmauer« zu durchbrechen, weil sie sich nicht auf Werte kleiner als die Lichtgeschwindigkeit »abbremsen« lassen. Gelänge dies dennoch, würden sie sich scheinbar aus dem »Nichts« kommend urplötzlich in unserer Welt materialisieren, so müßten wir annehmen, daß sie, aufgrund ihrer Rückwärtskausalität, aus der Zukunft stammen. Die Zukunft aber kann kein »Nichts« sein, da ja aus Vergangenem und Gegenwärtigem wieder etwas Reales, eben Zukünftiges, entstehen muß. Anders gesagt: Sie ist kein Vakuum, sondern stellt vielmehr ein ausgewogenes Produkt aus vergangenen und zukünftigen Möglichkeiten dar. Ist nicht gerade die von Medien immer wieder wahrgenommene Präexistenz zukünftiger Ereignisse auf parallel zu unserer Weltlinie verlaufenden Zeitlinien (d. h. zu anderen Zeiten) der beste Beweis für die Realität der Tachyonen?

Gibt es denn aber überhaupt eine Möglichkeit, die Existenz dieser Tachyonen auf physikalischem Wege nachzuweisen, wenn diese in unserer Welt nicht direkt in Erscheinung treten können?

Australische Wissenschaftler unternahmen den Versuch, Tachyonen in der kosmischen Höhenstrahlung nachzuweisen.[98] Immer dann, wenn hochenergetische Teilchen aus dem Weltall auf die höheren Schichten unserer Atmosphäre treffen, erzeugen sie beim Aufprall zahlreiche Sekundärteilchen, die sich als Teilchenschauer dem Erdboden nähern. Diese Teilchen bewegen sich mit nahezu Lichtgeschwindigkeit auf die Erde zu. Sollten bei diesem Vorgang auch Tachyonen erzeugt werden, so würden sie die Teilchenschwärme überholen und Bruchteile von Sekunden früher eintreffen.

Zum Auffangen dieser Sekundärteilchen und ihrer Tachyonen-»Vorreiter« benutzten die Wissenschaftler sogenannte Szintillatoren (Teilchenzähler), an die Elektronenvervielfacher, d. h. Verstärker für schwache Elektronenströme, angeschlossen waren. Durch Spezialschaltungen ließen sich sowohl Teilchenschauer als auch vorausgegangene »Einzelereignisse« registrieren. Den Wissenschaftlern gelang es tatsächlich »nicht-zufällige Ereignisse« festzuhalten, die vor den Teilchenschauern eintrafen. Allem Anschein nach handelt es sich hierbei um Tachyonen, um Teilchen, die sich – »innerhalb« ihres für uns nicht realen Universums – mit Überlichtgeschwindigkeit der Erde nähern. Letzte Beweise für die Richtigkeit dieser Hypothese stehen allerdings noch aus.

Gesetzt den Fall es gäbe Tachyonen, woher könnten sie dann kommen? Aus einer Parallelwelt, aus einem Antimaterie-Universum oder gar aus dem Hyperraum? Möglicherweise kommt es auch dann zur Freisetzung von Tachyonen, wenn Lichtquanten (Photonen) und andere Teilchen von »Schwarzen Löchern« vereinnahmt werden. Mit ihrer von unserem Standpunkt aus nicht reellen (imaginären) Masse könnten sich die Tachyonen mühelos vom gewaltigen Gravitationssog dieser kosmischen Ungeheuer

lösen, um eine den »normalen« (reellen) Teilchen entgegengesetzte Richtung einzuschlagen.

Daß in der Tachyonenwelt die Wirkung *vor* der Ursache kommen soll, erscheint uns zunächst ebenso befremdlich wie die Zeitreisehypothese. Feinberg ging in einer seiner Veröffentlichungen
auf dieses seltsame Phänomen näher ein und meinte: »Wenn ein
Beobachter sieht, wie zu einem bestimmten Zeitpunkt ein gewöhnliches Teilchen (sagen wir von Atom A) ausgesendet und zu
einem späteren Zeitpunkt irgendwo (von Atom B) absorbiert
wird, so muß jeder andere, in relativer Bewegung befindliche Beobachter diesen Prozeß in gleicher Weise wahrnehmen: als eine
von Atom A ausgehende Emission, der später die Absorption
durch Atom B folgt, obwohl sich das Zeitintervall von Beobachter
zu Beobachter verschiebt. Dagegen würden sich Tachyonen, die
schneller als Licht reisen, in der ›Raum-Zeit‹ zwischen Punkten
bewegen, deren Zeitordnung von Beobachter zu Beobachter unterschiedlich sein kann. Wenn also ein Beobachter sah, wie ein
Tachyon zum Zeitpunkt t_1 (von Atom A) ausgestoßen und zu einem späteren Zeitpunkt t_2 von Atom B absorbiert wurde, könnte
ein anderer Beobachter meinen, daß der Zeitpunkt t_1, den *er* zur
Zeit t_1 ermittelt, hinter dem Zeitpunkt t_2 läge, den er zur Zeit t_2
mißt. Tritt dies ein, so hat der zweite Beobachter natürlich den
Wunsch, die Ereignisse wie folgt zu interpretieren: Das Tachyon
wird von Atom B zum früheren Zeitpunkt t_2 ausgestoßen und zum
späteren Zeitpunkt t_1 von Atom A absorbiert.«[99]

Diese etwas kompliziert formulierte, bei genauerer Überlegung
jedoch einleuchtende Darstellung des Phänomens der Rück-
wärtsbewegung von Materie in der Zeit, legt den Schluß nahe, daß
Zeitreisen im Prinzip möglich sind. Sie scheinen nicht so sehr ein
Energieproblem zu sein. Dr. Minas Kafatos vom Goddard Space
Flight Center der NASA erkennt heute schon die phantastische
Möglichkeit, nach dem in der allgemeinen Relativitätstheorie be-
schriebenen »Penrose-Prozeß« der Umgebung von »Schwarzen
Löchern« Energie zu entziehen. Die Schwierigkeit, Rückwärtsbe-

wegungen in der Zeit durchzuführen, liegt eher im »Durchtunneln« der »Lichtmauer«, d. h. im »Unterlaufen« der angeblich unantastbaren Lichtgeschwindigkeit, bei deren Erreichen sich Materie in reine Energie umwandelt. Daß Rückwärtsbewegungen dennoch möglich sind, beweisen allem Anschein nach die Tachyonen mit ihrem Vordringen in unser Universum. Auch sie müssen irgendwie die »Lichtmauer«, allerdings von der anderen Seite her, unterlaufen haben.

Der deutsche Philosoph und Physiker Hans Reichenbach war der Auffassung, die möglichen Bewohner einer Antigalaxie, einer Tachyonenwelt, könnten meinen, daß ihr Zeitorientierungspfeil vorwärts- und der unsrige rückwärtsgerichtet sei. Diese Wesen müßten dann annehmen, daß sie immer älter, wir aber immer jünger werden.

Da *wir* aus Materie und nicht aus Antimaterie bestehen, da *unser* Zeitsinn ausschließlich vorwärtsgerichtet ist, können wir uns freilich kaum vorstellen, daß es andere Universen (Antiwelten) geben soll, die sich von der Zukunft in Richtung Vergangenheit bewegen. Wie viele seiner Fachkollegen hielt Sir Arthur Eddington den Zeitrichtungssinn für ebenso relativ wie die Begriffe »oben« und »unten«. Er war davon überzeugt, daß es im Kosmos weder ein »Oben« noch ein »Unten«, weder ein »Vorwärts« noch ein »Rückwärts« gäbe. Es scheint, als wäre dies alles nur eine Frage der Anpassung.

Der englische Mathematiker und Philosoph Bertrand Russell stellte ähnliche Überlegungen an: »Es trifft nicht zu, daß die Vergangenheit die Zukunft anders als diese die Vergangenheit bestimmt: Der vermeintliche Unterschied ist nur auf unsere Unwissenheit zurückzuführen, da wir über die Zukunft weniger als über die Vergangenheit wissen. Das ist bloßer Zufall: Es könnte Lebewesen geben, die sich der Zukunft entsinnen und von ihr auf die Vergangenheit schließen. Die Empfindungen jener Wesen wären den unsrigen genau entgegengesetzt, aber nicht weniger trügerisch.«[100]

Alle hier erwähnten Rückwärtsbewegungen in der Zeit lassen sich nach Meinung unserer Wissenschaftler nur auf Vorgänge im Mikro- und Makrokosmos anwenden. Es scheint, als wären akausale Vorgänge und einschlägige Experimente in unserer zwischen beiden Extremen beheimateten Realität ausgeschlossen, als hätte hier alles »seine Ordnung«. Die Erfahrung aber lehrt, daß auch in unserer Welt die Kette der scheinbar vorwärtsgerichteten Abläufe gelegentlich unterbrochen wird, daß es eine für uns kaum vorstellbare Rückwärtskausalität gibt.

Da unsere Psyche außerhalb unseres Raum-Zeit-Kontinuums angesiedelt ist und somit zeitfrei operiert, vermag sie auch im Hyperraum mit Informationen aus unserer realen Zukunft modulierten Tachyonen-Strömen zusammenzutreffen – Informationen, welche die ihr zugeordnete Physis betreffen. Diese Informationen aus der eigenen Zukunft könnten (als Traumerlebnis verschlüsselt) von der Psyche »angezapft« werden und dann über das Unbewußte bis ins Tagesbewußtsein vordringen. Auf diesem Wege ließe sich die physikalische Sperre zwischen dem Jetzt und zukünftigem bzw. vergangenem Geschehen, zwischen unserer und einer anderen Realität mühelos »unterlaufen«. Normalphysikalische Vorgänge wären hierbei ausgeschaltet.

Möglicherweise läßt sich das aus der Parapsychologie bekannte Phänomen der Präkognition, dem Vorauswissen von Ereignissen, auf eine solche Wechselwirkung zwischen Psyche und informationsgeladenen Tachyonen zurückführen.

Verschiedene hier erörterte Phänomene deuten darauf hin, daß wir gelegentlich von Zeitreisenden – vielleicht auch von Wesen aus uns nicht zugänglichen, höherdimensionalen Seinsbereichen – besucht werden, die, so dürfte es zunächst den Anschein haben, zur Vermeidung gewisser »Widersprüche in sich« (Paradoxa) jeden unnötigen Kontakt mit uns unterlassen. Dies würde dann auch erklären, warum Ufo-Temponauten nur in ganz seltenen Fällen mit uns in Verbindung treten. Fürchten sie etwa solche Paradoxa? Glauben sie, daß diese womöglich ihre eigene Existenz gefährden könnten? Paradoxa, die eine grobe Verletzung der Naturgesetze darstellen, die per definitionem absolut unverletzlich sind, dürften jedoch vollkommen ausgeschlossen sein. Gesetzt den unwahrscheinlichen Fall, daß es sie dennoch gäbe, so wären Zeitreisen tatsächlich undurchführbar. Es könnte nämlich Zeitfahrer geben, die (vielleicht durch Zufall) die ihnen vom Schicksal bestimmten Erzeuger töten, was zur Folge hätte, daß sie sich damit selbst auslöschten bzw., daß sie erst gar nicht geboren würden. Da es sie dann nicht mehr oder überhaupt nicht gäbe, käme dies einer Anullierung des Mordes gleich. Die Vorfahren würden wieder »auferstehen« (d. h., sie wären eigentlich nie getötet worden), ihre eigenen Mörder zeugen, von diesen erneut getötet werden usw. Vielleicht gelänge es einem Zeitfahrer sogar, den oder die Erfinder von Zeitreisevehikeln zu töten und die eingeleitete Entwicklung ad absurdum zu führen. Eine verhängnisvolle Kausalkette ohne Ende mit allen möglichen Anachronismen, und die Naturgesetze würden in endloser Folge verletzt werden.

Werden sie das? Wohl kaum. Die Praxis, d. h. die hier beschriebenen Ufo-Aktivitäten und zahlreiche in Verbindung hiermit beobachteten Paraphänomene, läßt den Schluß zu, daß dies nicht der Fall ist, daß unsere zeitreisenden Enkel etwaige Paradoxa offenbar auf elegante Weise umgehen. Es spricht sogar vieles dafür, daß es überhaupt keine Paradoxa gibt, daß demnach die Zeit als Dimension (der sogenannte »Zeitstrom«) auch nicht vor ihnen geschützt werden müßte. Veränderungen entlang der Zeitachse wirken kumulativ, d. h. sie werden den vorangegangenen Ereignissen fortlaufend zuaddiert. Dies würde bedeuten, daß man die Vergangenheit, so oft man will, verändern kann. Nur eines kann man nicht: *sich selbst auslöschen.* Man könnte z. B. in seine Vergangenheit zurückkreisen und sein früheres Ich kurz nach der Geburt eigenhändig erdrosseln, ohne dadurch seine augenblickliche Existenz als Zeitfahrer auch nur im geringsten zu gefährden.

Die Zukunft dürfte sich im Rahmen eines vorgegebenen Schemas auf ähnliche Weise verändern, d. h. »nach Wunsch programmiert« gestalten lassen. Mit ihr verhält es sich ähnlich wie mit der Vergangenheit, nur daß sie für uns dreidimensionale Wesen noch nicht eingetreten ist. Mit anderen Worten: Wir haben sie noch nicht »erlebt«, was aber nicht besagt, daß es sie deshalb nicht gibt.

Unterschiede zwischen Zukünftigem und Vergangenem entstehen, wie wir bereits wissen, ausschließlich durch die Verschiedenheit der Bezugssysteme. Maßgebend allein ist der Punkt, von dem aus man das Geschehen betrachtet. Es dürfte also ohne weiteres möglich sein, in die Vergangenheit zu reisen, um sich selbst – gemeint ist sein früheres Ich – daran zu hindern, das Große Los zu ziehen. Die aus dieser Manipulation resultierende Welt wäre jedoch nicht etwa eine, in der man *nicht das Große Los gezogen hätte*, sondern eine, in der man *sich selbst (mit voller Absicht) am Ziehen des Glückloses hinderte*. Diese Nuance erscheint auf den ersten Blick trivial, als bloße Wortklauberei. Und dennoch ist sie mehr als das. Das Ziehen einer »Niete« wäre nämlich Zufall (»Pech«), die selbst vorgenommene Hinderung am Gewinnen dagegen ein ganz bewußt vorgenommener Akt – ein Willensakt – gewesen. Und diese »Nuance« trägt in letzter Konsequenz dazu bei, daß bei Zeitreisen Paradoxa vermieden werden, daß es in kritischen Situationen zur Neutralisierung gegensätzlichen Geschehens kommt. Ein Beispiel aus dem Alltag soll die feinen Unterschiede zwischen beiden Abwicklungsmechanismen verdeutlichen.

Nehmen wir einmal an, ein Grafiker habe eine Zeichnung angefertigt, die, wie sich später herausstellt, fehlerhafte Details enthält. Der Mann wird, da sich die benutzte Tusche nicht ohne Zerstörung des Untergrundes entfernen läßt, die betreffende Stelle zunächst sorgfältig mit weißer Farbe abdecken, bevor er die Ausbesserung vornimmt. Die fehlerhaften Details aber bleiben unter der Abdeckfarbe weiter erhalten. Sie wurden lediglich übermalt (kaschiert).

Oberflächlich betrachtet, wird zwischen einer fehlerlosen und einer ausgebesserten Zeichnung kaum ein Unterschied festzustellen sein. Die fertige Zeichnung dürfte für einen unkundigen Außenstehenden immer gleich aussehen, egal, ob ein Radiergummi, Ätzflüssigkeit oder Abdeckfarbe benutzt wurde. Sie muß nur sorgfältig ausgebessert sein. Für den »wissenden« Grafiker bestehen hingegen ganz erhebliche Unterschiede. Sie liegen in der angewendeten Technik, in der Art des Zustandekommens der Zeichnung. Und diese Kriterien beeinflussen das Bewußtsein des Mannes, seine weitere Kreativität und Einstellung zur eigenen Arbeit. Er ist sich all der Zeichnungsteile bewußt, die unter dem letzten Abdeckfilm liegen, all der unberücksichtigt gebliebenen Ideenskizzen, die, wenn auch jetzt unsichtbar, *immer noch existieren*.

Der Zeitreise könnte ein ähnliches Funktionsmodell zugrunde liegen. Spekulieren wir ein wenig:

Man lebt auf einer bestimmten Zeitlinie, reist von da aus in die Vergangenheit, verändert diese indirekt durch Fremdbeeinflussung oder direkte Eingriffe, kehrt zurück, begibt sich erneut auf Kurskorrektur, hindert sich selbst daran, dieses oder jenes zu tun usw. Letzten Endes wäre die Zeit nichts anderes als ein kumulatives Produkt unserer Manipulationen – die Summe aller Veränderungen. Dem Original unseres Selbst könnten wir am nächsten kommen, wenn wir *in der Zeit* zurückkreisten und uns höchstpersönlich am ständigen Verändern hinderten. Obwohl wir dann nicht mehr *dieselbe* Welt vor uns hätten, wäre der Unterschied zwischen beiden »Situationen« nicht zu erkennen. Er läge nämlich ausschließlich *in uns* begründet. Nur uns wären – genau wie dem Grafiker – alle die anderen Alternativen bewußt: die einmal existierten, die augenblicklich existieren, aber auch die, die (wieder) existieren könnten, wenn wir uns mit entsprechenden Absichten in die Vergangenheit begäben. Die Welt, in der wir kein Glückslos zogen, kann eben *nicht die gleiche* sein, wie die, in der wir uns selbst am Gewinnen hinderten.

Die Folgen unserer Manipulationen hätten nur *wir* zu tragen. Wir allein wären es, die den »Unterschied« verkörperten. Möglicherweise setzt sich unser Gesamtuniversum aus zahllosen ganz persönlichen Einzeluniversen zusammen, die wir im Verlauf eines einzigartigen Schöpfungsaktes in unseren vorgegebenen, immateriellen Raum-Zeit-Rahmen hineinprojizieren. Projektionen dieser Art, die für uns vorerst nur auf psychischem Wege realisierbar sind, könnten sich vielleicht schon in wenigen Jahrzehnten oder Jahrhunderten auch »technisch« (auf paraphysikalischem Wege) bewerkstelligen lassen. Man würde nicht in der Zeit reisen, sondern »einfach« *neue Welten erschaffen,* alternative Realitäten. Jede dieser Realitäten wäre mit der, die man gerade verlassen hat, bis zu dem Augenblick völlig identisch (Zeitlinien verlaufen parallel), in dem man in ihnen auftauchen würde. Von da an führt die Existenz in dieser Alternativrealität zu einer neuen »Gestalt«, die man ganz einfach wählen *muß.*

Da das Geschehen in der Zeit nur durch unsere (vorübergehende) Anwesenheit in der Alternativrealität verändert werden würde, müßten wir es unbedingt unter Kontrolle halten. Wir haben dann dafür zu sorgen, daß bereits bekannte Konsequenzen aus bestimmten Ereignissen nicht in unbekannte, unvorhersehbare Konsequenzen einmünden.

Gäbe es nur eine Zeitlinie, so hätte dies unweigerlich Paradoxa zur Folge. Zeitreisen wären dann undurchführbar. Es dürfte aber so sein, daß bei jeder Veränderung entlang einer Zeitlinie – auch wenn sie noch so unbedeutend erscheinen mag – eine weitere (neue) Zeitlinie geschaffen wird. Für den, der auf dieser Zeitlinie existieren würde, gäbe es – subjektiv gesehen – natürlich nur diese eine Zeitlinie. Er hätte ja keine Möglichkeit, über die Abzweigung zurück auf die Ausgangs-Zeitlinie zu gelangen, um auf diese Weise den Unterschied zwischen beiden Realitäten festzustellen.

Alle diese Überlegungen, deren hypothetischer Charakter nicht besonders hervorgehoben zu werden braucht, lassen erkennen, daß mit einem Zeitreisefahrzeug gar keine echten »Bewegungen« in der Zeit vorgenommen werden würden. Die »Zeitreise« bestünde lediglich im Auslösen neuer (zukünftiger oder vergangener) Zeitlinien – im Schaffen neuer Welten, neuer Realitäten, ausschließlich für uns.

Wie schon erwähnt, ist eine neue Zeitlinie (einschließlich aller auf ihr vorgenommenen Veränderungen) bis zu dem Zeitpunkt, zu dem man dort auftaucht, mit der Ausgangs-Zeitlinie identisch. Im Augenblick des Auftauchens aber wird die zweite, bislang identische Zeitlinie zu einer, die sich von der Basislinie unterscheidet. Das Auftauchen selbst stellt bereits ein beachtliches Unterscheidungsmerkmal dar.

Reist man in der Zeit zurück, um ein bestimmtes Ereignis zu löschen, so wird dadurch ein zweites, unabhängiges, zu einem früheren Zeitpunkt existierendes Universum geschaffen. Dieses müßte sich dann genauso weiterentwickeln wie das, das man gerade verlassen hat, vorausgesetzt, daß diese Entwicklung nicht von Dritten oder durch mich zu einem anderen Zeitpunkt bewußt beeinflußt wird.

Jedesmal, wenn wir uns in der Zeit zurückversetzen, löschen wir unsere eigenen Vergangenheit und bauen eine neue auf. Die Ausgangswelt bleibt bei diesem Rückversetzungsprozeß jedoch weiter bestehen. Wir erschaffen, wie bereits erwähnt, hierbei eine völlig neue, weitere Welt ausschließlich für uns. Denn jedesmal, wenn wir löschen, erzeugen wir zugleich Varianten von uns – *Temporalgeburten*, die, was ihre psychische Struktur anbelangt, mit dem Original nicht identisch sind. Irgendwo, auf allen denkbaren Zeitlinien, könnten alle möglichen Variationen von uns existieren. Doch *nur eine* dieser Variationen kann zu einem bestimmten Zeitpunkt das Original sein.

Der amerikanische Physiker Jack Sarfatti stellt in Bob Tobens Buch *Space-Time and Beyond* (»Raum-Zeit und darüber hinaus«) ähnliche Betrachtungen an: »Wir vermeiden die bekannten Zeitparadoxa durch die Existenz einer Vielzahl weiterer (möglicher) Universen. Ein Zeitreisender dürfte wahrscheinlich in ein Universum zurückkehren, das sich zwar vom Ausgangsuniversum unterscheidet, ihm aber sehr ähnlich ist. Diese Universen unterscheiden sich nur geringfügig voneinander, wodurch Zeitreisende mit einer weniger ausgeprägten Beobachtungsgabe nicht einmal feststellen könnten, daß sie sich in einem Paralleluniversum aufhalten.«[101]

Die mit der Vermeidung von Paradoxa vorgebrachten Hypothesen, Ideen und Mutmaßungen mögen auf den ersten Blick unverständlich oder gar abwegig erscheinen. Es dürfte daher zweckmäßig sein, sie anhand eines Beispiels transparenter zu machen.

Fragen wir uns zunächst einmal, was wohl geschehen wäre, wenn es keinen Jesus, Mohammed oder Buddha, keinen Luther, Napoleon oder Stalin gegeben hätte. Wie anders würde diese Welt jetzt aussehen? Wäre sie besser oder schlechter? Wäre sie überhaupt anders geworden oder wären gleichartige Persönlichkeiten nur unter anderen Namen erschienen? Könnte man sich auf anderen Zeitlinien – wie hier angedeutet – Alternativwelten vorstellen, in denen der Gang der Geschichte tatsächlich einen anderen Verlauf genommen hätte?

Es erscheint müßig und absurd zu spekulieren, welche Rolle wir dann spielen würden, zumal es fraglich ist, ob wir unter veränderten Umständen überhaupt existieren könnten. Sicher dürfte jede Art von Welt auch ohne uns zurechtkommen. Möglicherweise ist unsere Welt – das Geschehen in ihr, das wir, sowohl auf den einzelnen bezogen, als auch zusammenfassend, als »Schicksal« bezeichnen – nichts anderes als die Summe aller unserer eigenen Vorstellungswelten, unserer Privatuniversen, die wir auf rein psychischem Wege durch bestimmte Wünsche, Absichten und Handlungen gestalten. Jeder von uns ein Psychokinet?

Wenn wir bei Zeitreisen Vergangenes zu ändern glauben, dabei aber lediglich neue Alternativwelten erschaffen (um Paradoxa zu vermeiden), müßten auch diese Welten auf irgendwelchen Zeitlinien bereits vorprogrammiert sein (existieren). Man würde diese »neuen Welten« und Situationen in Wirklichkeit gar nicht selbst erschaffen, sondern nur selektieren. Sie bestünden genau genommen schon seit eh und je. Es müßte schon unendlich viele von ihnen geben ... Welten, denen wir gelegentlich in unseren Träumen begegnen, Ventile für entgangene Erfolgserlebnisse in unserer illusionslosen Realität, vielleicht sogar Freiräume für Persönlichkeitskerne Dahingegangener.

So gesehen erscheinen Zeitreisen kaum noch sensationell. Sie dürften in absehbarer Zeit sogar unumgänglich sein, um uns allmählich in weniger hektische und kritische Alternativsituationen abzudrängen. Zeitreisen – ganz gleich, welchen Zweck sie auch immer erfüllen mögen – werden irgendwann einmal so selbstverständlich wie alle anderen technischen Errungenschaften dieses Jahrhunderts sein. Wer die Manipulation der Zeit beherrscht, wird die Welt mit anderen Augen sehen. Er wird sich von unserer jetzigen, zweckgebundenen, rein materialistischen Realität lösen und Aufgaben übernehmen, die der Schaffung einer besseren, mehr vom Geistigen bestimmten Weltordnung dienen.

VI Experimente mit der Zeit

Die Zeit ist kein diskursiver oder allgemeiner Begriff,
sondern eine reine Form der sinnlichen Anschauung.
Verschiedene Zeiten sind nur Teile eben derselben Zeit.
Immanuel Kant, *Kritik der reinen Vernunft*

Kozyrews Versuche

Wenn wir uns der vielen, von höchsten militärischen Stellen verifizierten Ufo-Sichtungsberichte, der Schilderungen gut beleumundeter Kontaktler erinnern, müssen wir feststellen, daß die Zeitfahrerhypothese auf einem soliden Fundament aufbaut. Sie wird – gewollt oder ungewollt – von dem Bemühen zahlreicher seriöser Wissenschaftler gestützt, dem Zeitphänomen sowohl theoretisch als auch experimentell auf die Spur zu kommen.

Dr. Nikolai Kozyrew, einer der profiliertesten sowjetischen Astrophysiker, unternahm schon vor mehr als einem Jahrzehnt entscheidende und unkonventionelle Schritte zur systematischen Erforschung der Zeitqualität. Seiner Auffassung nach steht das Ursache-Wirkungs-Prinzip – die Kausalität – mit den spezifischen Eigenschaften der Zeit, vor allem mit dem (scheinbaren) Unterschied zwischen Zukunft und Vergangenheit, in engem Zusammenhang. Seinen Experimenten liegen interessante Überlegungen zugrunde, die wir, zum besseren Verständnis des Zeitphä-

nomens, kurz erörtern wollen. Kozyrew hat festgestellt, daß die
Zeit eine Qualität besitzt, die einen Unterschied zwischen Ursache und Wirkung auslöst; sie kann durch »Gerichtetheit« oder
sogenannte »Zeit-Muster«, die er zunächst nicht näher definiert,
verursacht werden.

Aus den scheinbar ausschließlich durch reelle Zahlenwerte bestimmten Qualitäten der Zeitstruktur läßt sich dann auch gleich
das Grundtheorem der kausalen Mechanik herleiten: Eine Welt
mit einer entgegengesetzten Zeitstruktur entspricht unserer Welt,
wie sie sich in einem Spiegel darstellen würde. In einer Spiegelwelt aber bleibt die Kausalität voll erhalten. Die Ereignisse müßten dort genauso regelmäßig wie in unserer Welt ablaufen. Es wäre falsch anzunehmen, daß, wenn man einen Film über unsere
Welt rückwärts ablaufen ließe, wir ein Weltmodell mit umgekehr-
tem Zeitrichtungssinn besäßen. Die Vorzeichen der Zeitintervalle
können keinesfalls formell geändert werden. Denn dies würde,
laut Kozyrew, zur Störung der Kausalität, zu einer widersinnigen
Welt führen, die nicht existieren könne. Bei Veränderung der Zeitgerichtetheit wäre auch der Einfluß, den die Zeitstruktur auf materielle Systeme ausübt, gewissen Abweichungen ausgesetzt. Dadurch aber würden die physikalischen Gegebenheiten in einer
Spiegelwelt von den in unserer Welt geltenden Gesetzmäßigkeiten total abweichen Die klassische Mechanik bestätigt indes die
Identität beider Welten. Noch bis vor nicht allzu langer Zeit ließ
man diese Identität auch für den Bereich der Teilchenphysik gelten und sprach von Paritätserhaltung, d. h. von der Erhaltung dieser Gleichheit auch in der Welt des Subatomaren. Die im Verlauf
kernphysikalischer Experimente gewonnenen Erkenntnisse lassen jedoch den Schluß zu, daß die Parität in atomaren und subatomaren Bereichen nicht gewahrt bleibt. Berücksichtigt man die
Zeitgerichtetheit, so erscheint das durchaus logisch.

Der Unterschied zwischen unserer und einer hypothetischen
Spiegelwelt (Antiwelt) läßt sich an biologischen Systemen besonders gut erkennen. Die Morphologie (Formenlehre) der Tiere und

Pflanzen bietet interessante Beispiele für das Prinzip der Asymmetrie*, der Ungleichheit von Formen. Asymmetrisch sind z. B. die Blätter der etwa 400 Arten umfassenden Familie der Begonien – im Volksmund daher auch »Schiefblatt« genannt – und die Blätter der Ulmengewächse. Grundsätzlich bestehen bei allen Baumarten polare Gegensätze zwischen Wurzel und Krone, die eine gewisse Asymmetrie erkennen lassen. Das asymmetrische Prinzip ist auch bei einigen inneren Organen der Wirbeltiere erkennbar. So sind Herz, Leber, Gallenblase, Magen, Milz und andere innere Körperteile des Menschen völlig asymmetrisch angeordnet. Die chemische Asymmetrie des von Louis Pasteur entdeckten Protoplasmas (Grundsubstanz jeder lebenden Zelle) zeigt, daß diese sogar als ein fundamentaler Wirkmechanismus des Lebens angesehen werden muß. Kozyrew meint, die konstant auftretende Asymmetrie der Organismen, welche auf alle Nachkommen übertragen wird, wäre kein Zufall. Sie könnte keinesfalls das »passive Ergebnis« des blinden Waltens der Naturgesetze sein, das die Zeitgerichtetheit widerspiegele. Ein Organismus dürfte sich bei einer bestimmten Asymmetrie – die Kozyrew einer vorgegebenen Zeitstruktur gleichsetzt – zusätzlich Lebensfähigkeit erwerben, die zur Unterstützung der Lebensprozesse dienen könnte.[12]

Mit Hilfe spezieller Bio-Experimente wollte Kozyrew nachweisen, daß Lebensprozesse die Zeitstruktur als zusätzliche Energiequelle verwenden. Versuche zum Studium der kausalen Zusammenhänge und der Zeitstruktur ließen den Gebrauch von Gyroskopen** ratsam erscheinen.

Kozyrews erste Versuche ergaben, daß das sogenannte Impuls-

---

* *Symmetrie:* Spiegelungsgleichheit; Eigenschaft von Körpern, die beiderseits einer gedachten Mittelachse ein jeweils spiegelgleiches Bild ergeben. *Asymmetrie:* Ungleichmäßigkeit; das Fehlen von Symmetrie.
** Geräte zur Untersuchung von Kreiselbewegungen unter dem Einfluß äußerer Kräfte. Die Grundausstattung der hier benutzten Apparate bestand aus Rotoren, asymmetrischen Pendeln, Gewichten, Drehwaagen und anderen Präzisionsmeßvorrichtungen.

erhaltungsgesetz, unabhängig vom Zustand der Körperrotation, stets erfüllt wird. Diese Versuche wurden mit Hebelgewichten durchgeführt. Beim Herabsetzen der Umdrehungszahl des Gyroskops – die Rotation beruht dann ausschließlich auf der Trägheit – konnte man davon ausgehen, daß das Drehmoment nur durch die Gewichte erzeugt wurde, was zwangsläufig zur Torsion der Aufhängung führte. Es war notwendig, die Rotation der Gyroskope konstant zu halten, um mögliche Schwierigkeiten an der Aufhängung zu vermeiden. Man benutzte aus diesem Grund Präzisionsgyroskope, wie sie für die Steuerungsautomatik von Flugzeugen eingesetzt werden. Diese Gyroskope wurden aus einem variablen Dreiphasennetz mit einer Frequenz von 500 Hertz gespeist. Ihre Rotoren waren auf diese Frequenz abgestimmt worden. Sie befanden sich in einem hermetisch verschlossenen Kasten, der etwaige Luftströmungen fernhalten sollte. Bei der Übertragung von Schwingungen vom Gyroskop auf die Gewichtshalterung konnte man unterschiedliche Gewichte ablesen, was im einzelnen von der Rotationsgeschwindigkeit und Rotationsrichtung abhing. Aufgrund dieser Versuche stellte es sich heraus, daß die Zeitstruktur in einem linksdrehenden Koordinatensystem positiv und in einem rechtsdrehenden negativ ist, wodurch Richtungsunterschiede, wie links und rechts, eindeutig festgelegt sind.

Das Ursache-Wirkung-Prinzip untersuchte Kozyrew mit Hilfe einer Vorrichtung, die – ein langes elastisches Band enthaltend – aus einem festen Punkt, der »Wirkung«, und aus einer beweglichen Komponente, der »Ursache«, bestand. Seine Instrumente ließen erkennen, daß beim Dehnen des Bandes etwas Merkwürdiges geschieht: Am Wirkungsende liegen die angezeigten Meßwerte höher als am Ursachenende. Aus linksdrehenden Molekülen bestehende organische Stoffe (wie z. B. Terpentin) ließen seine Instrumente stärker als rechtsdrehende Moleküle (z. B. Zucker) ausschlagen. Kozyrew vertritt die Ansicht, daß unser Planet zu den linksdrehenden, positiven Systemen gehört, die der Galaxie Energie zuführen.

Das Auftreten zusätzlicher Kräfte wurde von Kozyrew etwa so dargestellt: Die Zeit dringt durch die *Ursache* in ein System ein und verläuft zur *Wirkung* hin. Durch die Rotation des Gyroskops wird der Zeitzufluß verändert. Als Folge hiervon kann die Zeitstruktur in diesem System zusätzliche Spannungen hervorrufen, Kräfte, die wiederum das Potential und die gesamte Energie des Systems beeinflussen. Und diese Veränderungen sind letztlich für die Entstehung besagter Zeitstruktur verantwortlich. Aus alledem geht eindeutig hervor, daß die Zeit auch eine energetische Qualität besitzt.[102]

Im Laufe der zweiten Versuchsphase hat Kozyrew herausgefunden, daß die Zeit eine Veränderliche besitzt, die er als *Zeitdichte* oder *Zeitintensität* bezeichnet. Bei geringerer Dichte soll es für die Zeit schwierig sein, materielle Systeme zu beeinflussen. Kozyrew folgert hieraus: »Es ist möglich, daß unser Empfinden von ›leerer‹ oder ›substantieller‹ Zeit *nicht nur subjektiver Art* ist, sondern – ähnlich wie unser Gefühl für den Zeitfluß – eine *objektive, physikalische Basis* aufweist.«[*102]

Eine geradezu ungeheuerliche Behauptung, die weiteren Spekulationen Auftrieb gibt. Offenbar existieren zahlreiche Faktoren, die in dem uns umgebenden Raum die Zeitdichte beeinflussen. Im Spätherbst und in der ersten Winterhälfte bereiteten einschlägige Versuche keine größeren Schwierigkeiten. Dagegen verliefen die im Sommer durchgeführten Experimente mitunter so ungünstig, daß viele von ihnen nicht abgeschlossen werden konnten. Allem Anschein nach wird im Sommer die Zeitdichte innerhalb eines weiten Bereiches verändert, was auf bestimmte, von Naturvorgängen abhängige Prozesse zurückzuführen ist. Wenn dies tatsächlich der Fall sein sollte, so besteht durchaus die Möglichkeit, daß Stoffe (aber auch Prozesse) durch die Zeit einander beeinflussen. Eine solche Beziehung ließe sich vorhersehen, da ein kausales Phänomen nicht nur *in*, sondern auch *unter Inan-*

* Hervorhebungen durch den Verfasser.

spruchnahme der Zeit stattfindet. Daher kann bei jedem Vorgang in der Natur (z. B. bei pflanzlichen Wachstumsprozessen) Zeit gedehnt oder neu gebildet werden, was durch Kozyrews Experimente bewiesen wurde.

Um die Zeitdichte zu verändern, bediente sich Kozyrew einfacher mechanischer Vorrichtungen. Mit Hilfe eines motorischen Antriebs konnte er die Spannung des zuvor erwähnten elastischen Bandes steigern oder herabsetzen. Auf diese Weise entstand ein System mit zwei Polen – ein kausaler Dipol, d. h. eine Energiequelle mit ihrem Abfluß. Die mit dieser Vorrichtung durchgeführten Experimente brachten interessante Ergebnisse. In der Nähe des Motors (Ursachenende) kam es zur Verdünnung (Schwund) der Zeit, wohingegen nahe dem Energieempfänger (Wirkungsende) eine Zeitverdichtung stattfand. Man gewann den Eindruck, als ob die Zeit durch Ursachen gedehnt (verdünnt) und durch Wirkungen beschleunigt wird.

Aus den Ergebnissen seiner Versuche folgerte Kozyrew, daß sich die Zeit im Universum nicht etwa ausbreite, sondern daß sie vielmehr *sofort* und *überall*, d. h. *gleichzeitig* in Erscheinung tritt. Auf der Zeitachse wäre dann das gesamte Universum gewissermaßen in einem Punkt konzentriert, eine Hypothese, die sich bekanntlich auch Professor Wheeler zu eigen machte.

Kozyrew glaubt, daß die unmittelbare Übertragung von Informationen durch die Zeit (Nullzeitübertragung) durchaus mit der speziellen Relativitätstheorie vereinbar ist. Seiner Meinung nach lassen sich mit Hilfe dieses Zeitmodells auch nichtphysikalische Phänomene wie Telepathie, Präkognition und dergleichen erklären.

Der energetische Aspekt der Zeit aber hat ihn besonders fasziniert. Auf kosmische Vorgänge anspielend, äußerte er sich schon vor Jahren: »Es ist möglich, daß alle Prozesse, die sich in den materiellen Systemen des Alls abspielen, jene Quellen sind, die den allgemeinen ›Strom der Zeit‹ speisen, der seinerseits die materiellen Systeme beeinflussen kann.«[102]

Auch Dr. Charles Musès – einer der bekanntesten theoretischen Physiker in den USA – glaubt, daß die Zeit ein eigenes Energieprofil mit bestimmten Schwingungscharakteristika besitzt. Vorausschauend erklärte er: »Wir werden eines Tages sehen, daß die Zeit als das letztendlich kausale Schema aller freiwerdenden Energie definiert werden kann.«[103]

Hinter all diesen umwälzenden Erkenntnissen der modernen Zeitforschung verbergen sich erste, zaghafte Ansätze zur Realisierung eines technischen Wunders, eines Menschheitstraumes, der von unseren, auf anderen Zeitlinien lebenden, zeitreisenden Enkeln aus gesehen, sicher schon längst in Erfüllung gegangen ist: Die Nutzung der Zeit als ein geradezu ideales Zeitmanipulationsinstrument, das Energie und Bewegungskoordinate (Dimension) zugleich ist.

Bei seiner Kippbewegung durch den (unserem Sinne nach) raumzeitfreien Hyperraum könnte ein Zeitreisevehikel auf elegante Weise die energetische Erscheinungsform der Zeit dazu verwenden, um sich ohne Verzug auf jede beliebige in der »Vergangenheit« oder »Zukunft« liegende Zeitlinie zu begeben. Indem man unter Ausschaltung der Zeit gewaltige »Zeiträume« überbrückt, würde man sich eines Energiespenders bedienen, der allerorts und jederzeit unumschränkt zur Verfügung stünde. Die Umwandlung der Zeit in ihre energetische Erscheinungsform dürfte mithin die wichtigste Voraussetzung für Zeitreisen sein.

In Ost und West schweigt man sich über die Weiterführung der Kozyrewschen und anderer Zeitexperimente aus. Wir sind, was die praktische Anwendung der Zeitforschung anbelangt, ausschließlich auf Vermutungen und Spekulationen angewiesen. So manches läßt immerhin darauf schließen, daß der Kampf um die Beherrschung der Zeit hinter den Kulissen verbissen fortgeführt wird. Möglicherweise sind wir, ohne es zu wissen, schon des öfteren mit den Resultaten einer Entwicklung konfrontiert worden, die zu einer völligen Umgestaltung unseres physikalischen Weltbildes führen wird.

Nullzeit-Attacken – Der Hyperraum als »Waffe«

Am 10. April 1963 kam es vor der Nordostküste der Vereinigten Staaten zu einem folgenschweren Ereignis. Das amerikanische Atom-Unterseebott »Thresher« – ein Star der US-Kriegsmarine – war mit 129 Mann Besatzung (darunter einige zivile Techniker) in etwa 300 m Meerestiefe zerborsten. Über die eigentliche Ursache, die diesen Unfall auslöste, besteht – zumindest in offiziellen Kreisen – angeblich nach wie vor Unklarheit.

Einige Fachleute sprachen von einem Loch, das durch den enorm hohen Wasserdruck entstanden sein soll, von irgendwelchen versteckten Rissen, die schon vor Inbetriebnahme des Bootes im Rumpf vorhanden gewesen seien. Genaueres weiß man nicht. Tatsache ist, daß der Funkverkehr zwischen der »Thresher« und dem Überwasser-Begleitboot »Skylark« ganz plötzlich, ohne ersichtlichen Grund, abbrach und daß der Kommandant des U-Bootes nicht einmal mehr einen Rauchballon zur Wasseroberfläche schicken konnte.

Ein ehemaliger Oberstleutnant der amerikanischen Armee, der Nuklearphysiker und Spezialist für Luftverteidigungsfragen, Thomas E. Bearden, will aus inoffizieller Quelle erfahren haben, daß die »Thresher« mittels einer »psychotronischen Fernwaffe« – einer *Hyperraum-Haubitze* – vernichtet worden sei. Es soll sich dabei um eine tschechisch-sowjetische Erfindung handeln, die bereits in verschiedenen Ausführungen zur Verfügung stünde.

Bearden behauptet nicht mehr und nicht weniger, als daß eine tatsächlich stattfindende Atombombenexplosion in einen »virtuellen«* Zustand gebracht und auf nichtphysikalischem Wege an jeden Ort der Welt projiziert werden kann, wo sie, wieder verstoff-

---

* Allgemein: Etwas Gedachtes, das nicht unbedingt vorhanden sein oder ausgeführt werden muß (oder ausgeführt werden kann). – In der modernen Physik: Zustände (auch Teilchen), deren Existenz mit dem Energiesatz nicht verträglich ist.

licht, die gleiche Wirkung wie auf dem Tausende von Kilometern
entfernten Versuchsgelände habe. Daß es derartige Superwaffen
geben könnte, erscheint gar nicht so abwegig. Den beiden amerikanischen Elektronikingenieuren Curtis P. Upton und William J.
Knuth gelang es schon 1951, mittels eines »Radionikgerätes« riesige Baumwollfelder von lästigen Schädlingen zu befreien. Die
vernichtende »Information« ging von einer »Kollektorplatte«
aus, auf der sowohl eine Luftaufnahme von dem zu behandelnden Baumwollfeld als auch ein hochwirksames Insektizid plaziert
waren.

Diesen Experimenten lag die Theorie zugrunde, daß die mole-
kularen und atomaren Bestandteile der Fotografie mit den gleichen Frequenzen wie die im Bild dargestellten Objekte schwin-
gen. Uptons Studienkollege Howard Armstrong wiederholte diese Versuche, um festzustellen, ob sich die in Tuscon (Arizona) erzielten günstigen Resultate reproduzieren ließen.

Nachdem er eine Luftaufnahme von dem zu behandelnden
Maisfeld angefertigt hatte, schnitt er, um später eine Vergleichs-
möglichkeit zu haben, eine Kante des Bildes ab. Anschließend
wurde das Maisfeld fünf bis zehn Minuten lang mit dem Upton-
schen Gerät bestrahlt.

Armstrong konnte mit dem Ergebnis seines Experimentes zufrieden sein. In dem Teil des Feldes, der auf dem Foto zu sehen
war, existierten keine Schädlinge mehr. Sie waren tot oder hatten
sich ganz einfach »in Luft aufgelöst«. Die aufgrund der abge-
trennten Kante unbehandelt gebliebenen Pflanzen zeigten nach
wie vor einen hundertprozentigen Befall.[104]

Auch bei diesen Versuchen dürfte psychotronische Energie mit
im Spiel gewesen sein, Energie, die es offenbar erlaubt, irgendwelche Informationen – auch solche materieller Art (z. B. die vernichtende Wirkung eines Insektizids) – unverzüglich in ein genau defi-
niertes Zielgebiet zu übertragen.

Unter *psychotronischer Energie* (sowjetische Bezeichnung:
Psychoenergie) versteht man eine hypothetische Energieform, die

paranormale Bewirkungen auszulösen vermag. Der tschechische Mathematiker und Physiker Julius Krmessky schrieb über diese Energie: »Es kann sich weder um Hitze noch um Luftzug handeln . . . Die Ausstrahlung der Energie durchdringt Glas, Wasser, Holz, Pappe, jedes Metall, selbst Eisen, und ihre Kraft wird dadurch überhaupt nicht gemindert. Außerdem scheint der *menschliche Geist* diese Energie zu beherrschen.«[105]

Psychotronische Energie dürfte bei der Erforschung von Zeitphänomenen eine außerordentlich wichtige Rolle spielen, da über den Hyperraum abgewickelte Objektbewegungen in Nullzeit stattfinden, was einer zeitlichen Versetzung gleichkommt. Es ist gut möglich, daß mit psychotronischen Generatoren – Geräten zur Erzeugung eines Hyperfeldes (höherdimensionales Feld) – »später einmal« Zeitreisefahrzeuge betrieben werden, Maschinen, mit denen sich Dimensions-Kippbewegungen durchführen lassen.

Ex-Oberst Bearden, der sich u. a. mit der Erstellung psychotronischer Funktionsmodelle und deren Übertragung auf waffentechnische Einrichtungen befaßt, erklärt paraphysikalische, Zeit- und Ufo-Phänomene mit dem unmittelbaren Zusammenwirken von Geist (engl. »mind«) und Materie. Für ihn ist »Geist« eine »virtuelle Realität«. Er bezeichnet den »virtuellen Zustand« als eine »Vorform des materiellen Zustandes«. Seiner Auffassung nach sind Gedanken ebenso real wie deren ins Stoffliche umgesetzte Wirklichkeit – das am Zielort eintretende Ereignis. Der Übergang vom Gedanken zur entsprechenden stofflichen Realität, die Umformung der psychischen Matrix in ihre physikalisch-gegenständliche Form, vollzieht sich auf psychotronischem Wege, d. h. auf höherdimensionaler Ebene. Gedanken, Geist und Materie scheinen im Lichte einer ins Höherdimensionale hineinreichenden Physik miteinander zu verschmelzen. Wer vermag da noch zu sagen, wo die sogenannte »Realität« endet und scheinbar »irreale Zustände« einsetzen?

Ende 1957 oder Anfang 1958 soll sich im südlichen Ural, unweit der Millionenstadt Swerdlowsk, eine nukleare Katastrophe ungeheuren Ausmaßes zugetragen haben, der zahlreiche Personen zum Opfer fielen. Auf Betreiben des amerikanischen Rechtsanwaltes Ralph Nader mußte die CIA im Jahre 1977 lange geheimgehaltene Dokumente über diesen Vorfall zur Veröffentlichung freigeben.

Bearden glaubt zu wissen, daß diese Katastrophe auf eine Nuklear-Projektion zurückzuführen ist, die infolge technischen Versagens nicht in den Hyperraum abgeleitet werden konnte, sondern ein sowjetisches Atomwaffendepot atomisiert habe. Mit der geglückten Ausschaltung der »Thresher« aber hätten sowjetische Wissenschaftler erstmals die Effizienz dieser neuen Wunderwaffe – besagter Hyperraum-Haubitze – bewiesen.

Damit die »virtuell« durch den Hyperraum übertragene Explosion am Zielort real werden kann, mußte in der Nähe des zu zerstörenden Objektes bislang ein sogenannter »Tuner« – eine Art psychotronische »Lockeinrichtung« – installiert werden. Auf diese Vorrichtung könne man jetzt verzichten. Mit Hilfe eines von Bearden als »Hyperraum-Interferometer« bezeichneten Zusatzinstruments ließe sich eine geballte nukleare Ladung augenblicklich *direkt* ins Ziel dirigieren.[106]

Realität oder Fiktion? Phantasien eines ängstlichen Wissenschaftlers, der überall »Gespenster sieht«?

Es ist kaum anzunehmen, daß *alle* diese Berichte frei erfunden sind, daß verantwortungsvolle Fachwissenschaftler, wie Thomas Bearden, Behauptungen aufstellen, die jeder Grundlage entbehren. Schließlich ist es schon lange kein Geheimnis mehr, daß die Psychotronik in osteuropäischen Ländern ganz besonders gefördert wird. Kenner der sowjetischen Paraszene wissen zu berichten, daß sich allein in der UdSSR mindestens 23 Institute mit psychotronischer Forschung befassen.

Allem Anschein nach bahnt sich in den USA eine ähnliche Entwicklung an. In dem von der Außenwelt hermetisch abgeriegelten Patuxent Naval Air Test Center (Maryland) befaßt sich eine Spezialeinheit der amerikanischen Kriegsmarine angeblich mit der systematischen Erforschung grenzwissenschaftlicher Phänomene, zu denen selbstverständlich auch Ufo-Sichtungen, Kontakte mit Fremd-Entitäten, die Vorgänge im Bermuda-Dreieck und psychotronische Experimente gehören. Das bei dem Test-Center stationierte Marinegeschwader VX (N)-8 unternimmt mit seinen Forschungsflugzeugen vom Typ P-3 »Orion«, die mit hochwertigen elektronischen Spürgeräten ausgerüstet sind, über allen Weltmeeren Erkundungsflüge. Berichte über unerklärliche Luft- und Meeresphänomene werden unverzüglich an das Pentagon weitergegeben. Offenbar glaubt man dort, durch den massiven Einsatz modernster elektronischer Überwachungsgeräte verschiedenen Para-Effekten und somit auch dem Zeiträtsel auf die Spur zu kommen.

Das hier schon einmal flüchtig erwähnte, angeblich im Oktober 1943 von der US-Marine durchgeführte »Philadelphia-Experiment«, in dessen Verlauf mittels künstlich erzeugter Magnetfelder ein Kriegsschiff von Philadelphia nach Norfolk (Virginia) teleportiert worden sein soll, sowie die unter größter Geheimhaltung durchgeführten ITF-Versuche*, könnten – soweit sie den Tatsachen entsprechen – weitere wichtige Hinweise dafür sein, daß sich auch die Amerikaner schon seit langem mit psychotronischen Experimenten befassen.

Wenn es stimmt, daß verschiedene moderne Waffensysteme auf hyperphysikalischen Erkenntnissen beruhen, könnte es gut möglich sein, daß es sich bei einigen Ufo-Typen sogar um Versuchsmodelle handelt, die aus der Jetzt-Zeit stammen – um Experimental-Maschinen, deren Existenz vorerst noch streng geheimgehalten wird.

Die Behauptung, daß man bei allen diesen Versuchen kräftige, pulsierende oder wirbelnde Magnetfelder benutzt habe, erscheint besonders interessant. Diese Felder sollen Übergänge von einer

* Vgl. Kapitel IV, Seite 145 ff.

stofflichen Phase in eine andere ermöglichen – Dimensionswechsel, in deren Verlauf es zur Unsichtbarkeit der betroffenen Objekte, zu De- und Rematerialisationserscheinungen, zu Teleportationen und mysteriösen Zeitverschiebungen kommt. Sind starke (pulsierende) Magnetkräfte etwa »Katalysatoren«, die jeglichen materiellen Verbund aufzurütteln und Objekte (wenn auch nur vorübergehend) in einen feinstofflichen Zustand – in eine andere Dimensionalität – zu überführen vermögen? Könnte es sein, daß durch künstlich veränderte Magnetfelder, ähnlich wie durch Kozyrews Gyroskope, die Zeitstruktur beeinflußt wird, allerdings in viel stärkerem Maße?

Vor wenigen Jahren hat man herausgefunden, daß schwache pulsierende Magnetfelder durch Reizung des peripheren Nervensystems zerebrale Vorgänge beeinflussen – chemisch-stoffliche Prozesse, die über bislang unerforschte Schaltstellen Kontakte zur Welt der Psyche herstellen. Es scheint, als ob zwischen bestimmten magnetischen und immateriellen psychischen Feldern eine Art Rapport (Wechselwirkung) bestünde, auf die man künstlich Einfluß nehmen kann.

Die in der Nähe von Ufos auftretenden erheblichen magnetischen Störungen lassen erkennen, daß bei den raumzeitlichen Bewegungen dieser Maschinen ungewöhnlich starke magnetische Felder aufgebaut werden, durch die nicht nur der stoffliche Schwingungszustand, sondern auch die Relativzeit gewisser Objekte beeinflußt wird. Die Wirkungsweise pulsierender elektromagnetischer Felder könnte man sich so vorstellen, daß zunächst die psychische Komponente aus dem menschlichen Körper herausgerüttelt und dieser dann in eine feinstoffliche, für uns nicht sichtbare, Existenzform versetzt wird, die Bewegungen entlang der Zeitkoordinate erlaubt.

Es wäre ohne weiteres denkbar, daß sich bei dem offenbar außer Kontrolle geratenen »Philadelphia-Experiment« ähnliche Entstofflichungsprozesse abspielten. Dr. Morris K. Jessup, der als erster über dieses Experiment zu berichten wußte, hatte von seinem Gewährsmann, dem geheimnisvollen Carlos Allende, erfahren, daß damals ein Dr. Franklin Reno (Deckname) Einsteins einheitliche Feldtheorie auf mögliche waffentechnische Anwendungen hin geprüft habe. Die hieraus gewonnenen Erkenntnisse führten, laut Dr. Jessup, zum Bau von Generatoren, mit denen sich ellipsenförmige elektromagnetische Kraftfelder erzeugen ließen. Personen, die sich innerhalb dieses »neblig-grünen« Kraftfeldes aufhielten, waren angeblich nur noch verschwommen zu erkennen. Sie konnten jedoch jeden wahrnehmen, der sich allem Anschein nach in der gleichen Situation, d. h. im gleichen Schwingungszustand wie sie befand. Die Männer müssen sich damals unter dem Einfluß dieses phasenverändernden Kraftfeldes in einer Art »Halbraum«, einem nicht näher definierbaren Bereich zwischen den Dimensionen, aufgehalten haben. An Land zurückgebliebene Beobachter konnten während des gesamten Experiments angeblich nur noch die Wasserlinie des Schiffes erkennen.

Weitaus gefährlicher aber waren das »Steckenbleiben« – ein Zustand der Bewegungslosigkeit – und das sogenannte »Einfrieren«. Wenn man einem »Steckengebliebenen« nicht sofort zu Hilfe kam, konnte die Befreiung des dadurch »Eingefrorenen« – das Herausholen aus dem »Halbraum« – große Schwierigkeiten verursachen. Nach Abschalten des Kraftfeldes und Markieren des genauen Standortes der »eingefrorenen« Person ließ sich der Bewegungslose durch sogenannte »Handauflege«-Techniken, die stark an magische Praktiken erinnern, aus seiner mißlichen Lage befreien. Der Rematerialisationsprozeß soll zwischen einer Stunde und, im äußersten Fall, sechs Monate in Anspruch genommen haben.

Das »Tieffrieren« wollte Allende durch ein »Hyperfeld« ausgelöst wissen, welches das »Körperfeld« (gemeint ist sicher das bioplasmatische Feld) der betreffenden Person überlagere. Man habe hiervon Betroffene nur mit Hilfe einer komplizierten Spezialapparatur in den ursprünglichen Zustand zurückversetzen können. Manche der »Tiefgefrorenen« sollen sogar »in Flammen gestanden« haben, ein Zustand, der auf alle Personen übertragbar war, die den Ärmsten zu Hilfe eilten. Einer der Seeleute »brannte« nach Allendes Angaben achtzehn Tage, bevor er aus dem unheimlichen Zwischenraum-Zustand befreit werden konnte. Andere Personen erlangten paranormale Fähigkeiten. Sie verschwanden vor den Augen ihrer Angehörigen oder durchdrangen Wände, um sich an weit entfernten Orten zu rematerialisieren.[107]

Am Anfang war das Feld

Felder spielen bei Experimenten mit der Zeit, bei psychokinetischen Aktivitäten – Teleportationen, Materialisations-, Dematerialisations- und Penetrationsvorgängen –, aber auch bei zufälligen Kontakten mit der Anderen Realität eine überaus wichtige Rolle. Was verbirgt sich hinter diesem häufig benutzten, alles und nichts besagenden Fachausdruck »Feld«, ohne den die moderne Physik mit ihren mysteriös anmutenden Interpretationen von Raum, Zeit, Universum, Materie und Kausalität offenbar verloren wäre? Ist das Feld nur »eine physikalische Größe, der sich an jeder gedachten Stelle des Raumes ein ganz bestimmter Wert zuordnen läßt«, eine unter vielen physikalischen Realitäten, die unser Raum-Zeit-Kontinuum und alle sich in ihm abspielenden Vorgänge bestimmen?

Albert Einstein erkannte im Feld das Primordiale, dem sich die Materie unterzuordnen hat: »Wir können daher Materie als den Bereich des Raumes betrachten, in dem das Feld extrem dicht ist . . . In dieser neuen Physik ist kein Platz für beides, Feld und Materie, denn das Feld ist die einzige Realität.«[108]

Für den Mathematiker Hermann Weyl ist »nach der Feldtheorie der Materie ein Masseteilchen wie ein Elektron nur ein kleiner Bereich des elektrischen Feldes, in dem die Feldstärke enorm hohe Werte annimmt, so daß eine vergleichsweise sehr große Feldenergie sich in einem sehr kleinen Raum konzentriert«.[109]

Die dominierende Rolle des Feldes, das aufgrund seiner erhabenen Position die Grundlage allen Seins und jeglicher Ordnung in unserem und auch in anderen Universen zu sein scheint, erläutert der österreichische Physikprofessor Walter Thirring in seiner Beschreibung des Feldbegriffs recht anschaulich: »Die moderne theoretische Physik . . . hat unser Denken vom Wesen der Materie in andere Bahnen gelenkt. Sie hat den Blick von dem zunächst Sichtbaren, nämlich den Teilchen, weitergeführt zu dem, was dahinterliegt, dem Feld. Anwesenheit von Materie ist nur eine Störung des vollkommenen Zustandes des Feldes an dieser Stelle, etwas Zufälliges, man möchte fast sagen nur ein ›Schmutzeffekt‹. Dementsprechend gibt es auch keine einfachen Gesetze, welche die Kräfte zwischen Elementarteilchen beschreiben . . . Ordnung und Symmetrie sind in dem dahinterliegenden Feld zu suchen.« Thirring kommt zu dem Schluß: »Das Feld existiert immer und überall; es läßt sich durch nichts entfernen, es ist Träger allen materiellen Geschehens. Es ist das ›Nichts‹, aus dem das Proton die π-Mesonen schöpft. Bestehen und Vergehen von Teilchen sind nur Bewegungsformen des Feldes.«[110]

In der Physik unterscheidet man heute zwischen einer Vielzahl unterschiedlicher Feldtypen, so u. a. zwischen nuklearen, atomaren, elektrischen, elektromagnetischen und elektrostatischen Feldern, zwischen Quanten- und Gravitationsfeldern. Nach den bestehenden Theorien wird das nukleare Feld durch Nukleonen (Kernteilchen), das elektrische Feld durch elektrische Ladungen und das magnetische Feld durch Magnetpole bzw. elektrische Ströme hervorgerufen.

Nach Entwicklung des Feldbegriffs stellte man alsbald fest, daß zwischen den einzelnen Feldtypen besondere Beziehungen bestehen, Wechselwirkungen, die man in drei bedeutenden Feldtheorien zusammenzufassen versuchte:

1. *Die elektromagnetische Feldtheorie*: eine ordnende Bezeichnung für die Darstellung aller elektrischen und magnetischen Erscheinungen;

2. *die Feldtheorie der Elementarteilchen*: aus dieser Theorie lassen sich die einzelnen Elementarteilchen und ihre Eigenschaften herleiten;

3. *die einheitliche Feldtheorie*: mit ihr versucht man die einheitliche Darstellung des Gravitationsfeldes und des elektromagnetischen Feldes zu entwickeln.

Die Arbeiten an der Feldtheorie der Elementarteilchen und an der einheitlichen Feldtheorie, mit der sich Einstein seinerzeit intensiv befaßt hatte, konnten bis zum heutigen Tage noch nicht abgeschlossen werden.

Thomas Bearden, der sich, wie schon erwähnt, vorwiegend mit der Physik virtueller Zustände befaßt, sieht in sogenannten »virtuellen Hyperfeldern« den Ursprung selbst elektromagnetischer und möglicherweise auch den aller anderen physikalischen Felder.[111] Sie müßten, um selbst Felder zu erzeugen, meiner Ansicht nach zwangsläufig in einer übergeordneten Dimensionalität angesiedelt sein. Wenn man zwischen diesen höherdimensionalen (den Auslösern paranormalen Geschehens) und den zuvor erwähnten physikalischen Feldern eine Beziehung (Interaktion) nachweisen könnte, wäre den hier aufgeführten Feldtheorien unter Umständen noch eine vierte, die *universelle Feldtheorie,* hinzuzufügen.

Weniger bekannt sind die biologischen und mit elektronischen Meßgeräten nur indirekt registrierbaren psychischen Felder, deren Existenz man im Zusammenhang mit pflanzlichen Aktivitäten und im Innern von Pyramiden erkannt haben will. Dr. Patrick Flanagan, ein amerikanischer Wissenschaftler und Erfinder, der sich schon seit Jahren mit den energetischen Verhältnissen im Pyramideninneren befaßt, bezeichnet sie als »virtuelle elektronische Felder«. Harold Saxton von der Yale-Universität spricht von einem »quasi-elektrischen Feld« bzw. von einem »Feld an der Oberfläche lebender Organismen« und versteht hierunter offenbar das gleiche wie Flanagan.

Diesen im Pyramideninneren auftretenden, mit den Mitteln

der heutigen Physik nicht direkt faß- und manipulierbaren, geheimnisvollen Feldern höherer Ordnung werden auch bewußtseinsverändernde Qualitäten zugeschrieben. Sehr wahrscheinlich korrespondieren sie auf höherdimensionaler Ebene mit den Bewußtseinsinhalten unseres Selbst.

Im Inneren von Pyramiden vorgenommene Konservierungsversuche haben gezeigt, daß dort tatsächlich Zersetzungs- und Verwesungsprozesse verzögert werden. Die vielen positiven Ergebnisse lassen indes den Schluß zu, daß hier noch etwas anderes als nur verwesungshemmende, kosmische Energie mit im Spiel sein muß. Ein sowjetischer Wissenschaftler, der in diesem Zusammenhang erst vor wenigen Jahren von einem *Zeitfeld* sprach, scheint mit seiner Hypothese ins Schwarze getroffen zu haben.

Im Inneren pyramidaler Gebilde werden allem Anschein nach Felder mobilisiert, die »Bewegungen« biologischer Objekte in der Zeit tatsächlich verlangsamen. Pyramiden würden somit Zeitmanipulationen kleineren Ausmaßes ermöglichen. Gerade hier sollten unsere Zeitforscher nachhaken.

Professor Burkhard Heim, der sich jahrelang auch experimentell mit Gravitationsphänomenen befaßte, stieß bei seinen Exkursionen in physikalischem Neuland auf einen interessanten Feldtyp, den er *Zwischen*- oder *Intermediärfeld* nannte. Er stellte fest, daß es sich hierbei weder um ein elektromagnetisches noch um ein Gravitationsfeld handelt. Seiner Auffassung nach ermöglicht dieses Feld die unmittelbare Umwandlung von Elektrizität in kinetische Energie und, in Verbindung hiermit, die Durchführung von Levitations- und anderen psychophysikalischen Experimenten.

Das von Heim postulierte Intermediärfeld könnte sich möglicherweise später einmal als *das* Bindeglied zwischen der niederdimensionalen physikalischen und einer höherdimensionalen psychischen Welt, als eine Art Manipulationsinstrument für Zeitfahrer und Entitäten aus anderen Seinsbereichen herausstellen. Es scheint sich hierbei um das gleiche »reale« Feld zu handeln, das okkulte Philosophen als feinstoffliche Zwischenebene (oder Äther) bezeichneten – eine Welt zwischen der innersten mentalen und der äußersten physikalischen Ebene.

Neue Erkenntnisse auf dem Gebiet der Hochenergiephysik könnten zur Folge haben, daß schon bald eine gemeinsame Basis zumindest für den Elektromagnetismus, die schwachen Kräfte der Radioaktivität und die starken Kernkräfte gefunden wird. Die Gravitation würde in dieser Zusammenfassung vorerst nicht unterzubringen sein.

F. E. Close, wissenschaftlicher Mitarbeiter des Rutherford High Energy-Laboratoriums in Harewell (England), erblickt in einer solchen »Supervereinigung« auch günstige Möglichkeiten zur Deutung verschiedener »dimensionsloser Parameter« – kosmischer Unmöglichkeiten, die sich bisher jeder vernünftigen Erklärung entzogen.[112]

Sollte er mit »dimensionslosen Parametern« vielleicht Wirkfaktoren meinen, die unser physikalisches Universum mit der Welt des Psychischen verbinden? Vielleicht ist es notwendig, weiter auszugreifen, eine neue »Atomtheorie« zu entwickeln, den Ursprung allen geistigen und materiellen Seins in jenseitige, höherdimensionale Sphären zu verlegen. Virtuelle Teilchen aus einer höheren Dimensionalität – wir wollen sie »Transonen« nennen – die »Übergänge« zwischen unserem materiellen Universum und der für uns immateriellen Zukunftswelt, der Tachyonenwelt, schaffen, könnten möglicherweise über das von Burkhard Heim postulierte *intermediäre Feld* aktiv werden. Transonen könnten Kondensationskeime für Materie und Zeit und damit Auslöser allen kosmischen Geschehens sein. Im primordialen Zustand wären Transonen rein psychischer (feinstofflicher) Natur, »kondensiert« dagegen Materie, wie wir sie kennen. Dazwischen lägen möglicherweise bioplasmatische Aggregatzustände, die im *Halbraum* – in einer Welt zwischen der unsrigen und einer höheren Dimensionalität – zu suchen wären. In diesen Hyperteilchen müßte die Zeit zwangsläufig enthalten sein, wodurch paranormale und

Zeit-Phänomene (z. B. die Rückwärts-Kausalität) eine ganz natürliche Erklärung fänden.

Transonen dürften aus dem Weltbild der Zeitfahrer nicht weg-
zudenken sein. Wer diese vorerst hypothetischen Teilchen zu manipulieren verstünde, würde nicht nur De- und Rematerialisa-
tionsprozesse bzw. unterschiedliche Verstofflichungsgrade, sondern gleichzeitig auch Bewegungen in der Zeit beherrschen. Da
sich beide Phänomene nicht voneinander trennen lassen, wird
man auch verstehen, warum Ufos (Zeitmaschinen) einmal materiell, ein anderes Mal dagegen als immaterielle Schatten – filmar-
tig-verschwommen – in Erscheinung treten.

Für Ufo-Temponauten wären Bewegungen durch Raum und
Zeit ein und dasselbe. Für sie würde zwischen dem Ablauf eines
Tages und dem eines Jahrtausends ohnehin kaum ein Unterschied bestehen. Tausend Jahre entsprächen vielleicht einer Sekunde.

Der materielle Aspekt der Zeitreise (die Zeitmaschine als
»Hardware«) entbehrt nicht einer gewissen Problematik. So lassen sich z. B. zeitliche Rückwärtsbewegungen größeren Ausmaßes (Zeitreisen) nicht unbedingt mit dem Rückwärtsverhalten bestimmter Anti-Teilchen auf subatomarer Basis vergleichen. Es
muß damit gerechnet werden – und Kozyrews Versuche scheinen
dies zu bestätigen –, daß sich die Zeit in Abhängigkeit von bestimmten Situationen ausgesprochen dynamisch, d. h. in ihrer
Struktur nicht sehr anpassungsfähig verhält. Einer solchen Dyna-
mik aber dürften Maschinen, die aus den uns bekannten, hoch-
dichten Werkstoffen bestehen, kaum gewachsen sein. Sie würden
sich den wechselnden Bedingungen eines vier- oder höherdimensionalen, feinstofflichen Feldes nicht schnell genug anpassen
können. Dadurch bestünde Gefahr, daß sie vor Erreichen ihrer
Zielzeit möglicherweise »zwischen den Dimensionen steckenbleiben«. Dem direkten Einsatz materieller Zeitmanipulations-
Systeme – dem nur-energetischen Prinzip – dürfte demnach kaum
Erfolg beschieden sein.

Zeitfahrer nutzen daher höchstwahrscheinlich gewisse Anomalien im Raum-Zeit-Gefüge, um sich, unter Inanspruchnahme zusätzlicher unorthodoxer Antriebssysteme, in bestimmte Zeitperioden einzuschleusen. Anomale raumzeitliche Bedingungen dürften nicht nur an kritischen Stellen im Kosmos (wie z. B. an »Schwarzen Löchern«), sondern übrigens auch in großer Zahl auf unserem Planeten herrschen. Gemeint sind hiermit vor allem magnetische, elektromagnetische und gravitative Unregelmäßigkeiten, Zeitverwerfungen sowie die als »Zonen reduzierter Bindung« bezeichneten raumzeitlichen Schwachstellen – Öffnungen zum Gestern und Morgen, Fallschächte zur Ewigkeit.

Einstein sah in der Gravitation nichts anderes als das Wirken der Raumkrümmung. Ist diese Krümmung stark genug, so erzeugt sie sogenannte Raumfurchen, entlang der sich materielle Körper und elektromagnetische Strahlen bewegen können. Vielleicht besteht eine weitere Technik der Zeitüberbrückung in der Überwindung des zwischen den Raumfurchen gelegenen Energiewalls.

Es gibt genügend Beweise dafür, daß starke (vorwiegend pulsierende) Magnetfelder günstige Voraussetzungen für raumzeitliche Übergänge bieten. Anomalien (elektro-)magnetischer Art wurden hauptsächlich im Bermuda-Dreieck, im Puerto-Rico-Graben, vor St. Augustin (Bahamas), aber auch an vielen anderen Stellen auf dem Festland entdeckt. Vielleicht sind es magnetische Aberrationen (Störungen, Abweichungen vom Normalen), die gelegentlich unser Raum-Zeit-Gefüge aufweichen, die Öffnungen schaffen, durch die Ufo-Temponauten in zukünftige oder vergangene Zeitabschnitte vordringen.

Zum Durchdringen unseres Raum-Zeit-Gefüges dürften sich möglicherweise auch »einpolige Magnete«, sogenannte *Monopole*, eignen, deren hypothetische Komplementärpole (zweite Pole) vielleicht im Hyperraum oder in einem Anti-Universum liegen. Das auf den Kraftlinienfluß eines echten, zweipoligen Magneten einwirkende »Halbfeld« eines Monopols könnte unter Umständen eine Umlenkung hin zu dessen in einer anderen Dimensionalität befindlichen Pendants, einem vierten Pol, zur Folge haben, der seinerseits eine »Saugwirkung« ausübt. Gegenstände, die in dieses künstlich erzeugte anormale Magnetfeld gelangen, müßten unter diesen Voraussetzungen im *Nichts*, in der anderen, für uns imaginären Realität verschwinden und demzufolge unsichtbar werden. Die Existenz solcher Monopole konnte allerdings noch nicht nachgewiesen werden.

Eine weitere Technik des Einschleusens in andere Zeitabschnitte, die zuvor schon angedeutet wurde, bestünde in der Nutzung höherdimensionaler »Transporttunnels«, gebildet durch etwaige Zusammenhänge zwischen rotierenden »Schwarzen« und »Weißen Löchern«. Der mit dem Anzapfen solcher kosmischer Schleusen verbundene hohe technische Aufwand läßt diese Art des Transfers zunächst illusorisch erscheinen. Vielleicht bedienen sich unsere Urenkel aber auch ganz anderer Zeitversetzungsverfahren – exotischer Techniken, die auf völlig neuen oder auf bislang als peripher geltenden naturwissenschaftlichen Erkenntnissen beruhen.

Wendemarken

Die zur Frage der Realisierbarkeit von Zeitreisen vorgebrachten Ideen und Hypothesen mögen dem einen oder anderen absurd und, wegen der hiermit verbundenen Ungewißheiten, völlig undurchführbar erscheinen. Sind sie das aber wirklich? Kann man sie in Anbetracht der vielen, einst für unmöglich gehaltenen und schließlich dennoch realisierten, alltäglichen technischen »Wunder« völlig ignorieren?

Manch einem, der sich mit viel Idealismus der Lösung des Ufo-Rätsels und, im Zusammenhang hiermit, der Aufhellung gewisser paraphysikalischer Bewirkungen verschrieben hat, wird vorgehalten, daß die von ihm auf empirischem Wege zusammengetragenen Fakten und aus diesen abgeleiteten Hypothesen jeglicher wissenschaftlicher Beweiskraft entbehren – mehr noch, daß unsere heutige Physik für die Klärung etwaiger paranormaler und verwandter Phänomene gar nicht zuständig sei. Beide Einwände sind unzulässig, da heute niemand mit absoluter Bestimmtheit sagen kann, wo unsere »Physik« endet und *scheinbar* nicht-physikalisches, grenzwissenschaftliches Territorium beginnt.

Man sollte die Schar der Skeptiker gelegentlich daran erinnern, daß weite Bereiche der chemischen und physikalischen Forschung einst als esoterisches und okkultes Wissen galten. Die Esoterik von gestern ist das Allgemeinwissen von heute. Professor Fritjof Capra formulierte es noch treffender: »Die moderne Physik bestätigt heute die alten metaphysischen Lehren, daß das Universum ein Ganzes und das Denken vielleicht die einzige Wirklichkeit ist.«[113]

Werner Heisenberg zeigt uns am Modell seiner wohldurchdachten *Unschärferelation*, daß ein Teilchen an allen Stellen unseres Raumes mit gleicher Wahrscheinlichkeit zu finden und unsere heile physikalische Welt von ehedem, zumindest im Bereich des Subatomaren, ganz und gar nicht »in Ordnung« ist.

Dieser modernen, in mikro- und makrokosmische Regionen vorstoßenden Physik scheint ein Hauch von Esoterik anzuhaften. Nichts mehr von absoluter Bestimmtheit, nichts mehr von schlüssiger Beweisbarkeit. Nur allzu bereitwillig akzeptieren die einstigen Verfechter einer »unverfälschten«, reinen Physik die neuen Denkmodelle und Theorien, um von Newtons stark lädiertem »Uhrwerk-Universum« das zu retten, was noch zu retten ist.

Grenzwissenschaftlichen, empirisch gewonnenen Erkenntnissen gegenüber zeigt man sich allerdings weniger aufgeschlossen und kompromißbereit. Indes besteht für alle jene, die der grenzwissenschaftlichen Szene skeptisch gegenüberstehen, die gut abgesicherte Erfahrungsbeweise erst gar nicht zur Kenntnis nehmen wollen, kein Grund zum Jubeln. Sie übersehen nämlich, daß auch wesentliche, als unumstößlich geltende Fundamente unserer Physik – z. B. die Wärmelehre und der 1687 von Newton formulierte Trägheitssatz – genau wie Ufo- und paranormale Phänomene streng genommen nicht exakt beweisbar sind. Der *Trägheitssatz**, auf dem die gesamte Mechanik aufbaut, ist ein reiner Erfahrungssatz, der *nur durch Erfahrungsbeweise* gesichert werden konnte. Anders herum ausgedrückt: Die aus diesem Satz zu ziehenden Schlußfolgerungen werden ausschließlich durch die Erfahrung bestätigt. Dieser Satz ist zwar *nicht streng beweisbar*, weil man einen Körper nicht allen äußeren Einflüssen ganz entziehen kann; er wurde aber in seinen Auswirkungen immer wieder bestätigt.

Mit der Wärmelehre verhält es sich ähnlich. Die Temperaturfestlegung fußt nämlich auf der Annahme, daß Änderungen von Körpereigenschaften *gesetzmäßig* von ihrem Körperzustand (hier: Wärme) abhängen. Die Physiker Ludwig Bergmann und Clemens Schaefer begegnen (in bezug auf die Wärmelehre) ungerechtfertigter Kritik an erkenntnistheoretischem Erfahrungsgut mit folgender Feststellung: »Will man diese Annahme nicht machen – und man kann auf logischem Wege nicht dazu gezwungen werden –, so muß man auf eine wissenschaftliche Behandlung der Wärmelehre verzichten.«[114]

Ufo-Forschung und Temponautik – die Technik der Zeitmanipulation – befinden sich in einer ähnlichen Situation. Ohne erkenntnistheoretische Voraussetzungen, ohne die Anerkennung von Erfahrungsbeweisen, ohne die Mitarbeit unserer Naturwissenschaftler wird es keinen Fortschritt auf diesem Gebiet geben. Die jüngste Entwicklung läßt allerdings vermuten, daß es zu einer solchen Stagnation gar nicht erst kommen wird, daß es sie im Grunde genommen nie gegeben hat.

Im April 1979 wurde die Bevölkerung der UdSSR erstmals von offizieller Seite dazu aufgefordert, etwaige Ufo-Sichtungen un-

---

* Jeder Körper verharrt im Zustand der Ruhe oder der gleichförmigen geradlinigen Bewegung, solange er nicht durch Einwirken äußerer Kräfte gezwungen wird, seinen Bewegungszustand zu ändern.

verzüglich der Akademie der Wissenschaften in Moskau zu melden. Dies ist höchst ungewöhnlich, hatte man doch – hier, wie in den USA – trotz besseren Wissens der zuständigen Stellen die Existenz von Ufos bislang hartnäckig bestritten. Der Geophysiker Professor Alexej Wassiljewitsch Solotow, Institutsleiter in Kalinin, schließt aus diesem, an die breite Öffentlichkeit gerichteten Hilfegesuch, daß sich sowjetische Wissenschaftler schon seit geraumer Zeit insgeheim mit der Erforschung des Ufo-Phänomens befassen. Verzichtet man jetzt auf eine weitere Geheimhaltung, tritt man nur deshalb die Flucht nach vorn an, weil sich Beobachtungen jener Größenordnung, wie sie in jüngster Zeit auch aus der Sowjetunion gemeldet wurden, auf die Dauer ohnehin nicht geheimhalten lassen?

Auch im Westen wird die Unterschlagung von Informationen über Ufo-Aktivitäten seitens militärischer und ziviler Abschirmdienste immer schwieriger. Findige amerikanische Journalisten und aktive Ufo-Forschungsgruppen durchlöchern, unter Berufung auf den sogenannten *Freedom of Information Act* (Informationsfreiheits-Gesetz) systematisch den Schleier der Geheimhaltung und Konspiration, den gewisse US-Regierungsstellen von Anfang an über das gesamte Ufo-Geschehen ausgebreitet hatten.

In einem aufsehenerregenden Untersuchungsbericht über Ufo-Sichtungen in den USA, der schon im Jahre 1968 von der National Security Agency (NSA) – Amerikas wichtigster Geheimdienstorganisation – verfaßt, jetzt aber erst stark zensiert freigegeben und vom *National Enquirer* auszugshalber abgedruckt wurde, heißt es:

»Die Tatsache, daß Ufo-Phänomene überall in der Welt bereits im Altertum, aber auch in jüngster Zeit von zahlreichen angesehenen Wissenschaftlern beobachtet wurden, legt den Schluß nahe, daß es sich kaum bei allen Ufos um Täuschungen oder Betrug handeln kann . . . Der Trend läßt eher auf eine Zunahme einschlägiger Sichtungsberichte aus allen möglichen Quellen schließen . . . Allein von der Air Force wurden innerhalb eines Zeitraumes von nur drei Monaten 35 Objekte gesichtet, deren Herkunft nicht identifiziert werden konnte.«

Die Behauptung der Kritiker, daß Ufos auf bloße Halluzinationen zurückzuführen seien, wird von der NSA durch folgende Argumente widerlegt:

»In einer ansehnlichen Zahl von Fällen haben größere Menschenansammlungen und (mitunter sogar mehrere) Radarbeobachter das gleiche Objekt zur gleichen Zeit wahrgenommen; gelegentlich wurden physikalische Indizien gefunden, die die Augenzeugenaussagen weiter erhärteten;

an Berichten über die Sichtung ungewöhnlicher Flugobjekte war ein gleichbleibend hoher Prozentsatz an Persönlichkeiten aus Wissenschaft, Industrie und Politik beteiligt.«[115]

Dieser, der NSA auf gerichtlichem Wege abgetrotzte Torso eines lange Zeit zurückgehaltenen Geheimdokuments wiegt schwerer als alle hier aufgeführten Sichtungsberichte zusammen, zeigt er doch, daß höchste staatliche und militärische Stellen überall in der Welt die reale Bedeutung des Ufo-Phänomens und damit wohl auch die hieraus abgeleitete *Temponauten-Hypothese* richtig einzuschätzen wissen. Eine Wende scheint sich anzubahnen. Es ist, als hätten die Verantwortlichen aus den Fehlern ihrer Geheimhaltungs- und Verschleierungspolitik gelernt, als wüßten sie jetzt, daß man das Vertrauen der Öffentlichkeit nur durch die schonungslose Offenlegung von Tatsachenmaterial – mag es auch noch so schockierend sein – gewinnen kann. Vielleicht unternimmt man deshalb seit kurzem kaum noch den Versuch, Meldungen über Ufos, selbst wenn diese über militärischem Operationsgebiet gesichtet werden, den öffentlichen Medien vorzuenthalten.

Am 13. Januar 1980 gab das italienische Verteidigungsministerium einen bis dahin streng geheimgehaltenen Bericht frei, der die Beobachtung eines tieffliegenden Ufos durch italienische Fluglotsen beinhaltet. In dem Bericht, der am selben Tag von der italienischen Nachrichtenagentur »Ansa« verbreitet wurde, heißt es u.a.

»Am 27. Oktober 1977 war während eines Militärmanövers ein Ufo Gegenstand von Funksprüchen zwischen der Militärbasis von Elmas bei Cagliari (Sardinien), dem NATO-Stützpunkt Decimanno, dem US-Flugzeugträger »Saratoga« und mehreren in der Luft befindlichen Militärmaschinen, deren Piloten das Flugobjekt sichteten. Es flog in rund 500 m Höhe und war vier Minuten lang sichtbar. Wie ein Fluglotse von Elmas berichtete, hatte das Ufo eine Geschwindigkeit von mehr als 900 km/h. Er habe es während einer Nachtübung unmittelbar hinter einem Hubschrauber erblickt.«

Alle diese Vorkommnisse könnten darauf hindeuten, daß die mit Hochdruck betriebene Enträtselung des Ufo-Phänomens unseren Enkeln das Wissen um die perfekte Manipulation der Zeit bescheren wird. Wir stehen gewissermaßen unter Zugzwang. Damit Zeitreisen in absehbarer Zeit Wirklichkeit werden können, müssen wir Ufo-Forschung betreiben und uns Informationen »aus der Zukunft« holen. Unsere Nachfahren – eben jene Ufo-Temponauten – werden uns zwangsläufig über Zeitreisetechniken informieren müssen. Diese Informationen kämen ihnen auf dem Wege über unsere Zeitforschung indirekt wieder zugute. Es wäre ein gegenseitiges Geben und Nehmen.

Literaturverzeichnis

1 Whitehead, A. N.: *The Concept of Nature*, Cambridge 1920.
2 Kerska, J.: *Fate*, 1/1961.
3 Meckelburg, E.: *Esotera*, 11/1977.
4 Brown, Ch.: *UFO-Report*, 12/1977.
5 Kroeger, F.: *Esotera*, 1/1979.
6 Leonow, A. A. / Lebedew, V. I.: *Cognition of Distance and Time in Space*, Moskau 1968 (russ.).
7 Meckelburg, E.: *Der Überraum*, Freiburg 1978.
8 Andreas, P.: *Jenseits von Einstein – Die Suche nach der Schicksalsformel*, Düsseldorf/Wien 1978.
9 Kemmrich, M.: *Gespenster und Spuk*, Ludwigshafen 1921.
10 Steiger, B.: *Mysteries of Time and Space*, New York 1976.
11 Tanguay, M.: *Fate*, 3/1979.
12 Olivier, E.: *Without Knowing*, London 1939.
13 Gris, H. / Dick, W.: *PSI als Staatsgeheimnis*, Bern/München 1979.
14 *Mahatma Letters*, London 1926.
15 Gaddis, V.: *Invisible Horizons* (deutsch: *Geisterschiffe*, München 1976).
16 Zigel, F.: *Soviet Life*, 2/1968.
17 Vesco, R.: *Intercept UFO*, New York 1976.
18 Draper, R.: *UFO-Report*, 8/1978.
19 Grafenberg, E.: *Esotera*, 12/1978.
20 Rogo, D. S.: *The Haunted Universe*, New York 1977.
21 Clarke, A. C.: *Im höchsten Grade phantastisch*, Düsseldorf 1963.
22 Jung, C. G.: *Ein moderner Mythus*, Zürich 1958.
23 Draper, R.: *UFO-Report*, 3/1978.

24 Ruppelt, E. J.: *Report on Unidentified Flying Objects*, New York 1956.

25 Hill, P. R.: *UFO Evidence*, NICAP, Washington 1964.

26 Steiger, B.: *Project Blue Book*, New York 1976.

27 Teilhard de Chardin, P.: *Der Mensch im Kosmos*, München 1969.

28 Bonfante, G.: *Rede im Centro Ricerche Biopsychiche*, Padua.

29 *Nature*, Vol. 268, Seite 301.

30 Schaifers, K. / Traving, G.: *Meyers Handbuch über das Weltall*, Mannheim/Wien/Zürich 1973.

31 Sänger, E.: *Raumfahrt – technische Überwindung des Krieges*, Hamburg 1958.

32 Schneider, A.: *Besucher aus dem All*, Freiburg 1973.

33 Ostrander, S. /Schroeder, L.: *PSI*, Bern/München 1970 u. ö.

34 Balanovski, E. / Taylor, J. G.: *Nature*, Vol. 276, 2.11.1978.

35 Taylor, J. G.: *Superminds*, New York 1975.

36 Moser, F.: *Das Große Buch des Okkultismus*, Olten/Freiburg 1974.

37 Nasitta, Kh.: *Grenzgebiete der Wissenschaft*, III/1977.

38 Westphal, W. H.: *Physik*, 1951.

39 Steiger, B.: *UFO-Report*, 7/1978.

40 *Fate*, 6/1964.

41 Helms, H. jr.: *UFO-Report*, 12/1977.

42 Keel, J. A.: *Our Haunted Planet*, Greenwich 1971.

43 *Times-Picayune*, New Orleans, 23.10.1977.

44 *Fate*, 7/1978.

45 Berlitz, Ch.: *Spurlos*, Wien/Hamburg 1977.

46 *The Inside Story of the Australian Airplane Abduction*, UFO-Report, Februar 1979.

47 Fort, Ch.: *The Book of the Damned*, New York 1975.

48 Friedman, S. T. / Slate, A. B.: *UFO-Battles the Air Force Couldn't Cover up*, UFO-Report, Winter 1974.

49 Charles, R. H.: *Epigraphia and Pseudoepigraphia of the Old Testament*, London 1910.

50 Clark, J.: *Fate*, 10/1978.

51 Sanderson, I. T.: *Investigating the Unexplained*, New York 1972.

52 van Loon, L. H.: *Some Unusual Psychokinetic Phenomena Associated with the Recovery of Lost Objects*, in: J. C. Poynton's *Parapsychology in South Africa*, Johannesburg; South African Soc. for Psychical Research, 1975.

53 Meckelburg, E.: *Esotera*, 4/1977.

54 v. Buttlar, J.: *Das Ufo-Phänomen*, München 1978.

55 Berlitz, Ch. / Moore, W. L.: *Das Philadelphia-Experiment*, Wien/Hamburg 1979.

56 Maxey, V.: *The Coso Geode*, Desert Magazine, 2/1961.

57 Meckelburg, E.: *Esotera*, 5/1977.

58 Sanderson, I. T.: *Uninvited Visitors*, New York 1967.

59 *Evening Post*, Detroit, 15.4.1897.

60 Keel, J. A.: *UFO-Report*, 12/1979.

61 Clark, J.: *Kidnapped! The North Dakota Contact*, UFO-Report 10/1978.

62 Flammonde, P.: *UFOs – Es gibt sie wirklich*, München 1978.

63 Lycosthenes/Obsequens: *Prodigiorum libellum*, Lyon 1770.

64 Titus Livius: *Römische Geschichte*, Buch VIII, Kap. 6.

65 Fenoglio, A.: *Cronistoria su Oggetti Volanti nel Passato*, Clypeus Anno 111, Nr. 2, Turin 1967.

66 Chionetti, Marta Luchino: *Corrado Licostene*, Turin 1960.

67 Cassius Dion: *Römische Geschichte*, 2 Bde., Leipzig 1832.

68 Titus Livius: *Römische Geschichte*, Buch XXI, Kap. 52.

69 ders.: Buch XXII, Kap. 1.

70 Plinius d. Ä.: *Naturgeschichte*, Buch II, Kap. 31.

71 ders.: Buch II, Kap. 33.

72 ders.: Buch II, Kap. 34.

73 *Annales Laurissenses*, Migne's Patrologiae, Tom. CIV, Saeculum IX, Anno 840.

74 Vallée, J.: *Passport to Magonia,* Chicago 1974.

75 Farish, L. / Clark, J.: *UFO-Report,* Winter 1975.

76 *Philosophical Transactions,* Bd. 43, 1745.

77 Friedrich, G.: *Argosy UFO,* 3/1977.

78 v. Däniken, E.: *Beweise – Lokaltermine in fünf Kontinenten,* Düsseldorf/Wien 1979.

79 Gibbs-Smith, Ch. H.: *Leonardo da Vinci's Aeronautics,* London 1967.

80 Lévi, E.: *Geschichte der Magie,* 1. Tl., München 1926.

81 Vallée, J.: *A Description of the Entities Associated with the Type 1 Sightings,* F. S. R., Jan./Feb. 1964.

82 Schürmann, A. M.: *Australische Kunst vor 13000 Jahren,* Kosmos 11/1978.

83 *Bildpost,* 18.10.1977.

84 Wells, L. E.: *They Disappeared into the Unknown,* Fate 6/1956.

85 J. Garinet: *Histoire de la Magie en France,* Paris 1818.

86 Charroux, R.: *Vergessene Welten,* Düsseldorf/Wien 1974.

87 Barker, G.: *They Knew Too Much About Flying Saucers,* New York 1967.

88 Condon, E.: *Scientific Study of UFOs,* London 1969.

89 Bond, B.: *UFO-Report,* 11/1979.

90 i/s.: *Entwicklung von Strahlwaffen in der UdSSR und in den USA,* Soldat und Technik, 2/1978.

91 *The Next Generation of Weapons,* Nature, Vol. 277, 18.1.1979.

92 Keel, J. A.: *The Mothman Prophecies,* New York 1976.

93 Platon: *Der Staat,* Stuttgart 1973.

94 Binkley, S.: *Ein zeitmessendes Enzym in der Zirbeldrüse,* Spektrum der Wissenschaften, 6/1979.

95 Eddington, A.: *Space, Time and Gravitation,* Cambridge 1920.

96 Feinberg, G.: *Possibility of Faster-Than-Light-Particles,* Physical Review 159, 1967.

97 *Teilchen und Antiteilchen vertragen sich,* Umschau in Wissenschaft und Technik, Heft 1/1978.

98 Clay, R. W. / Crouch, P. C.: *Possible Observations of Tachyons Associated with Extensive Air Showers,* Adelaide 1974.

99 Feinberg, G.: *Particles That go Faster than Light,* Scientific American, 2/1970.

100 Hedri, A. A.: *Communication in Universe,* New York 1977.

101 Toben, B.: *Space-Time and Beyond,* New York 1974.

102 Kozyrew, N. A.: *Possibility of Experimental Study of the Properties of Time (USSR),* Arlington, 2.5.1968.

103 Musès, C. A.: *Introduction to Communication, Organization and Science,* New York 1958.

104 Tompkins, P. / Bird, Ch.: *Das geheime Leben der Pflanzen,* Bern/München 1973.

105 Bonin, W. F.: *Lexikon der Parapsychologie,* Bern/München 1976.

106 Harlacher, W. M.: *Bomben aus dem Hyperraum,* Esotera, 4/1979.

107 Steiger, B. / Whritenour, J.: *The Allende Letters,* N. Y. 1968.

108 Capek, M.: *The Philosophical Impact of Contemporary Physics,* Princeton 1961.

109 Weyl, H.: *Philosophy of Mathematics and Natural Science,* Princeton 1949.

110 Thirring, W.: *Urbausteine der Materie,* Almanach der Österreichischen Akademie der Wissenschaften, Bd. 118, 1968.

111 Bearden, T.: *Soviet Psychotronic Weapons,* Energy Unlimited, Nr. 3, Juli/Sept. 1978.

112 Close, F. E.: *Unified Field Theory: Dream Becoming Reality?* Nature, Vol. 278, 15.3.1979.

113 Capra, F.: *Der kosmische Reigen,* Bern/München 1977.

114 Bergmann, L. / Schaefer, C.: *Lehrbuch der Experimentalphysik,* Bd. 1, 9. Aufl., Berlin 1974.

115 National Enquirer, 2.11.1979.

Personen- und Sachregister

Bitte beachten Sie
die folgenden Seiten:

Heinrich K. Erben

Leben heißt Sterben

Der Tod des einzelnen
und das Aussterben der Arten

Ullstein Buch 34223

Der Naturwissenschaftler
Heinrich K. Erben untersucht
das Todes-Phänomen: Er
setzt sich aus seiner Kenntnis
der Evolution der
Lebewesen mit den Bedin-
gungen für den Tod des
einzelnen, aber auch mit den
Ursachen für das Aussterben
der biologischen Arten
auseinander. Daß im Falle des
Untergangs von Kulturen
nicht nur Unterschiede,
sondern auch Analogien
zum biologischen Untergang
bestehen, wird vom Autor
ebenso diskutiert wie »grenz-
überschreitende« Probleme
natur- und·geisteswissen-
schaftlicher Betrachtungs-
weisen. Schließlich zeigt er
die potentielle Gefährdung
auf, der der Mensch trotz
seiner Sonderstellung
ausgesetzt ist: Er ist vom
Zugriff der natürlichen
Auslese bisher nur »beur-
laubt«, nicht aber endgültig
ausgenommen.

Ullstein Sachbuch

Claudia und Reinold Fischer

Tu was!

Das Umweltbuch
zum Mitmachen

Ullstein Buch 34298

»Claudia und Reinold
Fischer vermitteln in leicht
verständlicher Form das
Wissen um Zusammenhänge,
um Ursachen und Wirkungen
innerhalb ökologischer
Kreisläufe. Das Buch will zum
Denken, Fühlen und Machen
anregen. Jeder Mensch kann
seinen eigenen Beitrag zum
Umweltschutz leisten – im
Haushalt, am Arbeitsplatz,
in der Freizeit ... In diesem
Buch gibt es Fakten und
Zustandsbeschreibungen.
Der Leser erfährt u. a., was
ein Biotop ist und wie man
sich gegen Schwermetalle
schützen kann, weshalb
Pflanzen um und am Haus
so wichtig sind, welche
Bedeutung Energiesparen hat
und was man alles aus Natur-
materialien basteln kann ...«

Osnabrücker Zeitung

Ullstein Sachbuch